# 聚合物驱采出污水处理工艺数值优化及水质提升技术

李杰训　刘　扬　张宏奇　王志华　著

石油工業出版社

## 内 容 提 要

本书系统介绍了油田聚合物驱采出污水处理工艺的数值优化方法与水质提升技术，包括聚合物驱采出污水处理系统运行现状及回注形势分析、聚合物驱采出污水调配控制水量供注平衡的适应性评价、聚合物驱采出污水沉降分离工艺优化与提效对策、聚合物驱采出污水过滤过程的数学描述与流场表征、聚合物驱采出污水深度过滤工艺模式与技术界限优化，以及聚合物驱采出污水过滤罐集水筛管沉积堵塞及控制方法。

本书可供从事油田污水处理工程的技术人员和管理人员使用，也可作为高等院校石油类及环境工程类相关专业教师、科研工作者及研究生的阅读参考书。

**图书在版编目（CIP）数据**

聚合物驱采出污水处理工艺数值优化及水质提升技术/李杰训等著.—北京：石油工业出版社，2022.4

ISBN 978-7-5183-5255-5

Ⅰ.①聚… Ⅱ.①李… Ⅲ.①油田-污水处理 Ⅳ.①X741

中国版本图书馆 CIP 数据核字（2022）第 037400 号

---

出版发行：石油工业出版社
（北京安定门外安华里 2 区 1 号楼 100011）
网　址：www.petropub.com
编辑部：（010）64523687　图书营销中心：（010）64523633
经　销：全国新华书店
印　刷：北京晨旭印刷厂

---

2022 年 4 月第 1 版　2022 年 4 月第 1 次印刷
787×1092 毫米　开本：1/16　印张：11
字数：266 千字

---

定价：55.00 元
（如出现印装质量问题，我社图书营销中心负责调换）

# 序

众所周知，提高原油采收率是油气资源开发领域的永恒主题，也是保障我国油气供应安全的重大战略需求，更是实现国内原油增储上产，把能源的饭碗牢牢端在自己手里的首要途径。

自20世纪90年代聚合物驱在大庆油田率先实现工业化应用以来，以聚合物驱为代表的三次采油大幅度提高采收率技术应用规模不断扩大。随着三次采油区块产液量及综合含水率的逐年上升，三次采油产出水量所占比重逐年增多，地面污水系统高负荷运行。如何从根本上提高三次采油产出水的处理效率、提升处理水质、保障处理工艺高效平稳运行，从而有效解决油田三次采油产出水量过剩、深度处理水源不足的供注平衡矛盾，已成为油田节能降耗、提质提效、绿色低碳发展的重点攻关方向之一。

本书立足油田开发生产系统综合优化与节能提效，涵盖了作者及其研究团队多年从事油田地面系统规划设计、优化运行与科学管理的研究成果，书中通过理论建模、数值模拟、室内实验与现场试验，阐述了多工况影响下含油多相介质的分离流场特性及分离过程的液滴动力学行为，构建了含油多相介质低碳处理及再利用工艺模式，提出并优化了走向应用的聚合物驱采出污水深度处理工艺技术，填补了国内外该领域的空白。

值此书付梓出版之际，我谨向作者表示祝贺，相信该书可从理论和实践两方面为从事油田地面工程建设规划设计和油田开发生产管理的相关专业科技人员、工程技术人员、管理人员及高校师生提供有益的参考。

中国工程院院士：程杰成

2022年3月

# 前　言

在油田含水率逐年上升和三次采油化学驱规模持续扩大的背景下，采出污水高效、环保、达标处理已经在油田开发中占据着举足轻重的地位，但随着以聚合物为代表的驱油剂陆续返出，采出污水特性发生显著改变，使得这类聚合物驱采出污水的处理难度增加，尤其是面对油田清水资源宝贵和深度处理污水不足的水量供注平衡问题，给聚合物驱采出污水作为潜在水源进行深度处理提出了要求、带来了挑战。要实现聚合物驱采出污水的深度处理，无疑需从普通处理段提效改善来水水质、从深度处理段优化保障出水水质共同入手。构建聚合物驱采出污水深度处理技术，对于持续改善三次采油化学驱开发效果、助力解决“双碳”目标下油田地面系统污水处理工程科学化、精细化亟待解决的问题及油田长效环保机制的构建均具有重要意义和广阔的推广应用前景。

本书基于笔者团队多年从事油田采出液与污水处理及油田地面工程建设规划设计与管理的研究成果，主要介绍了油田聚合物驱采出污水处理工艺的数值优化方法与兼顾沉降分离和过滤分离的水质提升技术，为有效解决聚合物驱采出污水过剩而深度处理水源不足的水量供注平衡矛盾问题提供了技术方法和设计依据。全书分为7章：第1章阐述了聚合物驱采出污水提效处理的技术背景和意义，总结了污水处理工艺及其优化的研究现状，指出了聚合物驱采出污水深度处理亟待解决的问题；第2章以大庆油田为对象，分析了聚合物驱采出污水处理系统的运行现状及回注形势；第3章分析了聚合物驱采出污水调配控制水量供注平衡的适应性，并给出了调配其作为深度处理水源的合理时机；第4章建立了聚合物驱采出污水沉降分离工艺优化方法，提出了沉降分离设施提效运行对策；第5章建立了表征聚合物驱采出污水过滤过程的数学模型及其求解方法，描述了布水均匀性特征及过滤流场特征；第6章建立了聚合物驱采出污水深度过滤工艺模式优化方法，给出了深度过滤技术界限关系图版；第7章揭示了聚合物驱采出污水过滤罐集水筛管沉积堵塞及机理，给出了相应的控制方法、措施应用案例及效果。

本书得到了国家自然科学基金面上项目“亚闭环油气网络系统整体运行优

化及其智能化研究”（批准号：52074090）、国家自然科学基金面上项目“剪切流场中相间乳化与起泡耦合作用下界/表面膜形成与稳定的影响机制研究”（批准号：52174060）、中国博士后科学基金项目“考虑乳化机制影响的水—含蜡原油胶凝过程特性研究”（批准号：2017M611349）、黑龙江省博士后资助面上项目“含聚污水深度处理工艺运行界限及配套技术研究”（批准号：LBH-Z16037）、黑龙江省博士后科研启动基金资助项目“复杂驱动体系采出液油—水界面成膜稳定与薄化行为的分子动力学研究”（批准号：LBH-Q20012）及黑龙江省“油田高效开发及智能化创新研究”“头雁”团队的大力资助与支持，课题组研究生王兴旺、于雪莹、周楠、许云飞、洪家骏等为本书做了大量的数据分析与整理工作，在此一并表示感谢！

由于笔者水平有限，书中难免有错误和疏漏之处，敬请读者批评指正。

# 目　录

# 1 绪 论

污水处理是油田地面系统一项复杂的工程，随着高含水期多元化开发方式的推广应用，采出水规模在不断增大的同时，其性质也变得更为复杂，地面处理过程中面临净化效果、设施污染、健康环保及经济合理性等多方面难题，使得污水处理技术从定型化向系列化、个性化发展成为一种必然趋势[1,2]。大庆油田自实现聚合物驱工业化以来，聚合物驱采出水水量所占的比重在逐年提高，其典型特性在于电负性增大、黏度升高、乳化倾向性和稳定性增强，该类水质经普通“两段式”处理(两级沉降、一级压力过滤)达到含油、悬浮物均小于20mg/L的指标，进而在基础、一次井网进行回注来满足油田开发生产的需要。然而，注采平衡的油藏开发理论和分质供注方案决定了这类采出水仍然过剩，与此同时，二次、三次井网及注聚合物开发面临清水资源宝贵、深度处理污水不足的问题，这二者之间的缺口量便造成了油田水量失衡问题，也为聚合物驱采出污水进行深度处理，实现包括回注各类井网、混配稀释聚合物溶液在内的多方式回用成为可能。但是，油田目前“两级过滤”的深度污水处理工艺及其运行技术界限对于聚合物驱采出水作为水源时，仍影响到水质处理指标及过滤设备的抗污染能力，单一或调用开发区块含聚合物(简称含聚)浓度界限各异的这类水源，其处理量与滤速之间的匹配关系，以及对处理水质指标、设施污染、反冲洗参数等影响的程度则尚不明确。因此，提出聚合物驱采出污水深度处理工艺运行界限及配套技术研究，集沉降工艺段、过滤工艺段及配套技术方案于一体，理论和实验结合开展聚合物驱采出污水的深度处理技术研究，以应对油田开发过程中高含聚合物采出水量不断增多背景下注采水量平衡的矛盾问题，并从根本上提高聚合物驱采出污水的处理效率、提升聚合物驱采出污水的处理指标、保障聚合物驱采出污水处理工艺的运行平稳和运行负荷。这对于持续改善三次采油开发效果、助力解决油田地面系统污水处理工程科学化、精细化亟待解决的问题及油田长效环保机制的构建均具有重要意义。

油田污水是含有多种污染物的工业废水，其组成比较复杂，与油藏地质年代、地层深度、油藏的化学组成及驱油方式等多方面因素相关。其中，主要包括多种天然可溶性无机化合物、地层中携带的多种可溶性和不溶性杂质(原油、悬浮固体、微生物、有机物、金属、放射性元素)和人工注入的与驱油方式有关的化学物质[3-7]。相应地，油田污水处理的目的是改变原水的水质，以满足油田驱油工艺所需回注水的水质标准或排放标准。由于原水的水质、地质环境及地层渗透率等差异较大，一般需要多种方法互相配合使用，最后根据实际需求进行特殊调节，达到处理后回用或者排放的目的[8]。

## 1.1 油田污水组成及处理方法

### 1.1.1 污水主要组成

（1）石油烃。

烃类物质是指由碳和氢元素所组成的有机化学物质[2]。这些烃类有机化学物质往往是油田污水造成环境污染的主要原因。石油烃类物质分为饱和烃和芳香烃两类。烃类物质在水中的溶解性取决于其相对分子质量的大小，相对分子质量越大的烃类溶解性越小。反之，相对分子质量越小则烃类溶解性越大，在相对分子质量相同的情况下，芳香烃相比饱和烃类物质的溶解性要大。因此，排放的油田污水中含有一些相对分子质量小的饱和烃和少部分芳香烃。但在油田污水处理过程中，去除率很难实现100%，所以处理后的油田污水中仍然存留了少部分的分散油，这些油滴中也包含了相对分子质量较大且溶解性较差的饱和烃和芳香烃[1,2,7,9]。这些油珠分散在油田污水中，形成“水包油”乳状液，根据分散在水中的粒径的大小不同，可以分为四种状态：浮油（粒径大于100μm）、分散油（粒径为10~100μm）、乳化油（粒径为0.1~10μm）、溶解油（粒径小于0.1μm）。

（2）悬浮固体。

油田污水中存在大量的矿物杂质悬浮物，被称为悬浮物固体。按照颗粒粒径大小可以分为：泥质（$d<10\mu m$）、粉质（$d=10\sim100\mu m$）和砂质（$d>100\mu m$）。悬浮固体的颗粒的粒径、组成和含量等均与地层性质和开采方式等有关[3]。

（3）其他化学物质

在油田开发和集输系统中经常需要用到一些化学助剂。这些助剂包括杀菌剂、防垢剂、破乳剂等。许多化学药剂虽然在油相中的溶解度比在水相中的溶解度大，能够大量溶解在油相中，但仍有少部分药剂溶解在采出水中[13,20-22]。尤其在以化学驱为主的三次采油背景下，以聚合物驱采油污水为代表的聚合物驱采出污水在地面处理过程中面临多方面的技术难题，聚合物的存在使得含油污水的黏度增加，油珠粒径变小，同时聚合物的吸附性较强还能够干扰絮凝剂的作用效果，导致水中的胶体粒子稳定性增强，携带的泥砂量较大，最终导致水质复杂，化学物质含量增多。这些残留的化学物质可能会被排放和回注到地层中，这无疑带来潜在隐患。此外，一些杀菌剂和破乳剂还具有毒性，如果长期进行超剂量使用并且处理不合格就排放，也会给环境带来沉重的负担[1,9]。

### 1.1.2 污水主要处理方法

油田污水处理方法按照性质可分为物理方法、化学方法、生物方法和膜过滤法[1,2]。

（1）物理方法。

① 隔油分离法。

隔油分离法是靠重力作用进行油水分离，是较为常见的油田污水处理的一种方法。其大多数是采用平流式、平行斜板式或波纹斜板式隔油池，主要去除机械分散态和游离态油。为应对聚合物驱油田污水的处理难题，Deng 等于 2002 年提出了利用重力作用进行平流式隔油，如图 1.1 所示为卧式油水分离器示意图[9]：

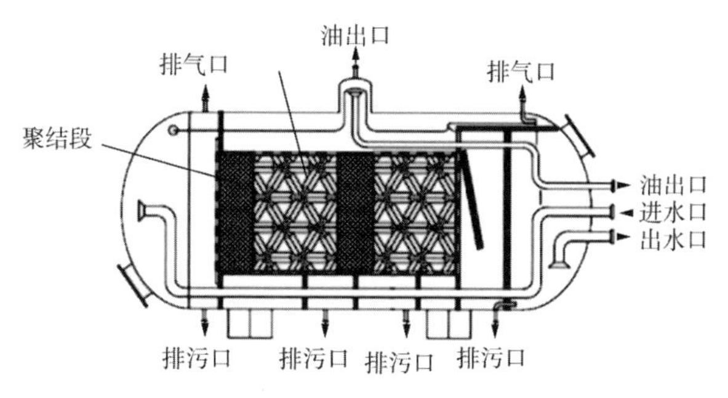


图 1.1 卧式油水分离器示意图

② 自然沉降分离法。

自然沉降分离法是指由于不同的介质密度不同，重力较大的颗粒(多数为固体)靠自身重量自然下沉，轻质的颗粒则会上浮(多数为液体)，使得固体与液体分离的一种方法，自然沉降罐结构如图 1.2 所示。

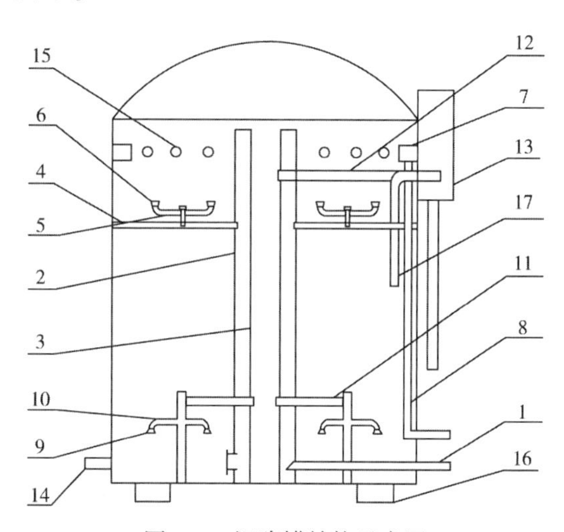


图 1.2 沉降罐结构示意图

1—进水口；2—中心反应筒；3—中心柱管；4—配水干管；5—配水支管；6—配水口；7—环形集水槽；8—出油管；9—集水口；10—集水支管；11—集水干管；12—出水管；13—水箱；14—排污口；15—蒸汽盘管；16—污泥槽；17—溢流管

③ 溶解气浮分离法。

溶解气浮分离法是利用高度分散的微小气泡作为吸附污水中污染物的载体，且由于其密度小浮到水面上实现固液或液液分离的过程。溶气气浮一般是使空气在 480~820kPa 压强下，溶于水中并形成饱和态空气水，然后使污水的压力骤然降低，这时溶解的空气便以微小的气泡从水中析出并进行气浮空气析出，同时产生直径 60~100mm 的气泡[10,11]。

④ 离心分离法。

离心分离法是借助于离心力，使相对密度不同的物质进行分离的方法。立式分离器作为其主要设备，通过离心力和气浮作用机理进行油、气、水三相分离[2]。

⑤ 吸附分离法。

吸附分离法是利用多孔性固体(即吸附剂)吸附污水中的一种或几种杂质达到回收或去除这些杂质的目的，从而完成净化污水的过程。对于采出水中的一些可溶性有机化合物(包含一些重金属)的吸附处理一般选择利用活性炭。活性炭优点是可被重复利用，这是由于这些可溶性杂质经过吸附处理后吸附在活性炭的多孔介质的表面，利用湿空气氧化法能够去除被吸附的污染物使得活性炭得到再生[1,11]。Doyle 和 Brown 的研究也表明，有机黏土可作为吸附剂用于除去油田污水中游离和部分溶解烃类物质，并且通过有机黏土和活性炭结合使用，能够更加有效地去除油田污水中的烃类等有机物[12]。

⑥ 过滤分离法。

过滤工艺源自100年前美国的某油田的污水处理[13]。其主要用于去除不溶性悬浮固体杂质。早期阶段，我国主要使用石英砂过滤罐，石英砂的化学性质稳定，机械强度好且价格低廉，曾被大范围推广和使用。随着过滤工艺的发展，过滤介质演变得多种多样，例如石英砂、核桃壳、无烟煤、陶粒、改性纤维球等[14,15]。基于过滤工艺简单并高效运行的优势，过滤工艺在油田地面污水处理系统中具备广泛的应用前景。

（2）化学方法。

① 化学沉淀法。

化学沉淀法是指向污水中投加某种化学药剂，使其与水中的杂质发生反应生成难溶于水的沉淀，用于去除悬浮物和胶体粒子，常用的化学药剂是混凝剂和絮凝剂[1,2,11,16]。

② 光催化氧化法。

光催化氧化法是目前研究较多的一项高级氧化技术，其主要是在光催化的作用下进行氧化反应。该反应需要分子吸收特定波长的电磁辐射，受激产生分子激发态，发生氧化反应[17-19]。

③ Fenton 氧化法。

Fenton 氧化法是为数不多的以人名命名的无机化学反应之一。1893 年，化学家 H J Fenton 发现，过氧化氢($H_2O_2$)与二价铁离子的混合溶液具有强氧化性，可以将有机化合物如羧酸、醇、酯类氧化为无机态，氧化效果十分显著。有研究表明，油田污水中的 COD 和含油浓度利用该方法能分别降低到 100mg/L 和 5mg/L[20]。

（3）生物方法。

生物方法是利用微生物的代谢作用将溶解或以胶体状态存在于废水中的有机污染物分解为微生物体内的有机成分或增殖成新的微生物，同时，污染物被转化为稳定无害的物质[10]。活性淤泥法是该方法的代表，已有研究表明，在活性淤泥处理单元 20 天的培养情况下，可以保持总石油烃(TPH)去除率在 98%~99%。2001 年，Freire 等人研究了序列间歇式活性污泥法对油田污水 COD 去除效率的影响，结果表明，COD 去除率能够达到 30%[21]。2015 年，王学佳等设计了“溶气气浮+微生物降解+固液分离”三步法处理油田污水的工艺，该工艺对油田污水的处理效率较高，进一步完善了微生物处理工艺[22]。随着聚合物驱采出污水量的不断增长、水质的复杂化，以及对环境、经济的要求不断提高，聚合物驱采出污水的处理越来越受到重视。聚合物的存在使得污水的黏度增加，油珠粒径变小，且在输送过程中受到了剧烈的机械剪切作用，形成稳定的乳状液，给聚合物驱采出污水处理增加了极大的难度。目前，我国主力油田污水处理工艺主要采用“两级沉降+一级过滤”的处理模式，以沉降和过滤的物理除油方法为主，同时辅以破乳剂、絮凝剂、杀菌剂和除硫剂等化学药剂，通过适当的化学药剂的使用，聚合物驱采出污水中的胶体、悬浮物颗粒、有机物和油珠等物质能够简单、快捷地从水中分离出来，最终沉降、过滤并去除，达到净化的目的。

（4）膜过滤法。

膜过滤法的核心是过滤膜，过滤膜主要分为普通型微、超滤膜、反渗透膜、碟管式反渗透膜。其中微、超滤膜又分为：中空纤维膜、有机管式膜、有机平板膜和陶瓷膜。在选择过滤膜时，通常要考虑影响超滤膜通量的各种因素，包括膜的孔径、均匀性和孔隙度、过膜压差、水温及膜的清洗条件。

以依靠筛分原理进行油水分离的陶瓷膜为例，原料液在膜管内高速流动，在压力驱动下含小分子组分的澄清渗透液沿与之垂直方向向外透过膜，含大分子组分的混浊浓缩液被膜截留，从而使流体达到分离、浓缩、纯化的目的。膜孔径一般小于油滴的粒径，从而可以利用膜孔截留料液中的悬浮油滴，使水透过膜，达到油水分离的目的。在实际膜过滤过程中，油滴会在压力的作用下产生形变，从而进入膜孔中。变形后油滴的表面膜受到破坏，致使油滴中的内相被释放出来，又由于膜表面具有很强的亲和性和润湿性，从而使内相吸附在膜面上，并逐渐聚结成较大的油滴，然后在压力的作用下通过膜孔，同时连续相也通过膜孔，这样就实现了乳化液滴的破乳，过孔后的油滴和连续相很容易实现进一步分相，离开原来的分散介质，进而实现油水分离。

目前我国利用超滤膜进行油田污水处理的典型案例包括：新疆油田公司将气浮技术和超滤膜技术相结合，进行油田污水的处理，最终达到了特低渗透油层要求；中海油天津分公司针对油田污水含油含聚的问题，采用功能陶瓷膜进行试验，实现了污水及时处理、提高效率、降低成本的目的；河南油田某稠油联合站选用截留分子量为30000的聚丙烯腈纤维膜错流过滤，进行稠油污水处理试验，在污水深度处理装置前设计预处理装置，实现良好的稠油污水处理效果。膜过滤技术契合油田地面“无污染，低成本，低能耗”的发展方向，具有良好的应用前景。但是，过滤膜易污染，膜通量衰减较快，导致清洗频繁，同时，已经污染的膜需要有效通用的清洗方法，延长膜使用周期，以促进膜过滤技术在工业中的大规模应用。

## 1.2 污水重力沉降分离过程数值模拟

在依靠油水密度差不同而进行的重力分离过程中，油滴在水中受到重力、浮力及浮升过程的阻力作用，可建立相应数学模型，从理论上揭示油水分离规律。陆耀军等[23,24]应用液滴动力学理论，对分散相在连续相中的受力、运动和轨迹进行了描述，认为油水重力分离过程基本都处于Stokes沉降区，可直接采用Stokes解进行液滴的有关受力计算，也可忽略重力沉降过程中的加速效应，以终端沉降速度进行液滴的运动计算，同时应尽量采用较大的流道宽高比和较小的流道层间距来改善分离性能。另外，还研究提出了油水重力分离的塞流、横混和返混模型，通过对比认为塞流模型的技术经济特性最好，可作为重力式油水分离设备的优选模型。邓志安等[25]在探讨分散相液滴碰撞聚并行为的基础上，建立了分散相液滴铅垂运动速度、分离时间及液滴粒径的关系，推导出了考虑碰撞聚结现象的液滴沉降速度模型，并分析了其在重力式分离设备设计中的应用潜力。

油水分离的过程复杂，且受到多重因素的制约，从油滴受力、油水运动、流场特征、碰撞聚结、油水混合物粒度分布等角度揭示油水分离规律，可为工程设计及生产运行提供必要的理论依据。王国栋等[26]利用重力式分离模拟实验系统，研究了卧式油水分离器的分离特性和流动规律，发现分离器内存在一个最佳的油水界面位置，在该位置油层中的水滴分离效果最好，而油相黏度是决定该位置的重要参数；在油层厚度相同时，入口含油浓度越小，油相需要的停留时间越少，分离效率就越高，水相的分离效率与入口含油浓度无直接关系；无内部构件的分离器底部流场存在剧烈的涡流，严重影响油水分离特性，需要添加整流和聚结构件，改善分离器内部流场，促进小油滴的聚结合并，以提高油水分离效率。孙治谦等[27]对油水重力分离器内油滴浮升规律进行了实验研究，结果表明油水混合物在分离设备入口区域产生了较强的湍流，油水两相存在一定程度的纵向掺混，斜板和平板区域内油相浓度较高，平板区域油膜更新速度较慢，流动性较差，聚结效果不及斜板区域，沉降区域内流场相对平稳，大粒径的油滴能够浮升至顶部油层得到分离，隔油板前方区域存在旋涡流，出现返混现象。

随着计算机技术和计算流体动力学(CFD)的迅速发展及应用，Fluent、STAR-CD 等大型商业软件不断被应用于国内外对油水重力分离器内部流场与油相浓度分布的数值模拟研究中[28,29]。蔡飞超等[30]建立了油、水两相分离的数值模型，研究了其流场流动与分离特性，发现减小分离器进口流速有利于改善分离效果，混合液体中油滴的粒径越大，分离效率越高。杨显志[31]建立了重力分离器油、水两相分离模型，并基于 CFD 模拟和油、水两相分离实验，揭示了油、水分离效果影响因素。侯先瑞[32]利用混合物模型对重力分离过程进行了模拟，以速度矢量场、压力场及浓度场为评价指标，分析了入口构件对设备流动及分离特性的影响，讨论了油滴粒径、处理量对分离效率的影响，并揭示了斜板式聚结构件及其倾斜角度对流动和分离特性的作用。江朝阳[33]将一种新型的圆孔分散式入口构件安装于重力式油水分离器中，模拟了有利于油滴浮升的相应流场特征，并应用离散相模型考察了油滴粒径和停留时间对分离效果的影响，为重力式油水分离器改进提供了依据。孙九州[34]以速度矢量场和油滴分离数量为评价指标，研究了重力式油水分离器内稳流水平板构件的数量、间距、减速竖板构件的高度及辅助斜板构件的规格尺寸对分离效率的影响。国外学者 Mahdi Shahrokhi 等[35]针对不同数量挡板对污水沉淀池水力特性的作用效果开展了数值模拟研究，并以声学多普勒流速仪实验测试并验证了数值模拟结果，发现在合适的位置增加一定数量的挡板，可使沉淀池产生较小的回流区体积，产生均衡的流场，改善沉淀池的水力特性。Patricia RodrÍGuez LÓPez 等[36]对建立的沉淀池装置进行了流线的定性描述，并采用停留时间分布的方法使用显色示踪粒子定量描述了特征区域，如流动“死区”，发现当入口流速较低时，沉淀池内的流动条件较好，提出可以在入口安装装置控制入口流速来改善流场，提高沉淀池的处理效率。Athanasia M. Goula 等[37]采用数值模拟方法研究了沉淀池入口处挡板对固体颗粒沉降的影响，发现挡板的添加减小了入口回流区的大小，并引导随污水高速度射入的固体颗粒向沉淀池底部沉降，使固体杂质去除率从 90.4%提高到 98.6%。

## 1.3 污水过滤分离过程数值模拟

### 1.3.1 过滤工艺原理及滤料的选择与级配

在油田污水处理中，过滤技术一直以来都被广泛应用。油田污水过滤是指采油污水流经颗粒介质，依靠水力学和界面化学作用而进行固液(或液液)分离的过程。作为油田污水处理中普遍采用的粒料层过滤工艺，其主要用来降低油田污水中含油和悬浮物含量，同时也能够降低COD、BOD、重金属离子浓度等[2,7,10,38]。

过滤技术自问世以来，作为主要设施的过滤器(罐)经历了许多改进，改进的目的首先是增加过滤器(罐)的含污能力，即筛选滤料的品种，改进滤料的级配组成，提高过滤速度，以及延长过滤运行周期等。此外，过滤器(罐)的改进还体现在工艺操作的便捷性、自动化运行的可行性等方面的革新。总体来看，针对油田污水过滤处理，按不同方式可将过滤罐划分为[2]：

(1) 从承受压力状态差异上可分为：重力式过滤罐和压力式过滤罐。

(2) 从滤料的组合方式差异上可分为：均质滤料过滤罐、双层滤料过滤罐、三层滤料过滤罐及混合滤料过滤罐。

(3) 从水流方向差异上可分为：上向流过滤罐、下向流过滤罐、双向流过滤罐和辐射流过滤罐。

(4) 从药剂投加量和投注点差异上可分为：沉淀后水过滤罐和(接触)凝聚罐。

(5) 从阀门配置差异上可分为：四阀过滤罐和三阀过滤罐。

(6) 从冲洗配水方式差异上可分为：大阻力过滤罐、中阻力过滤罐和小阻力过滤罐。

(7) 从反冲洗方式差异上可分为：水冲洗过滤罐、气水冲洗过滤罐、表面冲洗过滤罐和机械搅拌冲洗过滤罐。

压力式过滤罐是一种钢制的压力容器，油田常用压力式过滤罐结构如图1.3所示，罐内主体过滤部分包括滤层和承托层，集水筛管下方的承托层则由大粒径的砾石进行填充[1]。

过滤罐的主要结构包括滤层和承托层，其工作的主要流程包括过滤阶段和反冲洗阶段。在过滤过程中，悬浮物在过滤介质所受到的拦截过程可分为筛除过程和吸附过程。筛除过程是对于粒径较大的悬浮颗粒，由于不能通过滤层而被截留在滤层的表层，而粒径相对较小的悬浮颗粒则可以进入滤层，然而，这些颗粒在通过滤层时由于与过滤介质接触被吸附停留在过滤层中被滤除，这就是吸附过程。对于过滤层较深的过滤器来讲，可以滤除的颗粒粒径要小于滤层的孔隙，说明了吸附过程在过滤器工作过程中的重要性。简单地说，即当过滤介质对悬浮颗粒的吸力大于水流对悬浮颗粒的曳力时将发生吸附。吸附过程的产生主要取决于过滤介质的材料和结构两方面的因素。材料的化学性质不同能够产生不同大小的表面吸力；结构因素是由于多孔结构会强化吸附作用。当材料相同时，颗粒与介质表面接触面积越大则吸力越强，而过滤介质所形成的微小孔隙在给细小悬浮颗粒提供与过滤介质接触的机会的同时也使其接触面积大大增加。如此一来，悬浮颗粒在过滤介质的孔隙内会受到很大的吸力，孔隙内的水流流速一般不大，多数情况下处于层流状态，因

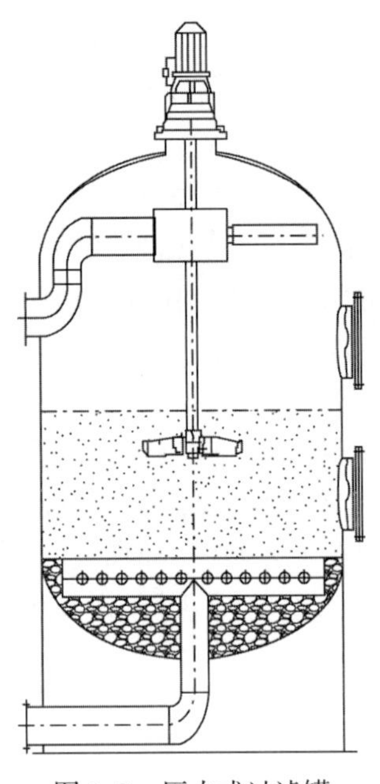

图 1.3　压力式过滤罐结构示意图

此，水流对于悬浮颗粒的曳力也就不大，这样就会产生较强的吸附作用。因此，滤层孔隙的吸附作用对过滤性能的影响是很大的，制造更多、更小的滤层孔隙会有效地提高过滤精度。当过滤罐在运行持续一定时间之后，随着截留物累积量大到一定程度，过滤罐的性能将会下降，主要表现在滤速的下降和过滤精度的降低。这时就需要进行反冲洗操作来清除截留物，恢复过滤性能。

反冲洗过程实际上是过滤的逆过程。对于过滤层中的筛除作用下的截留物，使用逆向流动的过滤水流进行清除；但对于吸附作用的截留物，则相对较难清除，这是由于即使增大反冲洗强度，逆向流动的水流在孔隙内仍处于层流状态，曳力的大小受到一定程度的限制，这并不能完全改变吸附状态。因此，对于吸附截留物的清除必须针对具体过滤装置的吸附特点采取合适的脱附办法。一般说来，产生吸附作用的过滤介质的材料因素是不易改变的，只能通过改变过滤介质的结构因素，通常是通过解除其所形成的微孔隙来脱附。因而，能否解除滤层的孔隙是决定反洗效果的关键。

过滤过程是通过多孔介质分离出不溶性固体，作为一个复杂的过程，如图 1.4 所示，滤床过滤截留悬浮颗粒的过程包含迁移、附着和脱离三种行为[39]。

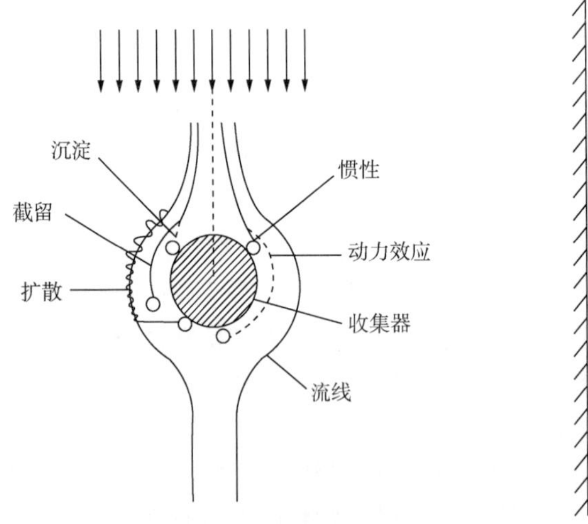


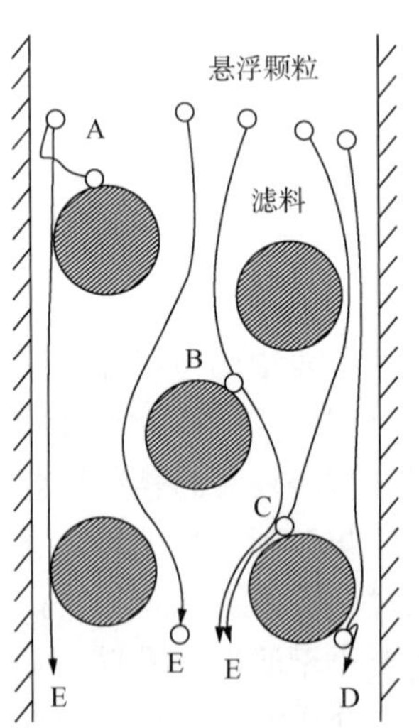


图 1.4　过滤机理描述示意图

A—布朗扩散；B—惯性，扩散；C—截留；D—水力撞击；E—脱附颗粒

在过滤过程中，过滤层内水流一般处于层流状态，悬浮颗粒在物理力学作用下，脱离流线并接触滤料的行为称为粒子迁移。迁移机理所受影响因素较为复杂，如滤料尺寸、形

状、滤速、水温、水中颗粒尺寸、形状和密度。在过滤罐中，这种粒子迁移行为发生的主要作用包括拦截作用、惯性作用、筛滤作用、沉淀作用、水力作用和扩散作用，而悬浮物粒度与去除机理存在的关系为：对粒径≥30μm 的颗粒，沉淀和截留都起作用；对粒径约 1~3μm 的颗粒，以截留为主要作用；对粒径<0.1μm 的颗粒，以截留和布朗扩散起主要作用。

（1）迁移过程。

① 拦截作用。

随着水流的流线流动的粒径较小的颗粒，在流线会聚的地方会与滤料表面相接触，直到最后和滤料表面接触，颗粒被滤料拦截。其去除概率与滤料粒径成反比，与颗粒直径的平方成正比关系，也是雷诺数的函数。

② 惯性作用。

悬浮颗粒具有一定的惯性，当水中流动的颗粒绕过滤料的表面时，速度和密度较大的颗粒将会与流线脱离。

③ 筛滤作用。

在过滤过程中，比过滤层孔隙大的悬浮颗粒被筛分，留在过滤层表面上，然后形成滤饼层致使过滤阻力增加，甚至发生阻塞。此时，表面筛滤没能发挥整个滤层的作用。在常规的过滤罐中，悬浮颗粒的粒径一般都比滤层孔隙小，因此，通常状况下，筛滤作用对悬浮颗粒的去除率的贡献不大，但是，当悬浮颗粒浓度过高时，很多颗粒有可能同时到达一个孔隙，互相拱接，因而会被机械截留。

④ 沉淀作用。

当悬浮颗粒的重力较大时，重力的作用就不可被忽视，存在一个沿竖直方向的相对沉淀速度。在重力作用下，颗粒偏离流线沉淀到滤料表面上。此时，颗粒沉淀速度和过滤水流速度的相对大小和方向决定了沉淀效率。此外，过滤层中的每个小孔隙起着一个浅层沉淀池的作用。

⑤ 水力作用。

在过滤层中，孔隙和悬浮颗粒的形状是极不规则的，因此，颗粒的各部分在运动过程中受到不等的力，使得颗粒会偏离流线。

⑥ 扩散作用。

粒径极小的一些悬浮颗粒由于发生布朗运动会在滤料上发生扩散。

（2）附着过程。

部分迁移的颗粒与滤料接触会附着在滤料的表面上，称为附着过程。附着过程的影响因素主要包括接触凝聚、静电引力、吸附作用、分子引力等的物理、化学作用。

① 接触凝聚。

在过滤前的预处理过程中，凝聚剂的使用有提高过滤速度的作用，在原水中投加凝聚剂，压缩悬浮颗粒和滤料颗粒表面的双电层后，且尚未生成微絮凝体时，立即进行过滤。此时，水中脱稳的胶体很容易与滤料表面凝聚，即发生接触凝聚作用。

② 静电引力。

由于悬浮颗粒表面上带有电荷，该电荷和由此形成的双电层产生了静电引力和斥力，当悬浮颗粒和滤料颗粒带异号电荷时，二者表现为静电引力，反之则为静电斥力。

③ 吸附。

悬浮颗粒细小，具有很强的吸附趋势，吸附作用也可能通过絮凝剂的架桥作用实现。絮凝物的一端附着在滤料表面，而另一端附着在悬浮颗粒上。某些聚合电解质能降低双电层的排斥力而改善附着性能。

④ 分子引力。

分子间、原子间的引力在悬浮颗粒附着时起到重要的作用，这种引力可以叠加，其作用范围有限，与两分子的间距的 6 次方成反比。

（3）脱离过程。

过滤罐需要定期地进行反冲洗，其效果与反冲洗的时间和强度成正比。在反冲洗过程中，滤料中残余的悬浮颗粒通过反冲洗水的冲击作用与滤料脱离，同时，滤料在水流相互之间的摩擦、碰撞作用也有利于悬浮物和滤料的分离[1,2,6]。

滤料的选择一直是过滤技术的焦点，要考虑到滤料具有足够的机械强度、化学稳定性、货源等。早期阶段，我国主要使用以石英砂滤料为主的一级过滤罐，石英砂具有化学性质稳定、机械强度好并且价格低廉等优点[40]。因此，以石英砂滤料为主的过滤罐在较长的一段时间里被大范围地推广和使用。直到 20 世纪 80 年代中期，核桃壳作为一种高性能的滤料被人们所关注，核桃壳过滤罐逐渐被广泛应用。也有学者对核桃壳过滤罐进行进一步验证性探究，研究表明，相比于传统的石英砂过滤罐，核桃壳过滤罐有明显的过滤性能优势，相比石英砂过滤罐，核桃壳过滤罐有更强的去污能力，其滤速能达到 16m/h，远远超过石英砂过滤罐的滤速(一般石英砂过滤罐的滤速在 8m/h 左右)，因此去污效率远远高于石英砂过滤罐，此外，核桃壳的成本比较低廉[41]。王国生在滤料材料的选择上提出了应用纤维球，并且通过实验验证了纤维球过滤罐的工作性能，结果证明纤维球过滤罐具有能实现高速过滤保证良好的水质，过滤出水悬浮物可控制在 2mg/L 以内，且压力损耗较小，节约能源等优点[42]。2008 年，Cui 等将 NaA 型沸石修饰到三氧化二铝管式陶瓷膜上进行废水处理，分别制备了孔尺寸为 1.2μm、0.4μm 和 0.2μm 的陶瓷膜，针对含油浓度为 100mg/L 的油田污水进行处理，结果表明孔径为 1.2μm 的陶瓷膜的去除效率能够达到 99%[43]。

尽管滤料种类的发展迅速，但面临着处理规模的增大及水质性质不断复杂的现状，过滤罐运行逐渐出现滤床堵塞、憋压、水头损失增大等一系列问题。许多研究学者致力于解决这些难题，在 20 世纪 40 年代，双层滤料过滤罐在国内外油田的污水处理中被广泛投入使用，其中滤料多是由直径 1mm 的无烟煤和直径为 0.45mm 的石英砂配比而成。此外，为了便于反冲洗时两层滤料能够实现规则、有序的布置，上层滤料要密度较小，因此，磁铁矿、人工陶瓷颗粒也作为上层配比滤料[15,42,44]。在 20 世纪 60 年代，三层滤料的过滤罐渐渐地被使用和推广，滤料分别由无烟煤、石英砂、石榴石或钛铁矿组成[41,45]。Evers 等相继对多层介质滤料过滤进行了深入研究，对于用多层滤料(即三种或三种以上的不同滤料介质)过滤罐进行混合时，他们提出体现滤床的含污能力的合理填设方式，结果表明使滤床从顶部到底部形成粗糙度逐渐降低的合理填设，即上层放置粗粒滤料，下层放置细粒滤料，水流从上到下流过，先经粗粒滤料过滤，再经细粒滤料过滤[39]。

### 1.3.2 过滤分离工艺数值模拟

数值模拟能够在很大程度上降低室内模拟及现场试验的成本，可以将滤料层定义为多孔介质模型，采用结构化、非结构化网格处理方法，模拟再现过滤流场，并使模拟结果接近于实验结果。

气体除尘领域的大量研究为模拟油田污水过滤提供了很多借鉴。李艳艳[46]为获得更真实纤维过滤器的微观结构，基于随机算法产生三维的纤维过滤介质，创建了包括单峰纤维过滤器、双峰纤维过滤器在内的一系列不同结构参数的虚拟三维纤维过滤器模型，模拟结果表明过滤风速对过滤器模型的压力损失影响是一致的，随着过滤风速的增大，压力损失线性增加。刘婷等[47]模拟了两种不同级别过滤器组合对粒径分别为0.5μm、1.0μm、1.5μm、2.0μm和2.5μm这5种颗粒的过滤性能，同时模拟了过滤风速对过滤器捕集微粒效率和压降的影响规律，得出多个不同级别过滤器两两组合对这5种颗粒的过滤规律，以及过滤器捕集效率和压降随过滤风速的变化规律，对实际工程应用中过滤器的组合匹配及空调系统过滤PM2.5方面提供了一定的参考。田园等[48]在应用固定滤层处理污水过程中，分析均质滤料床过滤精确控制方程，利用方程的双曲型特征，采用特征线计算法进行了数值模拟分析，消除了通常的向前差分格式造成的计算误差。

为了优化颗粒层过滤器内部流场，也有学者通过离散相模型数值模拟来讨论颗粒层过滤效率及沿程压降与其结构特征、过滤特性参数的相关关系。谭旭[49]对过滤分离器内部流场进行了模拟分析，从影响过滤分离器水分离效率的因素出发，模拟分析了立式和卧式过滤分离器内部滤芯位置的布置方式、聚结滤芯流量的分配及聚结滤芯的渗透率对二者内部流场流速分布的影响，为立式和卧式过滤分离器的内部结构、配流盘和聚结滤芯的设计与加工制造提供了依据。

为此，基于对聚合物驱采出污水的处理与供注关系及回注形势分析，结合现场试验对三次采油后续水驱和深度处理系统调配聚合物驱采出污水的适应性评价，集沉降分离工艺段、过滤分离工艺段及配套技术于一体，利用数值模拟、理论建模、室内实验及现场试验的方法与手段，表征聚合物驱采出污水分离流场特性及其影响，研究聚合物驱采出污水提效处理对策，优化聚合物驱采出污水处理设施结构与运行参数，进而研究构建聚合物驱采出污水深度处理工艺模式与技术界限，最后通过对聚合物驱采出污水过滤罐筛管沉积机理的揭示，研究形成控制筛管沉积行为的聚合物驱采出污水深度处理配套技术措施。

# 2 聚合物驱采出污水处理系统运行现状及回注形势分析

自 1996 年开始，大庆长垣油田逐步进入大规模注聚合物开采阶段，采出水陆续见聚合物，见聚合物造成了采出水黏度增加，由 0.6~0.7mPa·s 增加到 1.0mPa·s 以上，油珠颗粒变小，粒径中值由水驱的 35μm 左右减小到 10μm 左右，Zeta 电位增大，由-2.0~-3.0mV增大到-20.0mV 以上，油珠浮升速度降低到水驱的 1/10 左右，悬浮固体粒径中值减小到 1~4μm，综合作用使得原油、悬浮固体乳化严重，形成稳定的胶体体系而降低分离效率，尤其随着含水率的不断上升，聚合物对采出水特性的这种改变直接带来污水处理难度的增大、处理成本的上升及处理系统安全平稳运行压力的加大。大庆油田在根据开发层位的精细化不断划分、制定相应注水水质指标的同时，将含聚污水最低含聚浓度界线定为 20mg/L[50]。面临油田采出水经处理后尽可能回注地层而避免外排的原则和形势，聚合物驱采出污水也就成为油田进入高含水后期开发时注水的主要水源。因此，分析聚合物驱采出污水处理系统运行现状，揭示供注关系下的水量平衡状况，并分析污水回注形势，对于寻求聚合物驱采出污水回注方式、研究形成聚合物驱采出污水处理工艺与配套技术、保障聚合物驱采出污水处理效果、应对“减排”压力具有重要意义。

## 2.1 聚合物驱采出污水处理及供注关系

### 2.1.1 处理工艺及配套技术

为了满足油田含油污水处理及注水开发的要求，地面工程建设规模庞大、系统复杂的污水处理系统，大庆油田按产水来源不同可分为水驱产水、聚驱产水、高浓度聚驱产水和三元复合驱产水。水驱产水就是指来自水驱井网的采出污水，聚驱产水就是指来自聚驱井网的采出污水，高浓度聚驱产水就是指来自聚驱上返井网、含聚浓度较高的采出污水(高于 450mg/L)，三元复合驱产水就是指来自三元复合驱井网的采出污水。针对聚合物驱采出污水的水质特性，大庆油田已形成了聚合物驱采出水处理工艺，如图 2.1 所示，“两级沉降+压力过滤”是最为成熟的主体处理工艺，占到聚合物驱采出水处理工艺的 70%以上，该工艺在生产运行中有效保障了聚合物驱地面系统的平稳运行及污水水质指标的控制，满足了高渗透注水水质要求。

不过，随着产水中聚合物含量的增加，污水中油珠难以聚并为大颗粒快速上浮，多以小颗粒乳化油状态存在，去除难度增大，污水中悬浮固体颗粒粒径更为细小，难以沉降，呈现“不沉不浮”状态，同时在系统中恶性循环，如含大量杂质的反冲洗排污进入

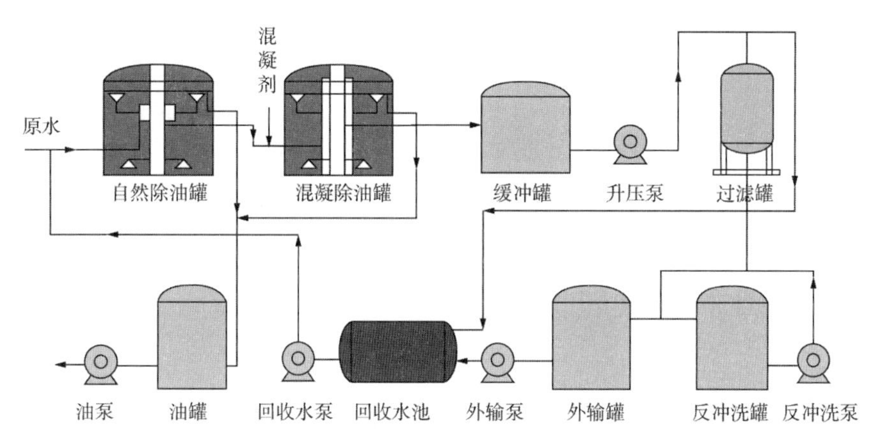


图 2.1　聚合物驱采出污水处理工艺

回收水池后，又全部打回沉降罐前端，沉降罐底部产生大量淤泥；在过滤过程中，聚合物黏附在滤料表面，加剧滤料表层板结，再生困难，同时由于污水体系黏度的增加，在保持相同反冲洗强度下，滤料膨胀高度也相应增加，加剧滤料流失，也就是造成严重的跑料。

鉴于此，在采出水处理运行实践中，不断完善、优化工艺和开发应用配套技术，以保证和改善处理水质，如沉降罐通过增设管式反应器、穿孔管、溶气泵增加气浮选功能，提高沉降工艺含油去除率和悬浮固体去除率；过滤系统通过接入供气设备，实现气、水反冲洗，如图 2.2 所示，充分利用过滤罐的大阻力布水系统实现气、水反冲洗的布气、布水功能，与单纯水反冲洗再生相比，可以节省自耗水量达 40%，使滤料表面残余含油量在 0.1%以下；另外，注水干支线通过大排量冲洗治理二次污染、提高注入水质。

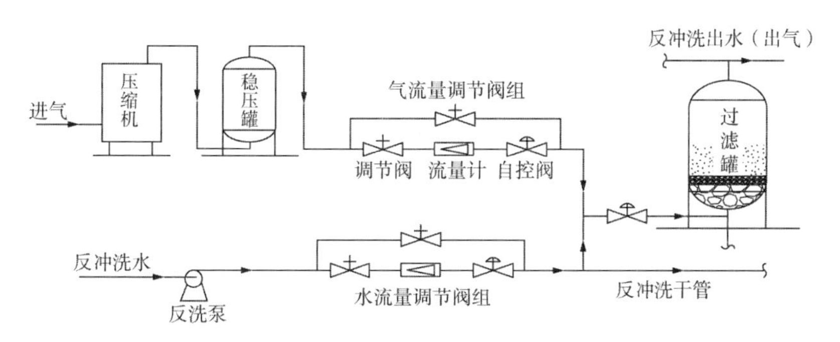


图 2.2　聚合物驱采出污水处理工艺

### 2.1.2　供水、注水关系

为满足油田开发要求，大庆油田根据采出水特性和不同开发阶段对注水水质的要求，地面系统总体划分了水驱产水、普通聚驱产水、高浓度聚驱产水和三元复合驱产水等 4 类采出污水，总体形成了水驱普通水、水驱深度水、普通聚驱、高浓度聚驱和三元复合驱等 5 套注水管网，当然，各管网并不是完全独立、自成系统，比如多数的普通聚驱注水管网与水驱普通水管网互相连通。

在供水、注水关系上，4类采出污水分别经过污水站处理成普通污水或深度污水，再根据开发要求注入5套注水管网；高浓度聚驱产水和三元复合驱产水处理成普通污水后进入水驱普通水的注水管网，注入高渗透油层，不足部分补充普通聚驱产水；薄差层水驱开发、普通聚驱、高浓度聚驱及三元复合驱的注入管网均供注深度处理水，水源则来自全部的水驱产水，近年来增加了部分聚驱产水。

## 2.2 水量平衡及处理状况分析

统计并预测近年来萨北油田的年产(注)水量情况见表2.1，可以看出，一方面，总产水量小于总注水量，总产水量不能满足总注水量需求，存在$(4.46\sim5.97)\times10^4m^3/d$的差，另一方面，三次采油产水过剩，深度水源不足，三次采油产水不能完全回注普通注水井网，有$(5.75\sim7.00)\times10^4m^3/d$的剩余水量，随着二类油层陆续投入三次采油开发，水驱产水更不能满足深度注水量的需求，有$(7.53\sim12.35)\times10^4m^3/d$的亏缺量。

**表2.1 萨北油田年产(注)水量情况统计、预测** 单位：$10^4m^3/d$

| 项目 | | 产(注)水量 | | | | |
|---|---|---|---|---|---|---|
| | | 2016年 | 2017年 | 2018年 | 2019年 | 2020年 |
| 水驱产水量 | | 9.75 | 9.79 | 9.82 | 9.86 | 9.88 |
| 三采产水量 | 聚驱产水量 | 8.78 | 8.74 | 8.60 | 8.44 | 8.28 |
| | 三元驱产水量 | 3.43 | 3.51 | 4.06 | 4.67 | 5.23 |
| 总产水量 | | 21.96 | 22.04 | 22.48 | 22.97 | 23.39 |
| 水驱注水量 | 普通水量 | 6.46 | 6.48 | 6.49 | 6.51 | 6.51 |
| | 深度水量 | 7.45 | 7.47 | 7.49 | 7.51 | 7.52 |
| | 小计 | 13.91 | 13.95 | 13.98 | 14.02 | 14.03 |
| 三采注水量 | 聚驱注水量 | 6.04 | 6.88 | 7.98 | 7.81 | 8.24 |
| | 三元驱注水量 | 6.46 | 6.48 | 6.49 | 6.51 | 6.51 |
| | 小计 | 12.50 | 13.36 | 14.47 | 14.32 | 14.75 |
| 总注水量 | | 26.41 | 27.31 | 28.45 | 28.34 | 28.78 |
| 总注水量-总产水量 | | 4.45 | 5.27 | 5.97 | 5.37 | 5.39 |
| 配制清水量 | 配制母液量 | 1.07 | 0.49 | 0.18 | 0.17 | 0.01 |
| | 稀释量 | 1.60 | 1.55 | 0.57 | 0.53 | 0.03 |
| | 小计 | 2.67 | 2.04 | 0.75 | 0.70 | 0.04 |
| 深度注水量(深度水量+三采注水量-配制清水量) | | 17.28 | 18.79 | 21.21 | 21.13 | 22.23 |
| 水驱产水量-深度注水量 | | -7.53 | -9.00 | -11.39 | -11.27 | -12.35 |
| 普通水量-三采产水量 | | -5.75 | -5.77 | -6.17 | -6.60 | -7.00 |

萨北油田目前已建总设计规模超过 10.0×$10^4$$m^3$/d 的深度污水处理系统，近年来其平均实际处理量约为 8.0×$10^4$$m^3$/d，负荷率约为 80.0%，为了深入掌握聚合物驱采出污水处理系统运行现状，设计聚合物驱采出污水深度处理工艺研究、优化方案，以聚合物驱采出污水“两级沉降+压力过滤”处理工艺中的沉降段为对象，分析其处理状况。

表 2.2 为沉降罐运行负荷率情况调查结果，表 2.3、表 2.4 分别为不同含聚阶段沉降段处理效果的统计结果。

**表 2.2 沉降罐运行负荷率情况调查结果(平均含聚浓度：274mg/L)**

| 站别 | 一次沉降罐 | | | | | 二次沉降罐 | | | | |
|---|---|---|---|---|---|---|---|---|---|---|
| | 规格<br>$m^3$ | 座数 | 设计处理量<br>$m^3$/d | 实际处理量<br>$m^3$/d | 负荷率<br>% | 规格<br>$m^3$ | 座数 | 设计处理量<br>$m^3$/d | 实际处理量<br>$m^3$/d | 负荷率<br>% |
| B-22 | 5000 | 2 | 49000 | 21000 | 42.86 | 3000 | 2 | 72000 | 21000 | 29.17 |
| B-16 | 6000 | 2 | 36000 | 15000 | 41.67 | 3000 | 2 | 36000 | 15000 | 41.67 |
| B-13 | 6000 | 2 | 44000 | 25000 | 56.81 | 5000 | 2 | 80000 | 25000 | 31.25 |
| B-4 | 4000 | 2 | 42000 | 14000 | 33.33 | 2000 | 2 | 48000 | 14000 | 29.17 |
| B-5 | 4000 | 2 | 48000 | 8000 | 16.67 | 2000 | 2 | 48000 | 8000 | 16.67 |
| B-15 | 10000 | 2 | 60000 | 12000 | 20.00 | 5000 | 2 | 60000 | 12000 | 20.00 |
| 平均值 | | | | | 35.22 | | | | | 28.00 |

**表 2.3 沉降段处理效果统计结果(低含聚浓度阶段，平均含聚浓度：136mg/L)**

| 站别 | 平均含油量，mg/L | | 除油率,% | | 悬浮物平均含量，mg/L | | 悬浮物去除率,% | |
|---|---|---|---|---|---|---|---|---|
| | 总来水 | 沉降罐出口 | 数值 | 平均值 | 总来水 | 沉降罐出口 | 数值 | 平均值 |
| B-22 | 163.80 | 98.50 | 39.87 | 55.08 | 40.00 | 25.00 | 37.50 | 36.13 |
| B-16 | 228.47 | 33.37 | 74.81 | | 23.50 | 15.00 | 36.36 | |
| B-13 | 557.50 | 275.02 | 47.82 | | 102.00 | 60.38 | 50.40 | |
| B-4 | 267.80 | 132.52 | 54.97 | | 69.71 | 55.67 | 24.75 | |
| B-5 | 338.98 | 116.30 | 60.40 | | 90.25 | 37.88 | 47.70 | |
| B-15 | 269.80 | 101.80 | 52.61 | | 75.67 | 57.17 | 20.05 | |

综合沉降处理段沉降罐运行负荷率、沉降除油效率、悬浮物去除率及相应总来水的主要水质指标情况，分析认为：

(1) 由于含聚浓度的上升，来水水质乳化油量增加，稳定性增强，造成同一沉降罐结构、相当规模处理量条件下的油、悬浮物去除效率下降，一次沉降段的平均除油率及悬浮物去除率分别在 50%左右和 40%以下。

(2) 沉降罐负荷率普遍偏低，这虽然为污水沉降停留时间的延长创造了有利条件，但从水质来看，出水水质并未得到明显改善，表明停留时间并不是决定处理效率的唯一因素，这也为优化其他工艺运行参数、改进分离设施结构等提效处理举措提出了需求、提供了思路。

表 2.4 沉降段处理效果统计结果(含聚浓度上升阶段，平均含聚浓度：274mg/L)

| 站别 | 平均含油量，mg/L | | 除油率,% | | 悬浮物平均含量，mg/L | | 悬浮物去除率,% | |
|---|---|---|---|---|---|---|---|---|
| | 总来水 | 沉降罐出口 | 数值 | 平均值 | 总来水 | 沉降罐出口 | 数值 | 平均值 |
| B-22 | 237.75 | 126.30 | 46.88 | 49.72 | 54.29 | 34.26 | 36.89 | 37.60 |
| | 194.52 | 98.44 | 49.39 | | 31.80 | 19.53 | 38.58 | |
| | 215.06 | 129.31 | 39.87 | | 38.42 | 25.00 | 34.93 | |
| B-16 | 175.21 | 75.26 | 57.05 | | 54.28 | 33.57 | 38.15 | |
| | 214.78 | 102.80 | 52.14 | | 72.03 | 46.08 | 36.03 | |
| | 228.47 | 127.69 | 44.11 | | 48.16 | 32.09 | 33.37 | |
| B-13 | 271.90 | 147.02 | 45.93 | | 80.50 | 53.18 | 33.94 | |
| | 306.54 | 156.15 | 49.06 | | 113.28 | 63.09 | 44.31 | |
| | 317.03 | 150.37 | 52.57 | | 90.76 | 58.42 | 35.63 | |
| B-4 | 301.16 | 158.90 | 47.24 | | 90.60 | 57.23 | 36.83 | |
| | 216.08 | 107.35 | 50.32 | | 57.49 | 41.24 | 28.27 | |
| | 244.72 | 110.16 | 55.00 | | 62.35 | 40.15 | 35.61 | |
| B-5 | 271.54 | 113.10 | 58.35 | | 79.60 | 48.18 | 39.47 | |
| | 308.45 | 168.40 | 45.40 | | 104.18 | 59.03 | 43.33 | |
| | 286.03 | 153.06 | 46.49 | | 86.94 | 60.22 | 30.73 | |
| B-15 | 281.07 | 138.26 | 50.81 | | 121.62 | 69.21 | 43.09 | |
| | 207.82 | 85.70 | 58.76 | | 114.00 | 46.87 | 58.89 | |
| | 213.55 | 116.24 | 45.57 | | 78.82 | 56.10 | 28.83 | |

## 2.3 回注形势分析

随着提高采收率新技术的不断开发，使已开展三次采油区块的有效期延长及二类油层三次采油化学驱规模的相继扩大，聚合物驱、三元复合驱开发要求的深度处理水量逐年增加，出现深度水的水源不足，带来注采水量失衡及建设投资逐年增加等突出问题。

这种开发现状及产水、供注特征决定了污水回注的总体形势：

(1) 增加管网连通性，实现水驱、聚驱、三元复合驱各类产注系统相互调运回注，促进系统内采注平衡。

(2) 高浓度聚驱、三元复合驱产水经普通处理全部回注水驱高渗透井网和聚驱后续水驱井网。

(3) 需要注入深度水的二类、三类加密井，其深度水源在水驱产水基础上，需要调用普通聚驱产水补充其不足部分。

(4) 水驱产水已不能满足逐年增加的深度水需求量，对普通聚驱产水进行深度处理是应对注采水量平衡矛盾的根本思路，同时，随着聚驱上返和三元复合驱的大面积推广，高浓度聚驱和三元复合驱产水也不得不面临深度处理的需求。

面对这些形势，如果仅按照不同系统产出水分别回注本系统的思路规划、设计新建区块，即聚驱采出水回注聚合物驱系统、三元复合驱采出水回注三元复合驱系统，则在地面工程中只需要按内循环模式建设，工程量和建设投资不存在大增，但关键需要调整三次采油阶段的注水水质要求，而注水水质指标调整是否适应地层条件、注水水质指标调整后是否对油田开发效果存在影响则需要探索、研究；如果按照不同系统产出水分别回注本系统的思路规划、设计整体地面系统，即聚驱采出水回注聚合物驱区块、三元复合驱采出水回注三元复合驱区块，注入水质指标执行前期开发方案要求，则需要对已建和新建普通聚驱产水，甚至高浓度聚驱产水、三元复合驱产水进行深度处理，并对供、注关系进行调整，在这种方案下便需要针对普通聚驱产水、高浓度聚驱产水及三元复合驱产水建设深度处理站，同时需要调整站外管网，将原普通聚驱、高浓度聚驱或三元复合驱污水处理站到注水站的站外管道由原来供水驱高渗透注水站调整至本系统注水站，显然，这将带来改造投资和建设投资大增。不过，实现三次采油产水的深度处理，使其满足分质注水水质控制指标，回注二次、三次加密井网，进行多方式有效回用，是应对油田供水、注水需求下注采水量平衡矛盾的根本思路。

## 2.4 本章小结

(1) 针对聚合物驱采出污水的水质特性，目前已形成了以“两级沉降+压力过滤”处理为典型代表的、适应高渗透注水水质指标要求的处理工艺，辅以气浮选沉降、气水反冲洗及干支线冲洗等配套技术，有效保障了聚合物驱采出污水处理效果。

(2) 以聚驱采出水为代表的油田三次采油产水过剩，而深度水源不足，造成了油田水量失衡的问题，在探索调整三次采油阶段注水水质要求而推行聚驱采出水回注聚合物驱区块的同时，实现聚合物驱采出污水的深度处理，获得聚合物驱采出污水以回注二次、三次加密井网为主的多方式回用，是应对注采水量平衡矛盾的根本思路。

# 3　聚合物驱采出污水调配控制水量供注平衡的适应性评价

面临三次采油聚合物驱产水不能完全回注高渗透层井网而导致产水量、注水量平衡矛盾的问题，结合区块站间管网连通情况，实施聚合物驱采出污水调配，便是生产运行中最便捷、最直接的方式，而这需要考量通过调配来控制水量供注平衡的适应性，尤其要探寻调用聚合物驱采出污水作为深度水源的合理时机，以及对聚合物驱采出污水进行深度处理的相关技术界限。为此，基于水量供注平衡特征，现场试验考察调配聚合物驱采出污水的潜在方式及其进入深度处理工艺系统的适应性，以期为控制水量供注平衡技术的研究与应用提供示范和启发。

## 3.1　三次采油后续水驱调配普通处理聚合物驱采出污水

### 3.1.1　污水管网连通情况

大庆油田含油污水处理系统可分为水驱一般水系统、聚驱系统和深度水处理系统，长垣油田老区污水处理系统经过多年的建设，水驱污水系统原水、滤后水管网已经实现全部连通，深度污水滤后污水管网已经基本连通，聚驱污水系统处理站与水驱处理站也基本实现连通，部分聚驱污水站间原水管网也实现连通。以萨北油田为例，其水驱原水、滤后水管网、深度污水滤后水管网及聚驱污水原水、滤后水管网如图 3.1 所示，可以看出，萨北油田含油污水深度处理站多数与注水站合建，深度处理后水自压进注水站储罐。

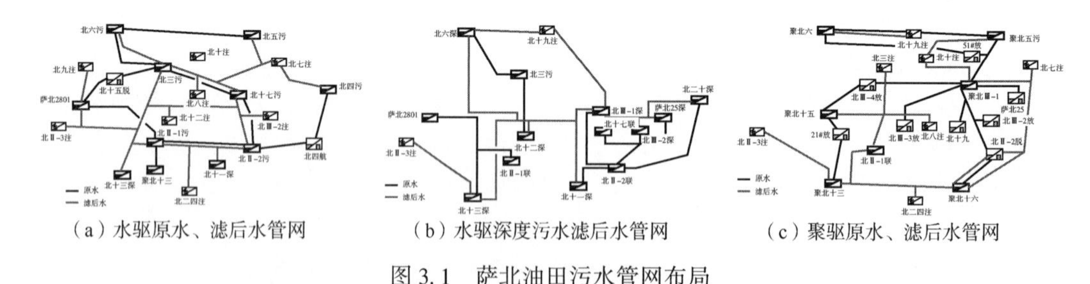

（a）水驱原水、滤后水管网　（b）水驱深度污水滤后水管网　（c）聚驱原水、滤后水管网

图 3.1　萨北油田污水管网布局

### 3.1.2　注入水水质标准

根据《大庆油田油藏水驱注水水质指标及分析方法》（Q/SY DQ 0605—2006），当原水含聚浓度<20mg/L 时，注水水质执行表 3.1 的标准，当原水含聚浓度≥20mg/L 时，注水水质执行表 3.2 的标准。

**表 3.1 大庆油田油藏水驱注水水质主要控制指标(含聚浓度<20mg/L)**

| 指标 | 数值 | | | | |
|---|---|---|---|---|---|
| 空气渗透率，D | <0.02 | 0.02~0.1 | 0.1~0.3 | 0.3~0.6 | >0.6 |
| 含油量，mg/L | ≤5.0 | ≤8.0 | ≤10.0 | ≤15.0 | ≤20.0 |
| 悬浮固体含量，mg/L | ≤1.0 | ≤3.0 | ≤5.0 | ≤5.0 | ≤10.0<br>(地面污水≤10.0) |
| 悬浮物颗粒直径中值，μm | ≤1.0 | ≤2.0 | ≤2.0 | ≤3.0 | ≤3.0 |
| 平均腐蚀率，mm/a | ≤0.076 | | | | |
| SRB 菌，个/mL | ≤25 | ≤25 | ≤25 | ≤25 | ≤25 |
| 腐生菌，个/mL | $n\times10^{2}$ | $n\times10^{2}$ | $n\times10^{3}$ | $n\times10^{3}$ | $n\times10^{4}$ |
| 铁细菌，个/mL | $n\times10^{2}$ | $n\times10^{2}$ | $n\times10^{3}$ | $n\times10^{3}$ | $n\times10^{4}$ |

注：表中 $0\leqslant n<10$。

**表 3.2 大庆油田聚合物驱采出污水注水水质主要控制指标(含聚浓度≥20mg/L)**

| 指标 | 数值 | | | |
|---|---|---|---|---|
| 空气渗透率，D | <0.1 | 0.1~0.3 | 0.3~0.6 | >0.6 |
| 含油量，mg/L | ≤5.0 | ≤10.0 | ≤15.0 | ≤20.0 |
| 悬浮固体含量，mg/L | ≤5.0 | ≤10.0 | ≤15.0 | ≤20.0 |
| 悬浮物颗粒直径中值，μm | ≤2.0 | ≤3.0 | ≤3.0 | ≤5.0 |
| 平均腐蚀率，mm/a | ≤0.076 | | | |
| SRB 菌，个/mL | $\leqslant10^{2}$ | $\leqslant10^{2}$ | $\leqslant10^{2}$ | $\leqslant10^{2}$ |
| 腐生菌，个/mL | $n\times10^{2}$ | $n\times10^{2}$ | $n\times10^{3}$ | $n\times10^{4}$ |
| 铁细菌，个/mL | $n\times10^{2}$ | $n\times10^{2}$ | $n\times10^{3}$ | $n\times10^{4}$ |

注：表中 $0\leqslant n<10$。

以萨Ⅱ5+6 至萨Ⅱ7+8 油层为对象，分析其发育情况，并结合三次采油聚合物驱过程中油层砂岩厚度、有效厚度、渗透率、一类连通比例及高水淹比例的分布及变化特征，认为在后续水驱注水水质指标方面，可执行含油量、悬浮物含量和粒径中值分别为 20mg/L、20mg/L、5μm 的控制指标，即可调配注入普通处理聚合物驱采出污水，替代深度污水(含油量、悬浮物含量和粒径中值分别为 5mg/L、5mg/L、2μm)。

### 3.1.3 后续水驱调配普通处理聚合物驱采出污水注采特征

在北二区选择聚合物驱段塞转入后续水驱阶段的邻近两座站(记作 1#、2#)开展试验，其中 1#注入站辖注入井 21 口，2 号注入站辖注入井 18 口，通过调整注水干线联络线，1#注入站调配注入普通处理聚合物驱采出污水(平均含聚浓度 117mg/L，平均含油量、悬浮物含量和粒径中值分别为 14.6mg/L、17.8mg/L、4.3μm)，2#注入站注入深度污水(平均含油量、悬浮物含量和粒径中值分别为 3.3mg/L、4.5mg/L、1.7μm)，跟踪试验期间两座注入站辖注入井的视吸水指数变化和相应中心采出井的产液强度、产油强度变化，分析以减少深度污水用量为目的调配水质开发的注采特征。

(1) 视吸水指数。

如图 3.2 所示为试验期间两座注入站辖注入井的平均视吸水指数变化，可以看出，在试验初始注入阶段，注入深度污水的 2#注入站注入井的平均视吸水指数高于注入普通处理聚合物驱采出污水的 1#注入站注入井的平均视吸水指数，高出幅度约为 8.52%，随着注入的持续，两座站的注入井平均视吸水指数基本一致，反映出后续水驱调配普通处理聚合物驱采出污水对地层吸水能力并不会带来明显影响。

试验期间，对注入压力的跟踪也反映出替代深度污水，调配普通处理聚合物驱采出污水注入时并不会带来井筒的污染和不可逆堵塞。

(2) 产液、产油强度。

如图 3.3 所示为两座注入站所辖注入井相应中心受效采出井(其中，1#注入站 11 口、2#注入站 9 口)的产液强度、产油强度变化，可以看出，尽管两座注入站中心受效采出井的产液强度和产油强度随着后续水驱开发的进行均降低，对于调配注入普通处理聚合物驱采出污水的 1#注入站，产液强度和产油强度分别下降 1.08%和 37.20%，对于注入深度污水的 2#注入站，其产液强度和产油强度分别下降 0.97%和 37.00%，但不同注入水质的两座注入站中心受效采出井间的产液强度和产油强度差异不明显，相差幅度最大不超过 6%。

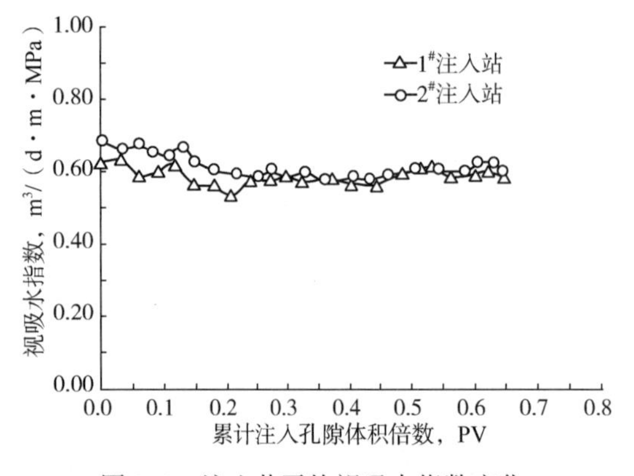


图 3.2 注入井平均视吸水指数变化

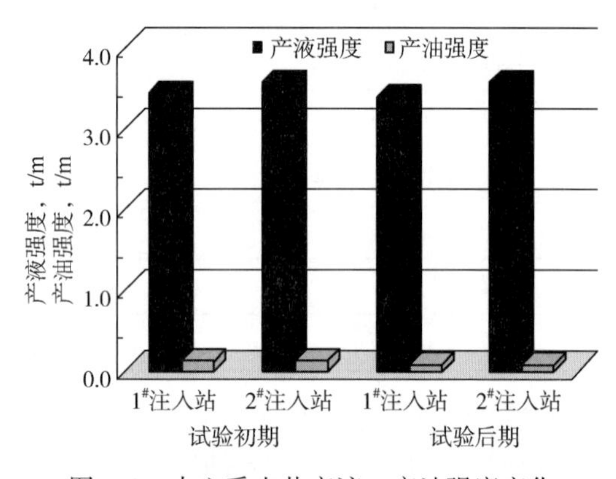


图 3.3 中心采出井产液、产油强度变化

分析试验区块的注采特征认为，聚驱采出水可以回注聚合物驱区块，三次采油聚驱后续水驱直接调配普通处理聚合物驱采出污水是减少深度污水用量、有效控制水量供注平衡的一种可行方式。

## 3.2 深度处理水源调配聚合物驱采出污水

由前面可知，尽管在满足地层条件下，后续水驱直接调配普通处理聚合物驱采出污水并不会影响注采特征，但油田开发区块复杂的地层条件及不同地层条件对分质供水需求的这一生产事实决定了补充深度处理水源、增加深度污水供应成为一种必然，也是应对油田水量供注平衡矛盾的根本思路，因此，有必要首先评价调配聚合物驱采出污水进入深度处理工艺系统的适应性，初步探寻深度处理水源调配聚合物驱采出污水的界限。

### 3.2.1 调配含聚浓度界限

考虑调配、混合不同聚合物驱采出污水实现对水质含聚浓度的调节，并选择能够进行阀门开度调控、流量监测的相近含聚普通污水站、聚合物污水站和深度污水站开展现场试验，监测污水调配量、污水含聚浓度及深度污水站处理工艺前后水质的含油、悬浮固体含量及悬浮物粒径中值，评价调配聚合物驱采出污水作为深度水源进入深度处理工艺系统的适应性，并基于矿场现有条件摸索调配含聚浓度界限。

试验期间开展了混配含聚浓度分布在 100~350mg/L 之间的 6 种调配方案，过滤、反冲洗操作按照深度污水站的现有工艺运行参数进行，具体调配情况见表 3.3。

表 3.3 深度处理水源调配聚合物驱采出污水适应性现场试验方案

| 含聚普通污水站 | | | | 聚合物污水站 | | | | 深度污水站 | |
|---|---|---|---|---|---|---|---|---|---|
| 调水量 $m^3/d$ | 调水水质 | | | 调水量 $m^3/d$ | 调水水质 | | | 处理水量 $m^3/d$ | 含聚浓度 mg/L |
| | 含油量 mg/L | 悬浮固体含量，mg/L | 含聚浓度 mg/L | | 含油量 mg/L | 悬浮固体含量，mg/L | 含聚浓度 mg/L | | |
| 8000 | 10.4 | 11.6 | 112.7 | 0 | 16.2 | 14.9 | 351.2 | 8000 | 112.7 |
| 7000 | 9.8 | 10.4 | 104.6 | 1000 | 14.3 | 17.0 | 334.3 | 8000 | 142.6 |
| 6200 | 11.5 | 9.2 | 110.5 | 1800 | 19.1 | 13.5 | 347.0 | 8000 | 175.5 |
| 5500 | 13.2 | 12.5 | 114.3 | 2500 | 14.8 | 16.2 | 328.6 | 8000 | 207.9 |
| 3750 | 12.6 | 11.4 | 102.8 | 4250 | 16.6 | 12.4 | 346.9 | 8000 | 248.2 |
| 0 | 10.7 | 8.3 | 106.7 | 8000 | 15.7 | 13.3 | 342.0 | 8000 | 342.0 |

如图 3.4 所示，从深度处理工艺二级过滤后的出水含油、悬浮固体含量变化可以看出，来水含聚浓度在 200mg/L 以内时，深度处理水质满足含油、悬浮固体含量分别为 5mg/L、5mg/L 的控制指标，且水质保持稳定，在含聚浓度继续上升后，含油、悬浮固体含量超标且不稳定，另外，不同调配方案下处理后水质悬浮物粒径中值(图 3.5)也反映出一致的特征，在含聚浓度低于 200mg/L 时，深度处理水质悬浮物粒径中值基本能够分布在 2μm 以下。

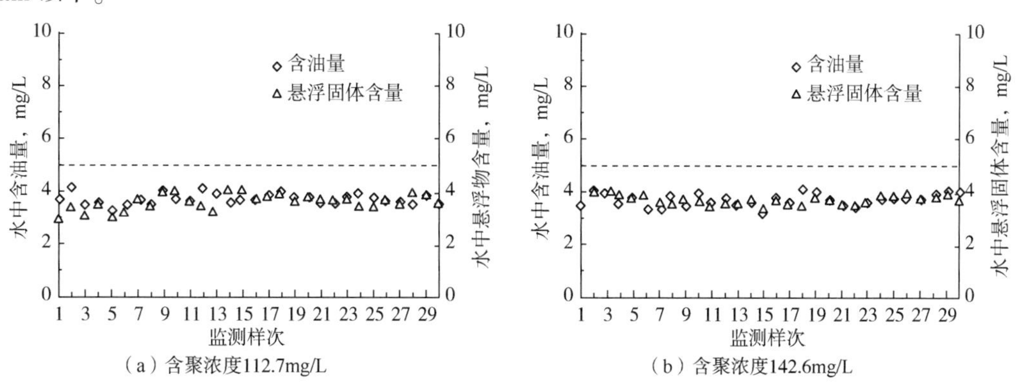


图 3.4 含聚浓度对深度处理水质含油量、悬浮固体含量的影响

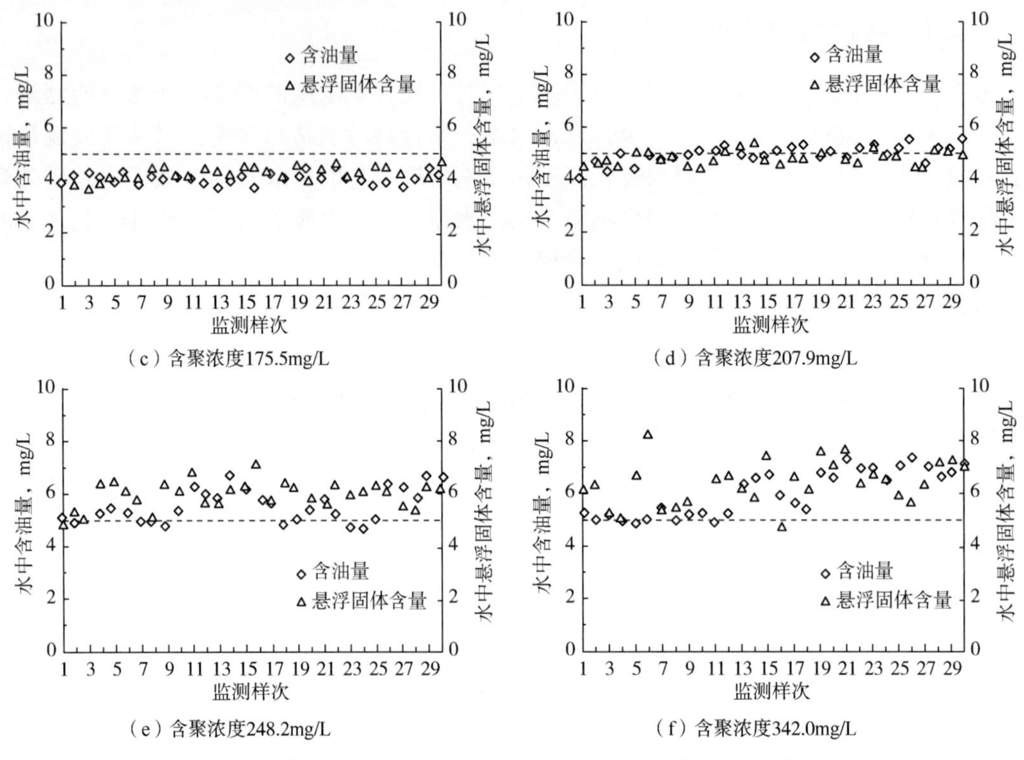


（c）含聚浓度175.5mg/L

（d）含聚浓度207.9mg/L

（e）含聚浓度248.2mg/L

（f）含聚浓度342.0mg/L

图 3.4　含聚浓度对深度处理水质含油量、悬浮固体含量的影响(续)

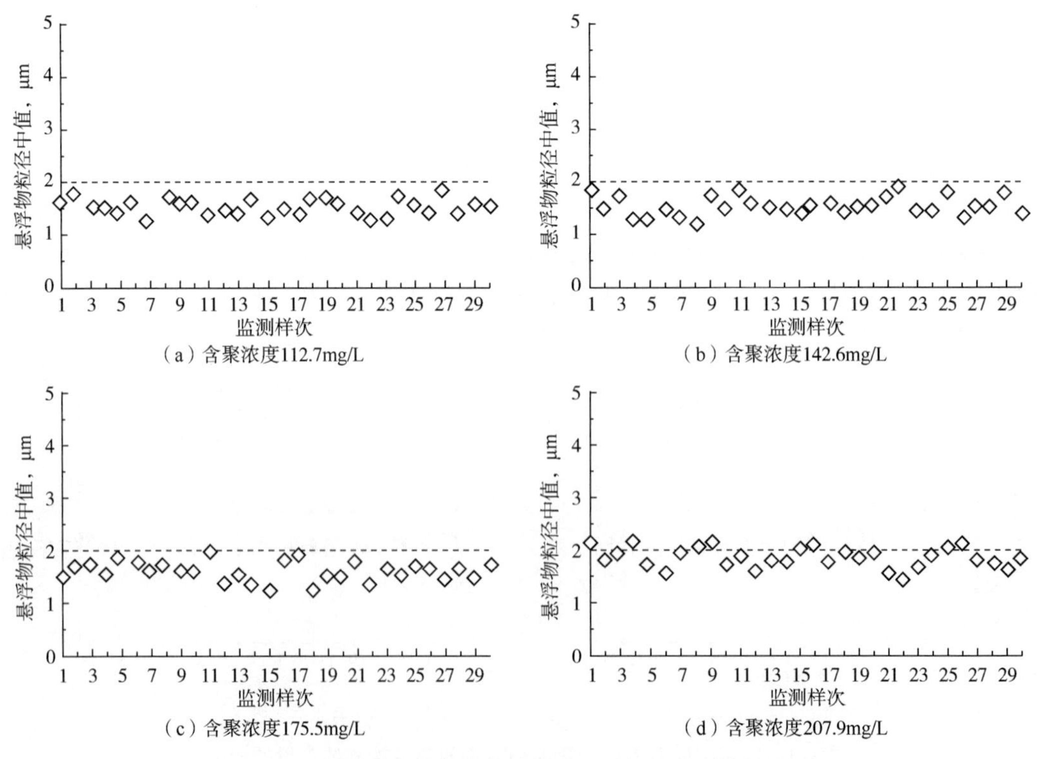


（a）含聚浓度112.7mg/L

（b）含聚浓度142.6mg/L

（c）含聚浓度175.5mg/L

（d）含聚浓度207.9mg/L

图 3.5　含聚浓度对深度处理水质悬浮物粒径中值的影响

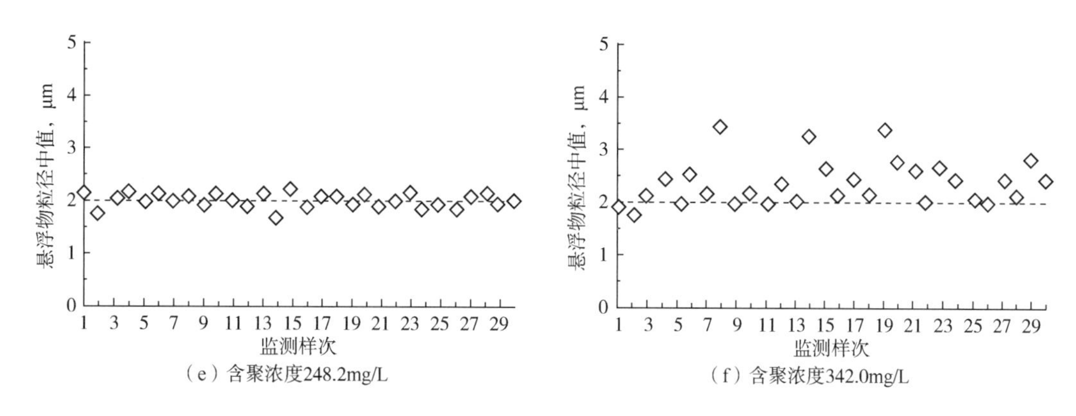


图 3.5 含聚浓度对深度处理水质悬浮物粒径中值的影响(续)

试验结果表明，聚合物驱采出污水能够适应深度处理工艺系统，可以调配其作为深度水源，但含聚浓度是影响深度处理水质的关键，界定该试验条件(一级石英砂过滤滤速 8~12m/h、二级石英砂过滤滤速 4~8m/h)深度处理工艺运行参数下适于调配的含聚浓度界限为 150~200mg/L。然而，现场试验对包括来水水质、过滤速度、过滤罐滤料填设等条件综合考虑的局限性决定了这一界限的全面性和普适性有待考量，仍需要考虑水质特性变化、处理设施结构特征及工艺运行参数的适配性，通过理论和实验研究进一步从处理工艺整体上优化确定。

### 3.2.2 调配合理时机

图 3.6 为不同区块聚合物驱采出液中含聚浓度变化统计，可以看出，在聚合物段塞注入初期，采出液中含聚浓度低，随着聚合物段塞的注入，含聚浓度上升，在聚合物段塞结束、后续水驱进行后，采出液中含聚浓度逐渐下降，因此，结合对调配含聚浓度界限的初步认识，可以确定深度处理水源调配聚合物驱采出污水的合理时机为：三次采油注聚合物前期和后续水驱阶段，通过在这两个时机调用低含聚产水，增加深度污水水源，缓解水量平衡矛盾。

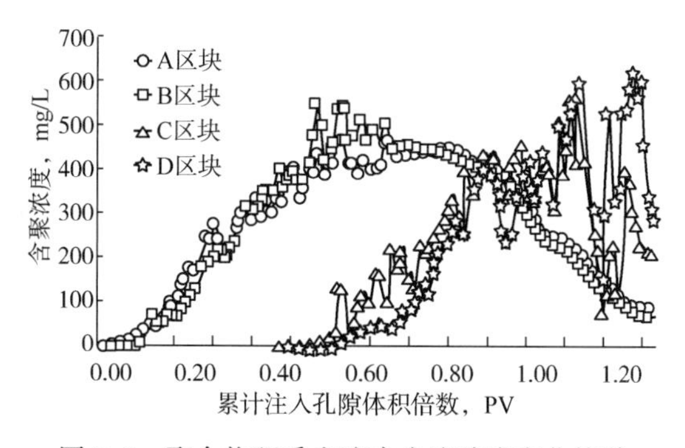


图 3.6 聚合物驱采出液中含聚浓度变化统计

## 3.3 本章小结

（1）三次采油后续水驱直接调配普通处理聚合物驱采出污水，以及污水处理站调配聚合物驱采出污水作为深度处理水源均是减少深度污水用量、控制水量供注平衡的可行举措，但不同的地层条件对分质供水的生产需求及各类水质管网的连通程度限制着前者的规模化推广。

（2）尽管结合现场运行状况认为调配聚合物驱采出污水作为深度处理水源的合理时机是在注聚合物受效前期和后续水驱阶段，且适于调配进入深度处理工艺系统的含聚浓度界限为150~200mg/L，但作为一项能从根本上应对注采水量平衡这一矛盾问题的举措，仍需要系统化研究聚合物驱采出污水提效处理技术，整体上优化聚合物驱采出污水深度处理工艺，全面构建科学的聚合物驱采出污水深度处理技术界限。

# 4 聚合物驱采出污水沉降分离工艺优化与提效对策

针对聚合物驱采出污水“两级沉降、一级过滤”两段式处理工艺中重力沉降除油段处理效率低，在实际生产运行中甚至出现逆反值，进而造成过滤段负荷过大，且影响过滤后水质控制指标的问题，借助数值模拟方法揭示聚合物驱采出污水重力沉降罐内流场分布特性，通过室内实验及现场试验研究聚合物驱采出污水沉降分离影响因素，进而以溶气气浮沉降为切入点，优化沉降分离工艺，并从实现沉降过程均匀布水、稳定沉降区域流场出发，提出沉降工艺设施结构改进对策，优化相应的结构参数。

## 4.1 聚合物驱采出污水重力沉降分离特性模拟

### 4.1.1 模型建立及数值计算

(1) 物理模型。

如图 4.1 所示为带有固定堰水箱的沉降罐结构示意图，聚合物驱采出污水由进水管以切线方向进入中心反应筒和中心柱管构成的环形空间中，经由配水干管、配水支管和配水口进入沉降罐的上部；水中分散油滴随之上浮，在罐上部水面形成油层，流入环形集油槽中，由出油管排出罐外；除油后的污水经罐下部集水口、集水支管和集水干管进入中心柱管，沿中心柱管上升，经出水管流入设在罐上部外侧的固定堰水箱，由出水堰流出。中心柱管顶部有开孔，使罐内液面上方和固定堰水箱上方气压均衡，从而有效控制罐内液面。另外，罐顶用天然气或氮气密封，且在寒区，沉降罐上部设置蒸汽加热盘管，以利于分离出污油的顺畅排出。

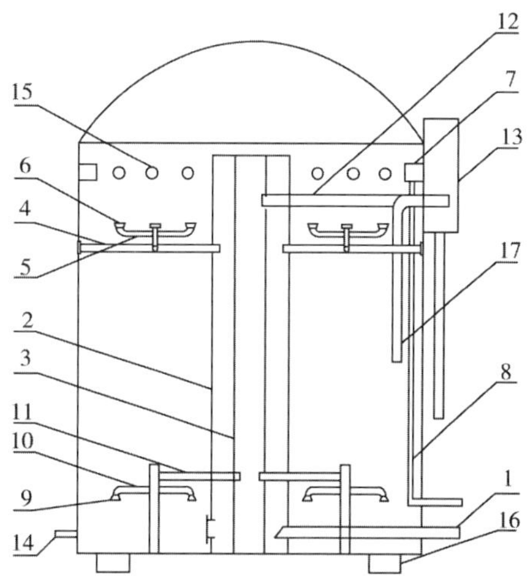


图 4.1 沉降罐结构示意图

1—进水管；2—中心反应筒；3—中心柱管；4—配水干管；5—配水支管；6—配水口；7—环形集油槽；8—出油管；9—集水口；10—集水支管；11—集水干管；12—出水管；13—水箱；14—排污口；15—蒸汽盘管；16—污泥槽；17—溢流管

考虑沉降罐发挥功能的区域主要是中心反应筒和罐壁之间的区域，在该区域内实现配水、沉降、集水、收油等功能，因此，对沉降罐结构进行合理简化：

① 略去沉降罐内的辅助部件及加强结构。

② 不考虑罐底的排泥装置。

③ 视来水为油水两相混合物。

④ 认为油水界面始终保持在同一高度。

⑤ 将罐顶的环形集油槽进行简化，在模型上方的四周设置条状出油口，油相由此排出。

⑥ 省去中心柱管，来水从配水干管流进配水支管，然后从配水口进入罐内；分离后的水相从集水口进入集水支管，流入集水干管中。

从而建立如图 4. 2 所示的沉降罐简化物理模型，其几何尺寸见表 4. 1。

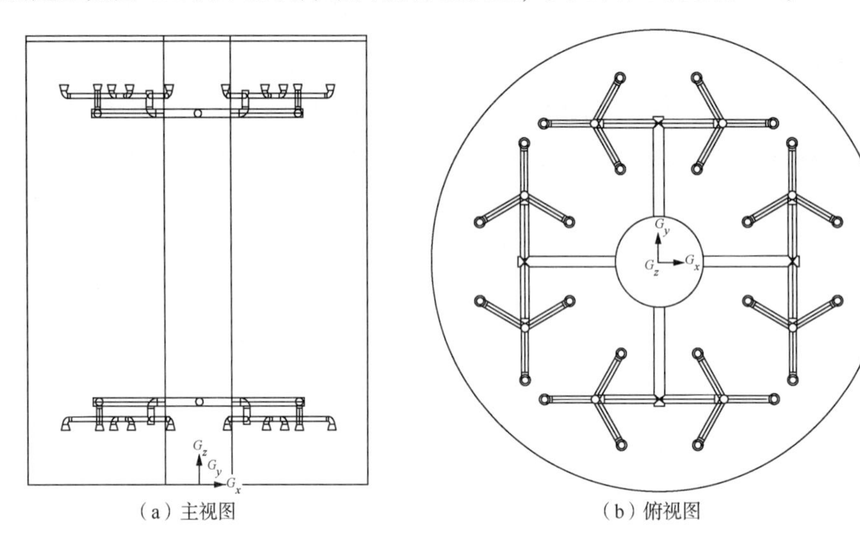


（a）主视图　　（b）俯视图

图 4. 2　沉降罐简化物理模型

**表 4. 1　沉降罐物理模型尺寸**

| 基本参数 | 尺寸 | 基本参数 | 尺寸 |
|---|---|---|---|
| 罐总容积，$m^3$ | 1200 | 配水口距离罐底高度，mm | 11100 |
| 罐总高度，mm | 15476 | 中心反应筒直径，mm | 1500 |
| 罐壁板高度，mm | 14350 | 集水干管直径，mm | 219 |
| 罐内径，mm | 10310 | 集水干管距离罐底高度，mm | 2270 |
| 配水干管直径，mm | 219 | 喇叭形集水口直径，mm | 200 |
| 配水干管距离罐底高度，mm | 10950 | 集水口距离罐底高度，mm | 1400 |
| 喇叭形配水口直径，mm | 200 | 环形集油槽高度，mm | 13390 |

（2）数学模型。

① 控制方程。

a. 质量守恒方程。

质量守恒定律可表述为：单位时间内流体微元中质量的增加等同于同一时间间隔内流入该微元体的净质量。按照这一定律，可以得出质量守恒方程[51]：

$$\frac{\partial \rho}{\partial t}+\frac{\partial(\rho u)}{\partial x}+\frac{\partial(\rho v)}{\partial y}+\frac{\partial(\rho w)}{\partial z}=0 \tag{4.1}$$

引入矢量符号：

$$\mathrm{div}(a)=\frac{\partial a_x}{\partial x}+\frac{\partial a_y}{\partial y}+\frac{\partial a_z}{\partial z} \tag{4.2}$$

式(4.2)写成：

$$\frac{\partial \rho}{\partial t}+\mathrm{div}(\rho \boldsymbol{u})=0 \tag{4.3}$$

式中：$\rho$ 为密度；$t$ 为时间；$\boldsymbol{u}$ 为速度矢量；$u$、$v$ 和 $w$ 分别为速度矢量 $\boldsymbol{u}$ 在 $x$、$y$ 和 $z$ 方向上的分量。

b. 动量守恒方程。

动量守恒方程可表述为：微元体中流体的动量对时间的变化率等于外界作用在该微元上的各种力之和，该定律实际上是牛顿第二定律。按照这一定律，可导出 $x$、$y$ 和 $z$ 三个方向上的动量守恒方程[51]：

$$\begin{cases}\dfrac{\partial(\rho u)}{\partial t}+\mathrm{div}(\rho u\boldsymbol{u})=-\dfrac{\partial p}{\partial x}+\dfrac{\partial \tau_{xx}}{\partial x}+\dfrac{\partial \tau_{yx}}{\partial y}+\dfrac{\partial \tau_{zx}}{\partial z}+F_x \\ \dfrac{\partial(\rho v)}{\partial t}+\mathrm{div}(\rho v\boldsymbol{u})=-\dfrac{\partial p}{\partial y}+\dfrac{\partial \tau_{xy}}{\partial x}+\dfrac{\partial \tau_{yy}}{\partial y}+\dfrac{\partial \tau_{zy}}{\partial z}+F_y \\ \dfrac{\partial(\rho w)}{\partial t}+\mathrm{div}(\rho w\boldsymbol{u})=-\dfrac{\partial p}{\partial z}+\dfrac{\partial \tau_{xz}}{\partial x}+\dfrac{\partial \tau_{yz}}{\partial y}+\dfrac{\partial \tau_{zz}}{\partial z}+F_z\end{cases} \tag{4.4}$$

式中：$p$ 为微元体上的压力；$\tau_{xx}$、$\tau_{xy}$ 和 $\tau_{xz}$ 分别为因分子黏性作用而产生的作用在微元体表面上的黏性应力 $\tau$ 的分量；$F_x$、$F_y$ 和 $F_z$ 分别为微元体上的体积力，若体积力只有重力，且 $z$ 轴竖直向上，则 $F_x=0$，$F_y=0$，$F_z=-\rho g$。

对于牛顿流体，黏性应力 $\tau$ 与流体的变形率成比例：

$$\begin{aligned}\tau_{xx}&=2\mu\frac{\partial u}{\partial x}+\lambda\,\mathrm{div}u \\ \tau_{xy}=\tau_{yx}&=\mu\left(\frac{\partial u}{\partial y}+\frac{\partial v}{\partial x}\right) \\ \tau_{yy}&=2\mu\frac{\partial v}{\partial y}+\lambda\,\mathrm{div}u \\ \tau_{xz}=\tau_{zx}&=\mu\left(\frac{\partial u}{\partial z}+\frac{\partial w}{\partial x}\right) \\ \tau_{zz}&=2\mu\frac{\partial w}{\partial z}+\lambda\,\mathrm{div}u\end{aligned} \tag{4.5}$$

$$\tau_{yz}=\tau_{zy}=\mu\left(\frac{\partial v}{\partial z}+\frac{\partial w}{\partial y}\right)$$

其中，$\mu$ 是动力黏度，$\lambda$ 一般可取-2/3，将式(4.5)代入式(4.4)可得：

$$\begin{cases}\dfrac{\partial(\rho u)}{\partial t}+\mathrm{div}(\rho u\boldsymbol{u})=\mathrm{div}(\mu\mathrm{grad}u)-\dfrac{\partial\rho}{\partial x}+S_u\\[2ex]\dfrac{\partial(\rho v)}{\partial t}+\mathrm{div}(\rho v\boldsymbol{u})=\mathrm{div}(\mu\mathrm{grad}v)-\dfrac{\partial\rho}{\partial y}+S_v\\[2ex]\dfrac{\partial(\rho w)}{\partial t}+\mathrm{div}(\rho w\boldsymbol{u})=\mathrm{div}(\mu\mathrm{grad}w)-\dfrac{\partial\rho}{\partial z}+S_w\end{cases}\tag{4.6}$$

其中，$\mathrm{grad}(\ )=\partial(\ )/\partial x+\partial(\ )/\partial y+\partial(\ )/\partial z$，符号 $S_u$、$S_v$ 和 $S_w$ 是动量守恒方程的广义源项，$S_u=F_x+S_x$，$S_v=F_y+S_y$，$S_w=F_z+S_z$，而其中的 $S_x$、$S_y$ 和 $S_z$ 的表达式如下：

$$\begin{cases}S_x=\dfrac{\partial}{\partial x}\left(\mu\dfrac{\partial u}{\partial x}\right)+\dfrac{\partial}{\partial y}\left(\mu\dfrac{\partial v}{\partial x}\right)+\dfrac{\partial}{\partial z}\left(\mu\dfrac{\partial w}{\partial x}\right)+\dfrac{\partial}{\partial x}(\lambda\mathrm{div}\boldsymbol{u})\\[2ex]S_y=\dfrac{\partial}{\partial x}\left(\mu\dfrac{\partial u}{\partial y}\right)+\dfrac{\partial}{\partial y}\left(\mu\dfrac{\partial v}{\partial y}\right)+\dfrac{\partial}{\partial z}\left(\mu\dfrac{\partial w}{\partial y}\right)+\dfrac{\partial}{\partial y}(\lambda\mathrm{div}\boldsymbol{u})\\[2ex]S_z=\dfrac{\partial}{\partial x}\left(\mu\dfrac{\partial u}{\partial z}\right)+\dfrac{\partial}{\partial y}\left(\mu\dfrac{\partial v}{\partial z}\right)+\dfrac{\partial}{\partial z}\left(\mu\dfrac{\partial w}{\partial z}\right)+\dfrac{\partial}{\partial z}(\lambda\mathrm{div}\boldsymbol{u})\end{cases}\tag{4.7}$$

一般来讲，$S_x$、$S_y$ 和 $S_z$ 是小量，对于黏性为常数的不可压缩流体，$S_x=S_y=S_z=0$。

② 湍流模型。

基于紊流动能及紊流扩散率方程的半经验标准 $k-\varepsilon$ 模型是最常见且适用范围广的湍流模型，RNG $k-\varepsilon$ 模型是在标准 $k-\varepsilon$ 模型的发展而来的，是由理论推导出来的，而不是依靠经验来确定的，常用于应变率较高或流线弯曲度较大的流动，模型中通过在大尺度运动和修正后的黏度项中体现小尺度运动的影响，而使这些小尺度运动有系统地从控制方程中去除[51,52]。通过修正湍流黏度，考虑了平均流动中的旋转及旋流流动情况，增加了 $\varepsilon$ 方程中反映主流时均应变率的项，这样该模型中的产生项不仅与流动情况有关，而且在同一问题中还是空间坐标的函数。因此，适用性比标准 $k-\varepsilon$ 模型更强，能更好地处理高应变率及流线弯曲程度较大的流动，常用于低雷诺数流动的情况，甚至对层流的模拟也可以得到较好的模拟结果。因此，考虑沉降罐流场可能的复杂性，研究中选择适用于高应变率、流线弯曲较大的 RNG $k-\varepsilon$ 模型。

湍流动能方程：

$$\frac{\partial(\rho k)}{\partial t}+\frac{\partial(\rho k_i)}{\partial x_i}=\frac{\partial}{\partial x_j}\left(a_k\mu_{eff}\frac{\partial k}{\partial x_j}\right)+G_k+\rho\varepsilon\tag{4.8}$$

湍流扩散项方程：

$$\frac{\partial(\rho\varepsilon)}{\partial t}+\frac{\partial(\rho\varepsilon\pi_i)}{\partial x_i}=\frac{\partial}{\partial x_j}\left(a_\varepsilon\mu_{\mathrm{eff}}\frac{\partial\varepsilon}{\partial x_j}\right)+\frac{C_{1\varepsilon}^{*}\varepsilon}{k}G_k-C_{2\varepsilon}\rho\frac{\varepsilon^2}{k}\tag{4.9}$$

其中，$\mu_{\mathrm{eff}}=\mu+\mu_{\mathrm{t}}$，$\mu_{\mathrm{t}}=\rho C_{\mu}\dfrac{k^2}{\varepsilon}$，$C_{\mu}=0.0845$，$a_k=a_{\varepsilon}=1.39$，$C_{1\varepsilon}^{*}=C_{1\varepsilon}-\dfrac{\eta(1-\eta/\eta_0)}{1+\beta\eta^3}$，$C_{1\varepsilon}=1.42$，$C_{2\varepsilon}=1.68$，$\eta=(2E_{ij}\cdot E_{ij})^{1/2}\dfrac{k}{\varepsilon}$，$E_{ij}=\dfrac{1}{2}\left(\dfrac{\partial u_i}{\partial x_j}+\dfrac{\partial u_j}{\partial x_i}\right)$，$\eta_0=4.377$，$\beta=0.012$。

③ 离散相模型。

多相流问题在求解连续相流动方程的同时，还需要对颗粒、液滴、气泡、粒子等第二相颗粒进行求解。求解方法一般有两种，第一种是欧拉—欧拉方法，在欧拉框架下对连续相流体求解 N-S 方程，对粒子相也在欧拉框架下求解颗粒相方程，对象为空间点。第二种是欧拉—拉格朗日方法，对连续相流体在欧拉框架下求解 N-S 方程，对粒子相在拉格朗日框架下求解颗粒轨道方程，以单个粒子为对象[52]。研究有粒子存在的流动，离散相模型是最直观和最容易被理解的。在拉氏坐标下计算的粒子是一个个离散存在的颗粒，通过连续相流场的计算，结合流场变量求解每一个颗粒的受力，获得颗粒的速度，从而追踪每一个颗粒的轨道。可以考虑离散相的惯性力、曳力、重力、布朗运动等多种作用力；可以计算连续相中湍流旋涡对颗粒产生的影响(随机轨道模型)；可以考虑相间的耦合对离散相轨道、连续相流动的影响。

最早的确定轨道模型假设颗粒沿各自的轨道互不干扰地运动，颗粒数总通量沿轨道守恒，因此没有颗粒湍流扩散的概念[53]。实际上，颗粒的湍流扩散(颗粒受到湍流的作用)不但存在，而且起着重要的作用。因此，在轨道模型中需要考虑颗粒、湍流的相互作用，通过随机轨道模型或颗粒云模型计算。随机颗粒轨道模型采用随机方法来考虑瞬时湍流速度对颗粒轨道的影响。颗粒云模型则是跟踪一个由统计平均决定的“平均”轨道，颗粒群中的颗粒浓度分布假设服从高斯概率分布，颗粒的发展变化过程也用概率表达。

a. 单颗粒运动控制方程。

采用颗粒确定轨道模型在坐标系中处理连续的流体相，进而处理单个颗粒相，通过对大量颗粒的轨迹进行统计分析就可以得到颗粒群的运动情况。单个颗粒的运动方程可直接由牛顿第二定律得出：

$$m_{\mathrm{p}}\frac{\mathrm{d}v_{\mathrm{p}}}{\mathrm{d}t}=F_{\mathrm{A}}+F_{\mathrm{B}}+F_{\mathrm{C}}+F_{\mathrm{D}}+F_{\mathrm{G}}+F_{\mathrm{M}}+F_{\mathrm{S}} \tag{4.10}$$

式中：$m_{\mathrm{p}}$ 为颗粒质量；$v_{\mathrm{p}}$ 为颗粒速度；$t$ 为时间；$F_{\mathrm{A}}$ 为附加质量力；$F_{\mathrm{B}}$ 为颗粒在流体中进行加速或减速运动而产生的力；$F_{\mathrm{C}}$ 为颗粒之间、颗粒与壁面碰撞产生的力；$F_{\mathrm{D}}$ 为流体对颗粒的曳力；$F_{\mathrm{G}}$ 为由重力产生的体积力；$F_{\mathrm{M}}$ 为颗粒在流场中旋转产生的力；$F_{\mathrm{S}}$ 为流场中由于速度梯度的存在而引起的力。

尽管作用在颗粒上的力相当复杂，但一般情况下并非所有的力都同等重要。对于油水两相流动，在以上所有的力中，曳力和重力是最重要的，其中曳力的表达式为：

$$F_{\mathrm{D}}=C_{\mathrm{D}}A\frac{\rho}{2}(U-v_{\mathrm{p}})|U-v_{\mathrm{p}}| \tag{4.11}$$

式中：$C_{\mathrm{D}}$为阻力系数，通过式(4.12)确定。

$$C_D=\begin{cases}\dfrac{Re_p}{24} & Re_p<1\\ \dfrac{Re_p}{24}\left(1.0+\dfrac{1}{6}Re_p^{\frac{2}{3}}\right) & 1\leqslant Re_p<1000\\ 0.424 & Re_p>1000\end{cases} \tag{4.12}$$

$$Re_p=\frac{\rho d_p\mid U-v_p\mid}{\mu}$$

式中：$Re_p$ 为颗粒雷诺数。

对于颗粒与连续相密度相差不多的情况，重力起着重要的作用：

$$F_G=g(\rho-\rho_p) \tag{4.13}$$

式中：$\rho_p$ 为颗粒相密度；$\rho$ 为连续相密度。

b. 颗粒随机轨道模型。

通过轨迹模型得到的颗粒轨迹是确定的，但事实上，由于湍流的影响，流体在各个时刻、各个方向上都存在脉动速度，脉动速度将时刻影响颗粒在流场中的速度、位置，因此，必须考虑湍流脉动的影响。此时，需要采用随机轨道模型。流体的瞬时速度可以表示为 $u=U+u'$，其中 $U$ 为流体的平均速度，$u'$为流体的湍流脉动速度，由此得到的颗粒随机轨道模型为：

$$\begin{cases}\dfrac{dv_{px}}{dt}=\dfrac{1}{\tau}(U+u'-v_{px})\\ \dfrac{dv_{py}}{dt}=\dfrac{1}{\tau}(v+v'-v_{py})\\ \dfrac{dv_{pz}}{dt}=\dfrac{1}{\tau}(W+w'-v_{pz})\end{cases} \tag{4.14}$$

其中，颗粒的弛豫时间 $\tau_p=\dfrac{\rho_p d_p^2}{18\mu}$，代表颗粒在湍流中的扩散特性。当湍流方程为双方程模型时，$u'$等可以通过湍动能得到，计算公式为：

$$\begin{cases}u'=\zeta\sqrt{\dfrac{2}{3}k}\\ v'=\zeta\sqrt{\dfrac{2}{3}k}\\ w'=\zeta\sqrt{\dfrac{2}{3}k}\end{cases} \tag{4.15}$$

式中：$\zeta$ 为随机数，$-1\leqslant\zeta\leqslant1$。

由式(4.15)得到的脉动速度满足高斯分布。

c. 连续相与离散相间的相互作用。

离散相模型中离散的含义是不考虑颗粒之间的碰撞，适用于第二相粒径小、浓度低的情况，一般要求颗粒相的体积分数小于10%~12%，因此当第二相中稀疏的颗粒在连续相中运动时，由于颗粒浓度过小，颗粒之间的距离很远，相互碰撞的机会很少，因此不再考虑颗粒之间的作用。

根据聚合物驱采出污水实际含油量及油滴粒径分布，其沉降分离过程符合离散相模型的计算条件。计算中考虑离散相对流场的作用，采用双向耦合的方法，即当计算颗粒的轨道时，跟踪计算颗粒沿轨道的质量、动量的获得与损失，这些物理量用于随后的连续相的计算中。因此，在连续相影响离散相的同时，也得到了离散相对连续相的作用。交替求解离散相与连续相的控制方程，直到二者均收敛为止，这样，便实现了双向耦合计算。

对于聚合物驱采出污水沉降分离过程中的油水两相流动，在考虑相间耦合作用时，只考虑两相间的动量交换，忽略质量交换和热量交换。当颗粒穿过每个连续相的控制体时，可以通过计算颗粒的动量变化求解连续相传递给离散相的动量值。颗粒动量变化值可以根据式(4.16)进行计算[37,52]：

$$F=\sum\left[\frac{18\mu C_{\mathrm{D}}Re}{24\,\rho_{\mathrm{p}}d_{\mathrm{p}}^{2}}(u_{\mathrm{p}}-u)\right]\dot{m}\Delta t \tag{4.16}$$

式中：$\mu$ 为流体的动力黏度，Pa·s；$\rho_{\mathrm{p}}$ 为颗粒密度，kg/m$^3$；$d_{\mathrm{p}}$ 为颗粒直径，m；$Re$ 为相对雷诺数；$u_{\mathrm{p}}$ 为颗粒速度，m/s；$u$ 为流体速度，m/s；$C_{\mathrm{D}}$ 为曳力系数；$\dot{m}$ 为颗粒质量流量，kg/h；$\Delta t$ 为时间步长。

这个动量交换作为动量源作用到随后的连续相的流场计算中，从而实现描述颗粒对连续相的影响。

(3) 网格划分。

为了降低网格数量、提高网格质量、加快计算时间、方便后续处理、精确完整地获得流动信息，充分利用简化后沉降罐结构对称的特点，选取模型的1/8作为研究对象。沉降罐物理模型中的配水单元和集水单元结构复杂，以配水单元为例，配水干管、配水支管、喇叭形配水口结构本身和相连接的单元形成了多处复杂的结构体，这些区域难以用结构化网格进行划分，只能用非结构化网格进行划分，而如果受这些部位影响的模型整体采用非结构化网格进行划分，又将导致扭曲较高的网格数量过多，影响计算精度，因此，采用分块划分网格的思想，并结合线、面、体顺序生成体的方法进行沉降罐物理模型的网格划分，网格具体划分方法为：基于FLUENT软件，使用Split命令将沉降罐物理模型分割成5部分，在进行分割操作时选中Connected，保持相邻体之间的连接关系，分割后的5部分从罐顶到罐底依次命名为“体A1”“体A2”“体A3”“体A4”和“体A5”。

首先，对配水单元所属的“体A2”进行划分，在配水口处划分细密的网格以描述此处参数的剧烈变化，对配水支管、配水干管结构复杂处的面网格进行加密，提高网格质量，然后进行体网格的生成，保证生成后的体单元扭曲较小，相邻的体网格单元之间的体积变化较小，以此可降低截断误差，保证结果良好的收敛性。

接着，进行“体A1”的划分，在“体A2”划分完毕时，“体A1”和“体A2”公用的连接面上已经形成了三角形的面网格，在此基础上使用Cooper方法生成楔形的体网格，并保证网格合适的长宽比，此法大大降低了相邻体之间的截断误差。

同理，划分与“体A2”相连接的“体A3”，当“体A3”划分完毕时，“体A4”上方的面已经有了三角形的面网格，这样便使用与“体A2”相同的方式进行“体A4”的网格划分，最后划分“体A5”，方法同“体A1”。由此，如图4.3所示，沉降罐1/8模型总计生成296581个网格。

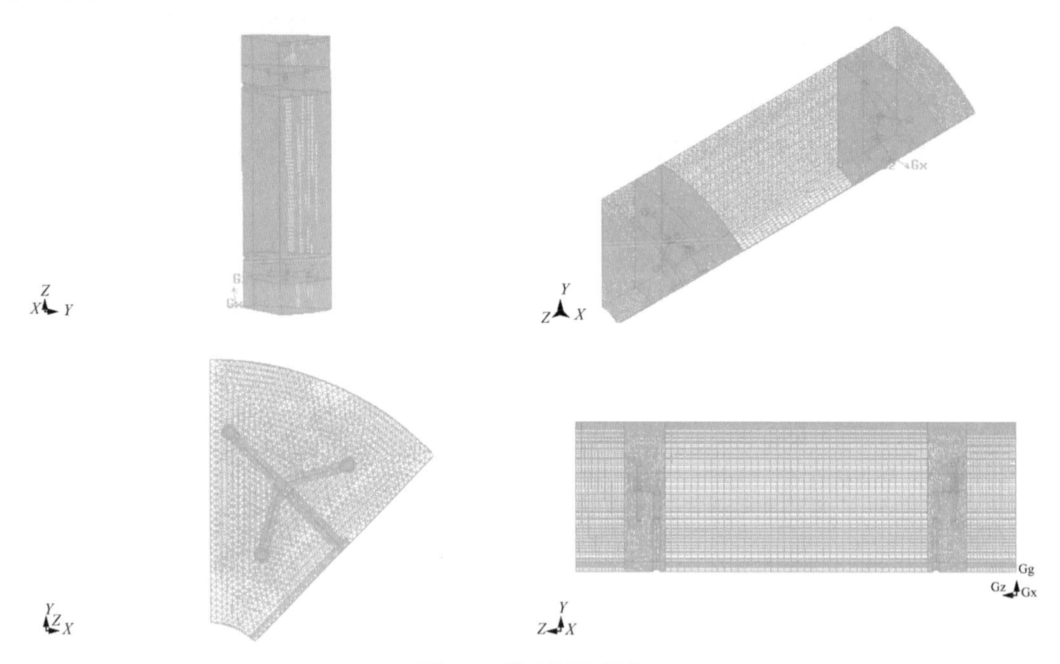


图4.3 模型网格划分

(4) 数值计算。

① 基本假设。

在依照前述简化聚合物驱采出污水沉降罐物理模型的同时，就聚合物驱采出污水沉降过程作出相应假设：

a. 沉降罐内压力、温度恒定，压力为大气压，温度为40℃。

b. 离散相油滴不发生变形、聚结和破碎现象。

c. 离散相油滴的粒径是均匀、一致的，主要受到曳力和重力的作用。

d. 离散相油滴在入口截面上均匀分布。

e. 沉降介质为油、水两相，不考虑其他杂质。

② 边界条件。

a. 连续相入口边界。

设置入口边界为速度入口，根据沉降罐的进液量确定入口速度，并假定入口的流动已经充分发展，流体在入口界面均匀分布。

1200$m^3$聚合物驱采出污水沉降罐的沉降时间为8~16h，选择沉降时间为10h的工况进行研究，对应的进液量为 118.76m$^3$/h，配水干管数量为 4 根，规格为 $\phi$219mm×6mm。

雷诺数 $Re=\frac{\rho vd}{\mu}=25311>2000$，流动为湍流流动，湍流强度 $I\approx 0.16\left(Re_{D_H}\right)^{-\frac{1}{8}}\times 100\%=4.51\%$。圆孔的水力直径等于圆孔的直径 $D_H=0.207$m。

b. 连续相出口边界。

假设出口处的流动是充分发展的，定义集水出口和油出口为自由出流边界(outflow)。

c. 连续相壁面条件。

采用标准壁面函数，壁面采用无滑移边界进行处理。

d. 离散相入口边界。

油滴颗粒均匀分布在入口截面上，垂直截面射入，初始入射速度与连续水相速度相同。

e. 离散相出口边界。

当油滴颗粒运动到集水出口和油出口时，逃逸(escape)离开沉降罐，停止对颗粒的追踪。

f. 离散相壁面条件。

当颗粒运动到壁面时，设定颗粒服从镜面反射原理，以此对颗粒的下一点位置和速度进行计算，设置壁面条件为反射(reflect)。模型中不设置壁面进行颗粒的捕获。

③ 求解过程。

基于 FLUENT 软件，利用有限体积法进行离散，将控制方程转换为用数值方法求解的代数方程；对压力速度耦合采用 SIMPLEC 算法；压力梯度项采用 PRESTO！格式；对于空间的离散化，扩散项采用具有二阶计算精度的中心差分格式，对流项采用 QUICK 格式；对于时间项的离散，采用一阶隐式格式，在保证计算精度的前提下，提高计算效率。

④ 计算基础参数。

选择 3 种含聚浓度性质的聚合物驱采出污水开展模拟计算，水质及其特性参数见表 4.2。

**表 4.2　计算基础参数设置**

| 含聚污水来水 | 连续相(水)的物性 | | 离散相(油)的物性 | | | |
|---|---|---|---|---|---|---|
| | 密度 kg/m$^3$ | 动力黏度 mPa·s | 密度 kg/m$^3$ | 动力黏度 mPa·s | 粒径 μm | 体积浓度 % |
| 水质一 | 998.2 | 2.0 | 866.0 | 22.5 | 40.0 | 5.0 |
| 水质二 | 998.2 | 4.0 | 866.0 | 22.5 | 30.0 | 5.0 |
| 水质三 | 998.2 | 8.0 | 866.0 | 22.5 | 25.0 | 5.0 |

### 4.1.2　重力沉降罐内流场分布特征

以水质一为例，为了便于观察沉降罐内复杂的流动状态，选取经过配水口的剖面，并在图像显示中统一速度矢量的大小，由此得到如图 4.4 所示的流场分布图，图中来水从配水口流入沉降罐顶部，在此产生的流场混乱复杂，在重力作用下，流体向下做沉降运动，

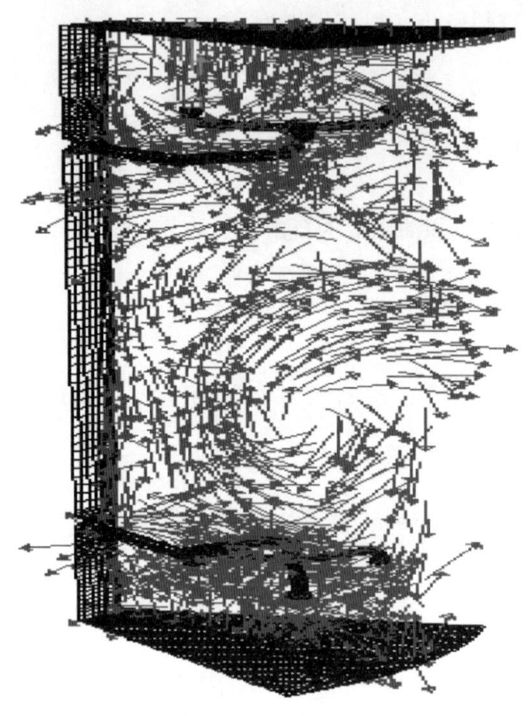

图 4.4　聚合物驱采出污水沉降罐内配水口剖面流场分布

然而，由于受到几何结构的影响，在重力沉降区域形成了较大的逆向流动漩涡，造成了流体的返混。在集水口和罐底之间的区域，速度矢量线纵横交错，十分混乱。显然，聚合物驱采出污水沉降分离过程中流场混乱，在沉降罐内并没有发生理想的竖直运动进行沉降分离，这也将对油滴从水中的分离、浮升形成不利的影响。

（1）罐内整体流场速度分布。

鉴于沉降罐内流动规律复杂，罐体庞大，为了揭示沉降罐内流场速度分布，根据配水单元和集水单元等内部构件的结构特性及相对位置，选取代表性观测点，分别对聚合物驱采出污水在罐内的流速分布及变化进行比较分析。

选取如图 4.5 所示的观测点，具体布置如下：

① 在入口 1、入口 2、入口 3 每两个入口之间等距离布置 6 根由罐底到罐顶的垂线，用于掌握相邻两个入口之间速度场的分布规律。

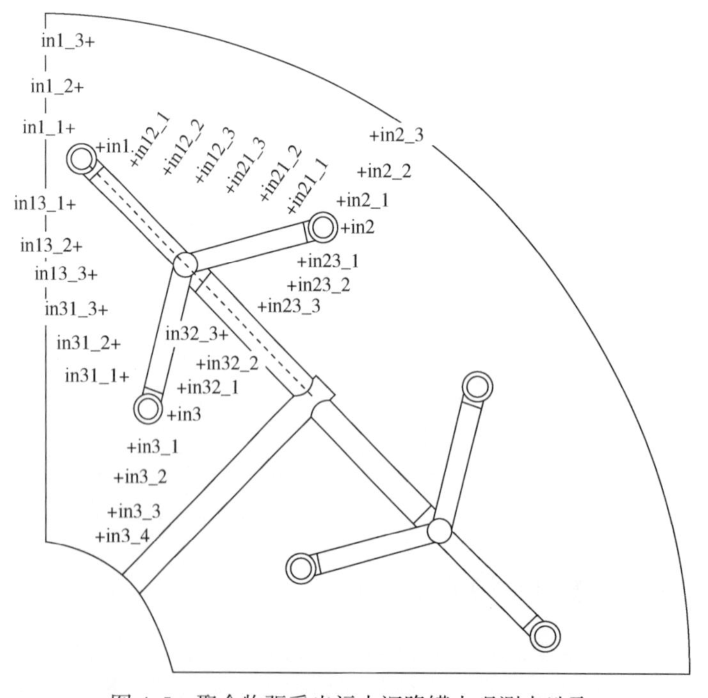



图 4.5　聚合物驱采出污水沉降罐内观测点选取

② 在入口 1 到罐壁和入口 2 到罐壁之间分别建立 3 根由罐底到罐顶的垂线，在入口 3 和中心反应筒之间建立 4 条垂线，用于掌握配水口和罐壁、中心反应筒之间的速度场分布规律。

③ 每根垂线上等间距布置 20 个观测点，用于掌握从罐底到罐顶纵向上流速的变化规律，也可对同一水平高度上不同位置的流速变化进行比较分析。

图 4.6 为入口 1 与沉降罐罐壁之间 3 条垂线上的速度分布图，可以看出，在速度分布曲线上呈现两个波峰，并且入口附近的流速高于出口附近的流速，随入口高度的增加，流速逐渐降低。低于入口处，流速急剧降低，保持在一个速度范围内，速度波动较小的这个范围正是沉降罐配水单元和集水单元之间重要的沉降分离区域。直到接近出口，聚合物驱采出污水的流速开始急剧增加，在出口处达到另一个极值。以入口 1 与罐壁间的垂线 in1_ 1为例，高度为 12.08m 处和 0.75m 处分别对应沉降罐的配水口上方和集水口下方，达到流速的两个极值，分别为 0.019m/s 和 0.007m/s，垂线中间区域各处流速变化不大，均在 0.001~0.004m/s 之间。

相比而言，随着距入口横向距离的增加，受入口流速的影响减小，垂线上的流速整体下降，以两个高速位置的流速降低最为明显。如入口 1 与罐壁之间的 3 条垂线上的最高流速分别为 0.019m/s、0.008m/s 和 0.005m/s，距离罐壁越近，速度越小，并且距离入口越远，其速度减小的幅度越小。图 4.7、图 4.8 为入口 2 与罐壁、入口 3 与中心筒间垂线的速度分布，变化规律与入口 1 与罐壁间的流速变化基本相同。

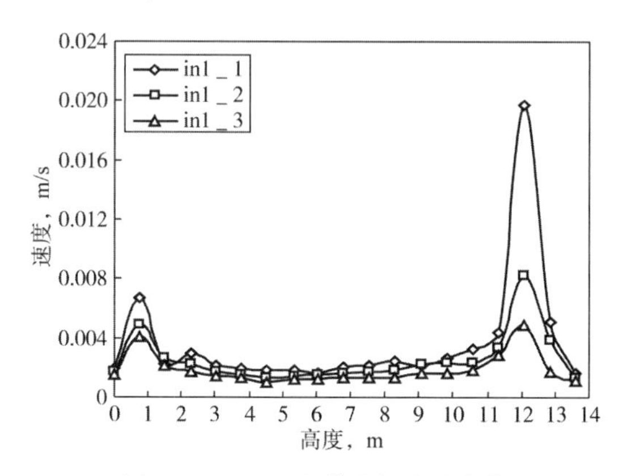


图 4.6 入口 1 与罐壁间流速变化

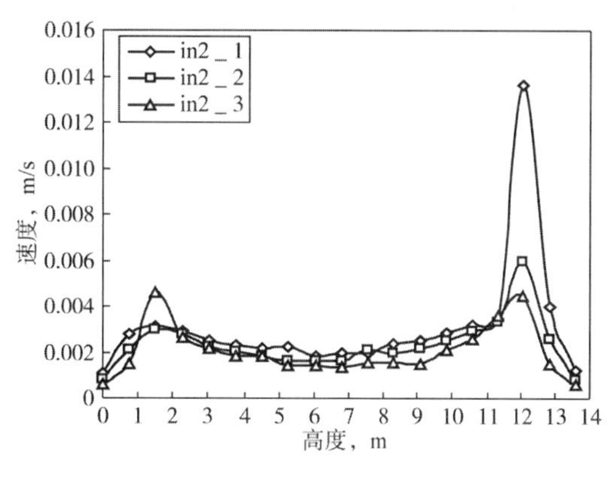


图 4.7 入口 2 与罐壁间流速变化

图 4.9、图 4.10 和图 4.11 分别为入口 1、入口 2，入口 1、入口 3 及入口 2、入口 3 之间垂线上的速度分布图，以图 4.10 为例，在入口 1 和入口 3 之间连线上等距离选取的 6 条垂线中，in13_1 与 in31_1、in13_2 与 in31_2、in13_3 与 in31_3 分别为一组，与入口 1、入口 3 的距离分别相等，每组垂线的速度分布规律相同，但是流速大小相差却较大，配水口的对称分布并没有产生完全对称的沉降罐内的速度场，速度场受到罐内复杂结构的影响较大。

（2）罐内沉降区域流场速度分布。

罐体 3~11m 高度范围是配水单元和集水单元之间的区域，是沉降罐发挥沉降分离功能的重要区域，因此对聚合物驱采出污水在沉降段的速度分布做重点分析。如图 4.12 所示，几组区域关于图中的黑色虚线对称：入口 2 到罐壁与入口 3 到中心筒、入口 2 到入口

2、入口3中部与入口3到入口2、入口3中部、入口1、入口2之间与入口1、入口3之间。这里分别讨论这些区域的流场速度分布规律。

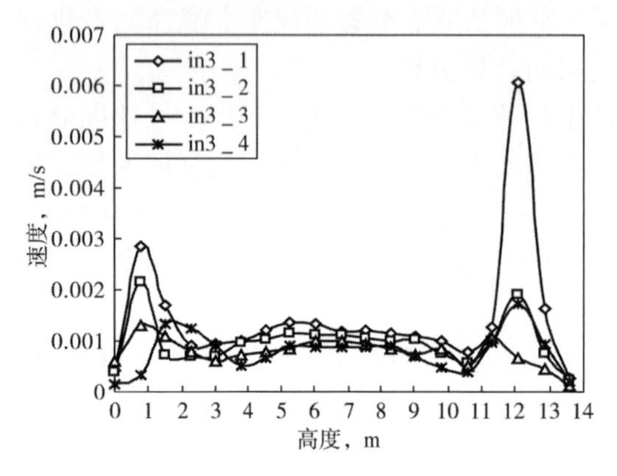


图4.8　入口3与中心筒间流速变化

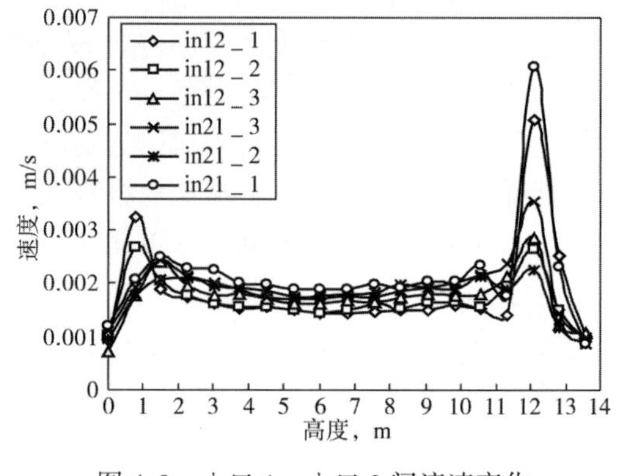


图4.9　入口1、入口2间流速变化

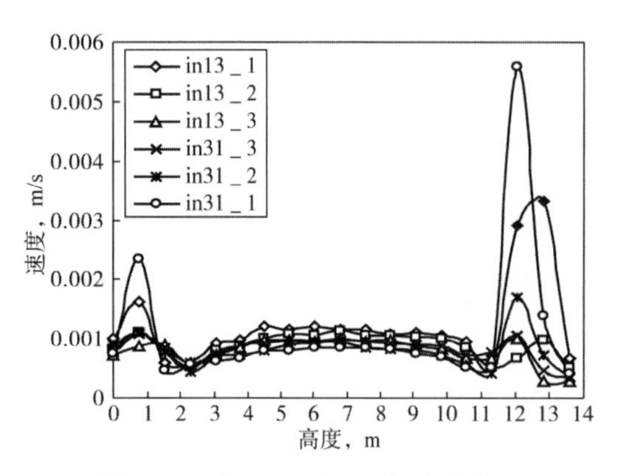


图4.10　入口1、入口3间流速变化

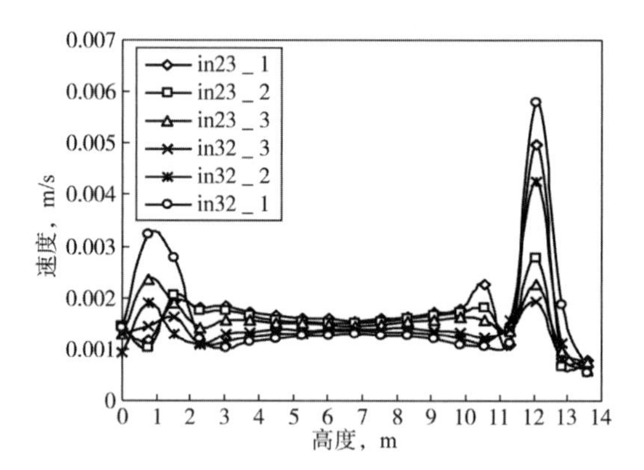


图4.11　入口2、入口3间流速变化

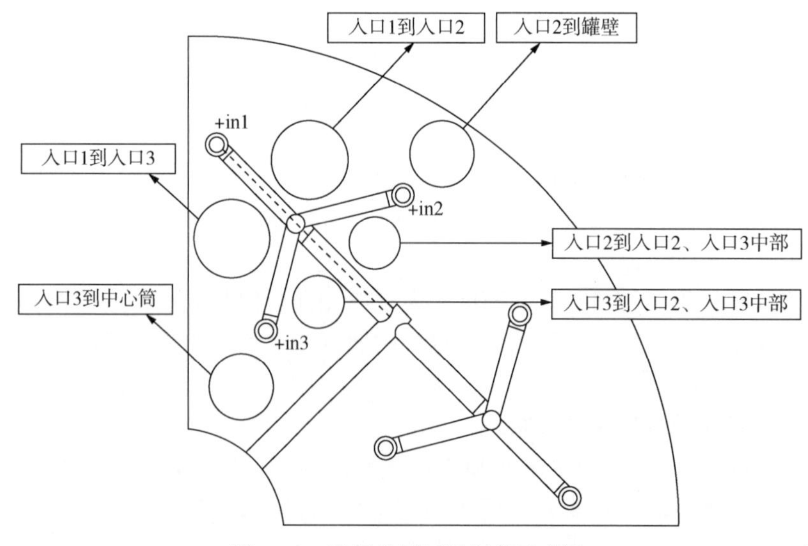


图4.12　流场分析区域划分示意图

图 4.13、图 4.15 和图 4.17 分别为聚合物驱采出污水沉降分离过程中入口 2 到罐壁、入口 1 到入口 2、入口 2 到入口 2、入口 3 中部沉降段的流速分布曲线图，这些曲线相似的规律反映出，随着高度的降低，沉降段的流速逐渐减小，到达 7m 位置处时速度降到最低范围 0.0012~0.0015m/s，随着高度的进一步降低，速度则开始逐渐上升。

图 4.14、图 4.16 和图 4.18 分别为聚合物驱采出污水沉降分离过程中入口 3 到中心筒、入口 1 到入口 3、入口 3 到入口 2、入口 3 中部沉降段的流速分布曲线图，可以看出，随着高度的降低，此三处沉降段的流速经历了逐渐增大而后减小的过程，最大值范围为 0.0012~0.0014m/s，且在高度为 7m 位置处产生。

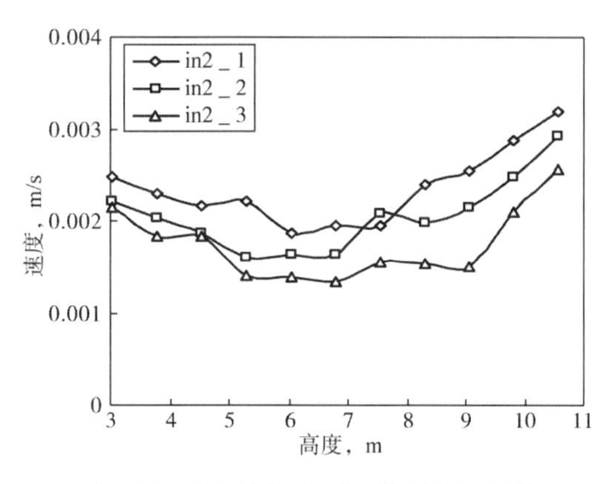


图 4.13　入口 2 到罐壁沉降段流速变化

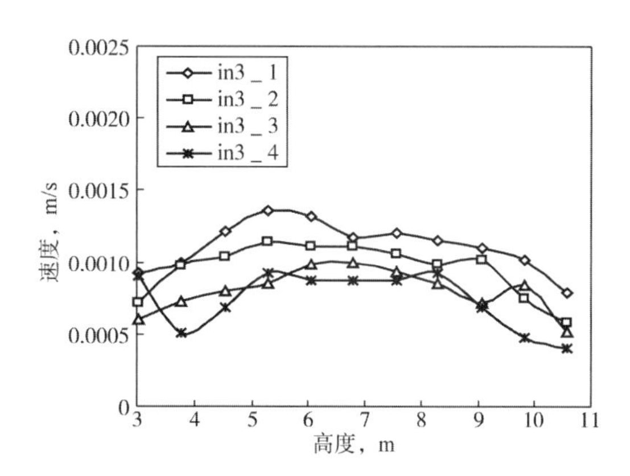


图 4.14　入口 3 到中心筒沉降段流速变化

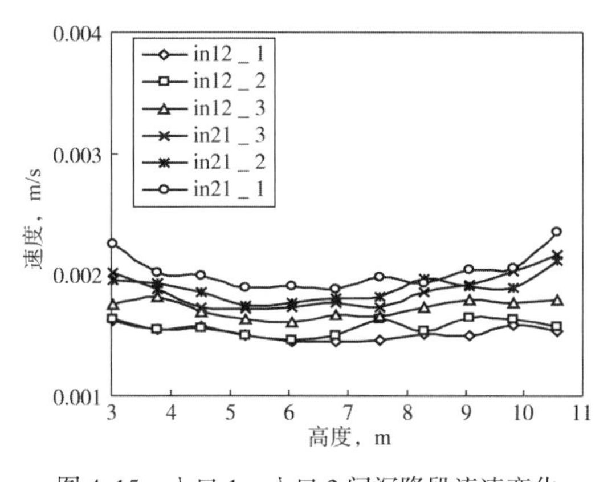


图 4.15　入口 1、入口 2 间沉降段流速变化

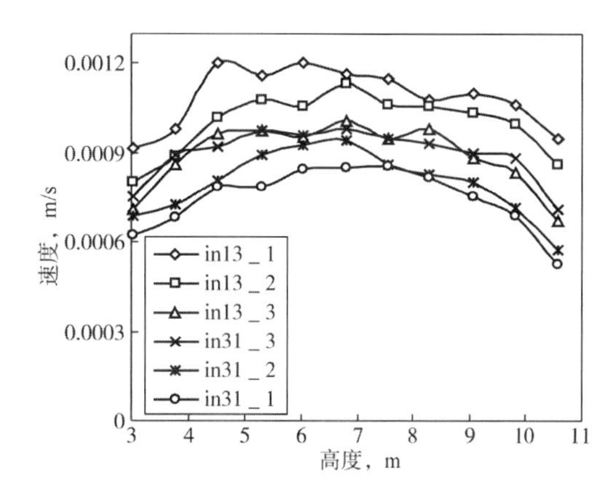


图 4.16　入口 1、入口 3 间沉降段流速变化

如上描述正是图 4.12 所示黑色虚线同侧区域的流动特性，当分析关于黑色虚线对称区域时，不难发现其相反的流动特性。在黑色虚线同侧左下方中心筒附近区域最高流速范围为 0.0012 ~ 0.0014m/s，黑色虚线右上方靠近罐壁区域最低流速范围为 0.0012 ~ 0.0015m/s，中心筒附近的聚合物驱采出污水流速整体小于靠近罐壁聚合物驱采出污水的流速，因此，靠近罐壁聚合物驱采出污水的流量大于靠近中心筒一侧聚合物驱采出污水的流量，即较多的聚合物驱采出污水在靠近罐壁处进行沉降。总体的动能显然是中心筒附近小于靠近罐壁的区域，由实际聚合物驱采出污水总流的能量守恒方程可以得知，总流的能

量是一定的，所以，中心筒附近聚合物驱采出污水的压能要大于靠近罐壁聚合物驱采出污水的压能，流动存在不均匀性。

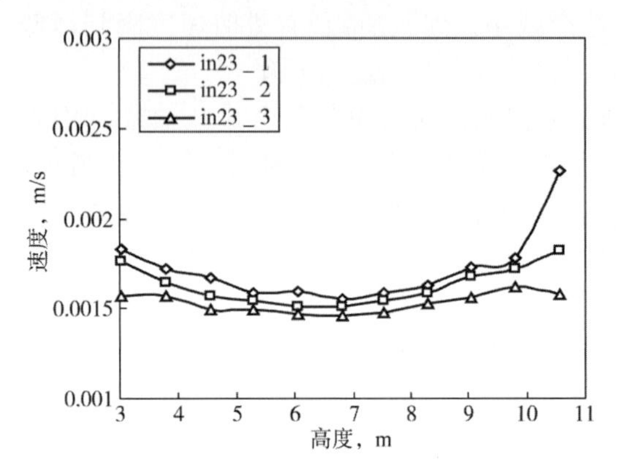


图 4.17　入口 2 到入口 2、入口 3 中部沉降段流速变化

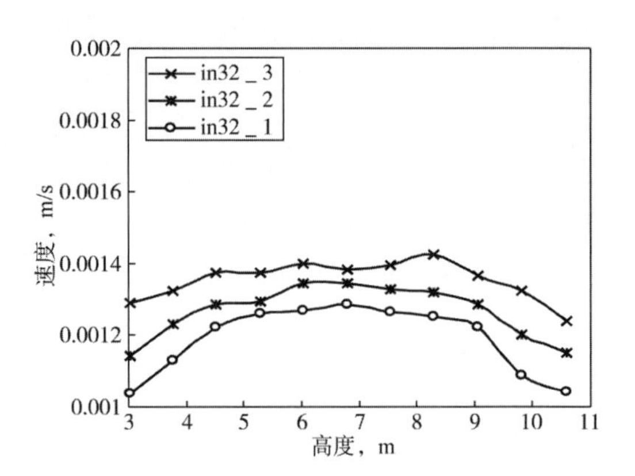


图 4.18　入口 3 到入口 2、入口 3 中部沉降段流速变化

### 4.1.3　重力沉降罐内油滴运动

（1）罐内油滴运动轨迹。

聚合物驱采出污水在沉降分离过程中，分散相油滴在罐内的运动轨迹是表述油水分离过程和效果的直观体现，根据运动轨迹可以更好地理解油滴上浮和油水分离过程。如图 4.19所示为水质一沉降分离过程中油滴的运动轨迹，可以看出，大量的油滴从 3 个配水口进入沉降罐中，然后向罐顶方向移动，轨迹混乱无序，一部分油滴通过环形集油口流出罐外，而有相当一部分的油滴沿曲折路径向下运动，并从集水口流出沉降罐外，这些流出罐外的油滴没有在浮力的作用下与水完成分离作用，而是被水相裹挟夹带通过集水口流出罐外，显然，沉降过程并没有按照理想状态完成油、水的彻底分离。

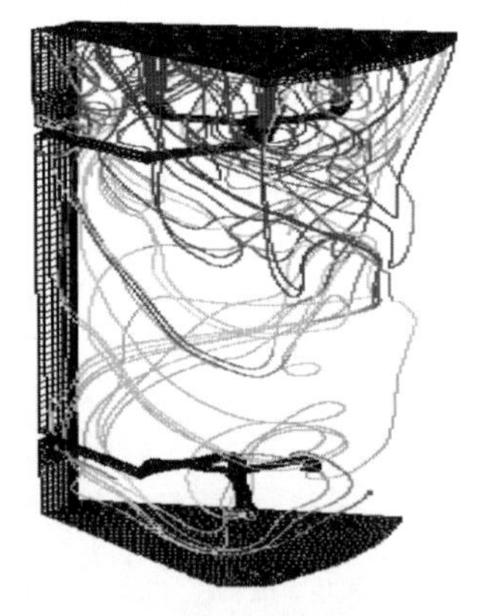

图 4.19　聚合物驱采出污水沉降分离过程中油滴运动轨迹

基于对运动轨迹的跟踪，可计算聚合物驱采出污水沉降分离过程中的除油率，计算得 3 种水质的除油率分别为 51.30%、46.10%和 38.60%，表明随着聚合物驱采出污水水质黏度的增大，更多的油滴从集水口逃逸离开沉降罐，而没有上浮至沉降罐顶部从集油口离开。同时，聚合物驱采出污水水质黏度的增加，使得油滴从水相中脱离更加困难，油滴受到黏度较大的水相裹挟，造成了除油率的下降，黏度从 2mPa · s 增加到 8mPa · s 的过程中，除油率由 51.30%下降到 38.60%，这揭示出控制水相黏度在较低的水平有利于提升聚合物驱采出污水的除油率。

（2）罐内油滴运动特征参数。

基于离散相模型可以客观地得到每一颗油滴在不同时刻的位置，经过处理后得到油滴整个运动过程中的轨迹长度和时间。从 3 种水质中随机选取 10 颗从集水口逃逸的油滴，对其运动特征参数进行描述。

图 4. 20(a)是聚合物驱采出污水水质一随机选取的 10 颗油滴在沉降罐内的停留时间分布图，其中油滴 4 的停留时间最长，达到 25. 5h，油滴 7 在罐内的停留时间最短，为 5. 1h，然而，在该处理量下，聚合物驱采出污水在罐内的理论沉降时间为 10h，因此，油滴并没有按照理想的状态都进行 10h 的沉降，30%的油滴沉降时间超过 10h。

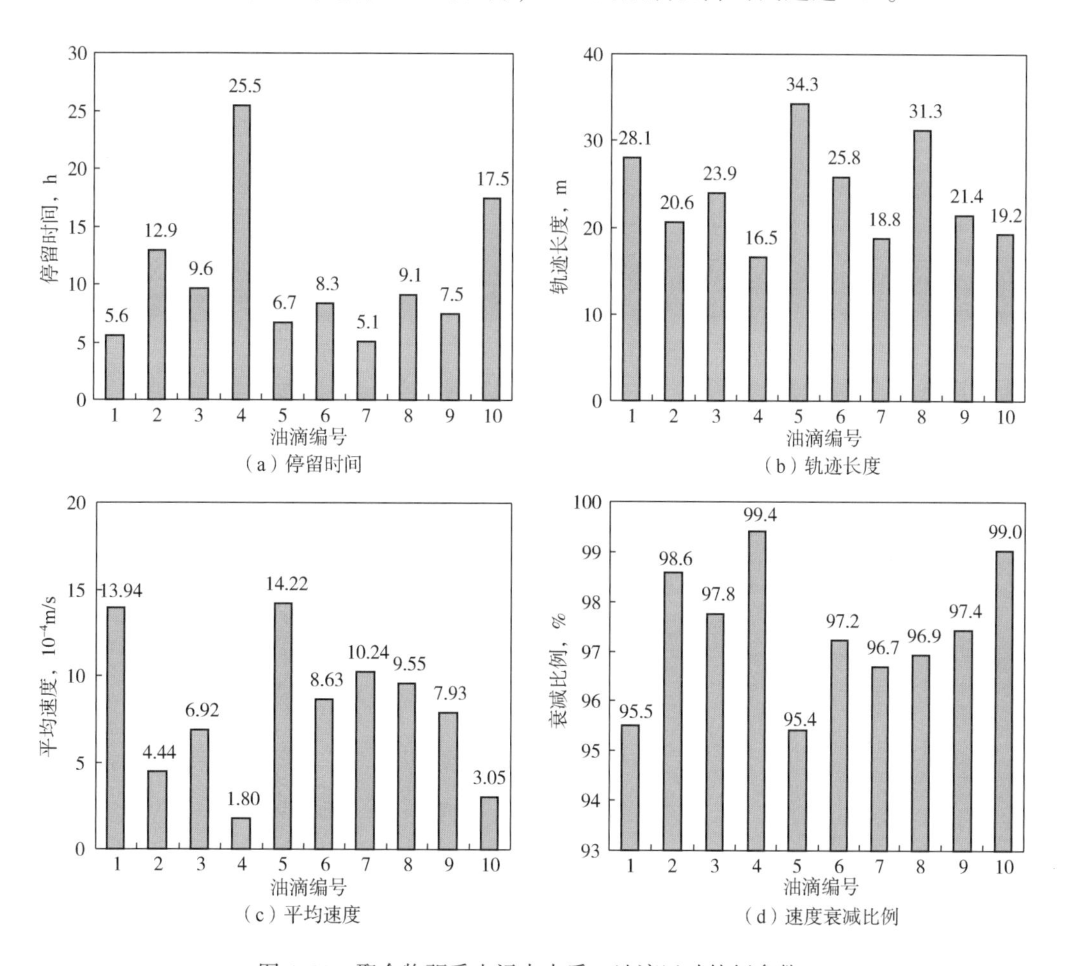


图 4. 20 聚合物驱采出污水水质一油滴运动特征参数

由图 4. 21(a)和图 4. 22(a)可知，随着聚合物驱采出污水水质二和聚合物驱采出污水水质三黏度的增加，油滴在罐内的沉降时间不断延长，有 60%~80%的油滴在罐内沉降超过 10h。这表明，单一地降低处理量、延长沉降时间并不会对所有的油滴起到相同处理效果，且随着水质黏度的升高，仅通过延长沉降时间来改善油水分离效果的做法具有一定局限性。

在图 4. 20(b)中，聚合物驱采出污水水质一的油滴运动轨迹长度都大于沉降罐内罐底到集油口之间的高度 13. 39m，平均运动轨迹长度为 23. 99m，其中油滴 5 的运动轨迹最长，达到了 34. 3m，表明油滴并没有进行理想的竖直沉降运动，油滴在罐内进行了旋转、返混运动，即沉降罐内部一些区域内产生了流动漩涡。由图 4. 21(b)和图 4. 22(b)可知，随着水质黏度的升高，油滴在沉降罐内的运动轨迹长度略有下降，聚合物驱采出污水水质二和聚合物驱采出污水水质三的油滴平均运动轨迹长度分别为 21.09m 和 17.81m。

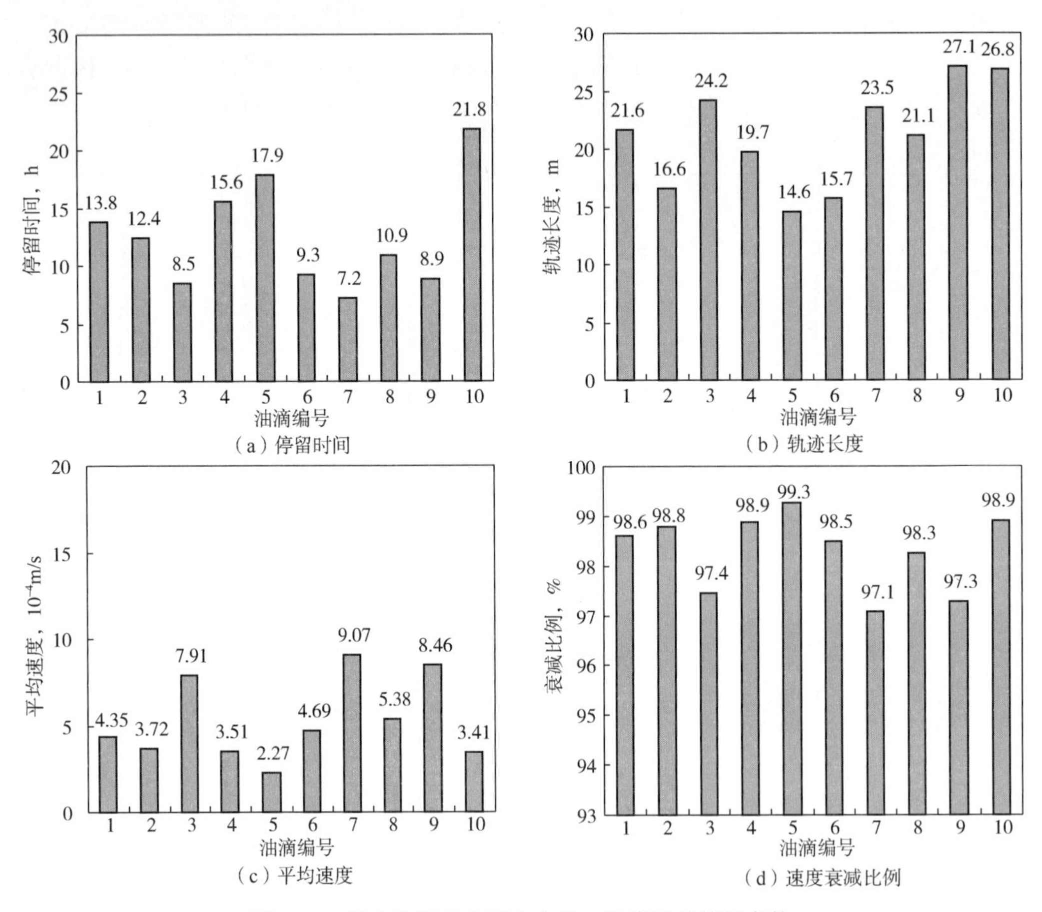


图 4.21　聚合物驱采出污水水质二油滴运动特征参数

聚合物驱采出污水水质一中的油滴 4 和油滴 5 分别是停留时间和运动距离最长的油滴，然而，它们的运动距离和时间并不成正比，通过图 4.20(c)可以看出，10 颗油滴的平均速度大小参差不齐，高速和低速的油滴的平均速度甚至可以相差一个数量级，平均速度最大的油滴 5 的速度是平均速度最小的油滴 4 的 7.9 倍，同样印证了沉降罐内返混流、漩涡流的存在。由图 4.21(c)和图 4.22(c)可知，随着水质黏度的提高，3 种水质油滴平均流速呈现下降的趋势，分别为 $8.07\times10^{-4}$m/s、$5.28\times10^{-4}$m/s 和 $3.51\times10^{-4}$m/s。

由图 4.20(d)、图 4-21(d)、图 4-22(d)和图 4-23(d)可知，油滴从配水口进入沉降罐后速度产生了大幅衰减，3 种聚合物驱采出污水水质中的油滴粒子速度衰减均超过了 90%，罐内速度场变化剧烈，以速度衰减比例为 98%为界限，3 种水样衰减超过该界限的粒子数分别为 3 个、7 个和 10 个，随着水相黏度的升高，油滴粒子速度衰减更加剧烈。

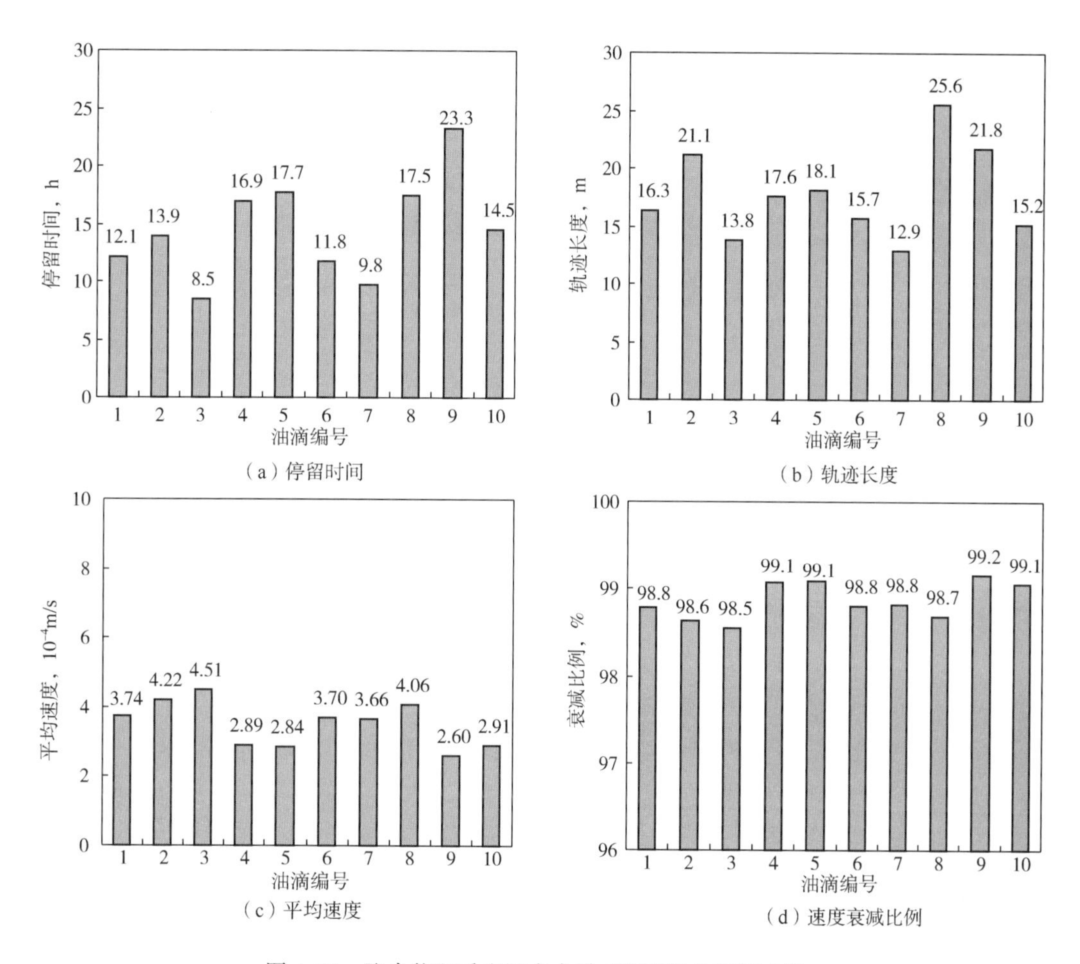


图 4.22 聚合物驱采出污水水质三油滴运动特征参数

### 4.1.4 重力沉降罐调参运行现场试验

(1) 沉降分离影响因素实验。

① 含油量随沉降时间的变化。

如图 4.23 所示，污水含油量随沉降时间的延长而减少，但污水中含聚浓度不同，含油量随沉降时间的变化特征也不同，含聚浓度升高，相同沉降时间内的分离效率降低，在 8h 的沉降时间内，3 种含聚浓度(73.71mg/L、158.30mg/L 和 374.63mg/L)污水的除油效率依次为 76.15%、64.74%和 49.51%。

② 悬浮物含量随沉降时间的变化。

图 4.24 为悬浮物含量随沉降时间的变化图。污水悬浮物含量随沉降时间的延长而减少，但污水中含聚浓度不同，悬浮物含量随沉降时间的变化特征也不同，含聚浓度升高，相同沉降时间内的分离效率降低，在 8h 的沉降时间内，3 种含聚浓度(73.71mg/L、158.30mg/L 和 374.63mg/L)污水的悬浮物去除率依次为 45.03%、41.73%和 36.55%。

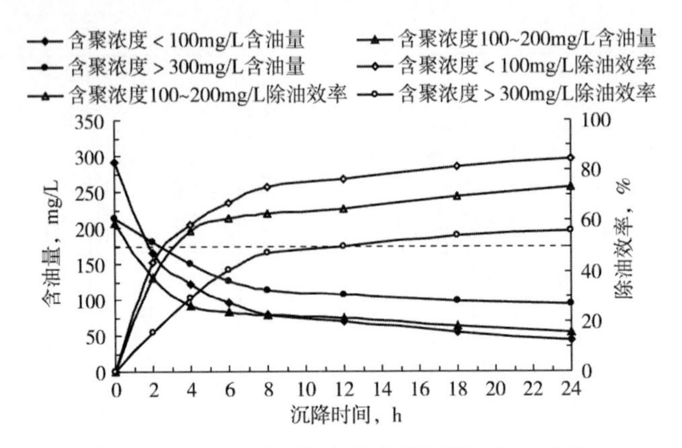


图 4.23　含油量及除油效率随沉降时间的变化

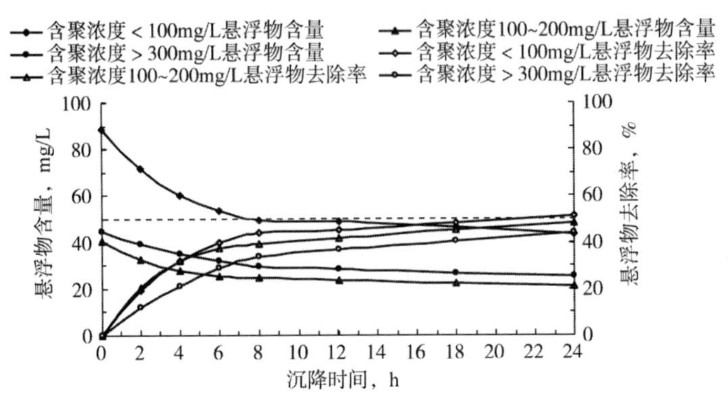


图 4.24　悬浮物含量及去除率随沉降时间的变化

③ 水中油珠粒径分布随沉降时间的变化。

如图 4.25、图 4.26 所示，随着沉降过程的持续进行，在 0~10h 内油滴粒径中值下降较快，较多的油滴上浮，从污水中得以分离，超过 10h 沉降时间后，油滴粒径中值变化趋于平缓。

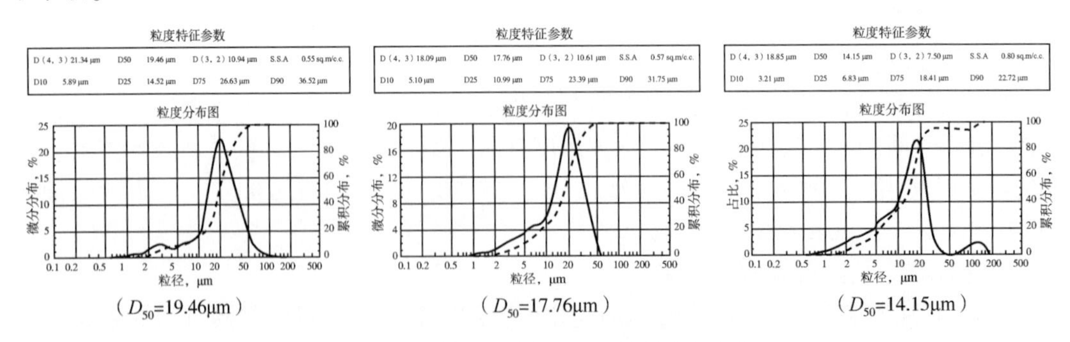


图 4.25　沉降 8h 后水质中的油珠粒径分布

综上结果进一步表明，对于含聚浓度高的污水，仅通过延长物理沉降时间并不能显著提高油水分离效率，长时间沉降后乳化油珠粒径的分布特征依然较宽，如图 4.25 所示，粒径中值相对更小，表现出沉降分离的难度大。

(2) 气浮—沉降预处理模拟实验。

实验水质为萨北油田聚合物驱采出污水站总来水，原水含油量为206.5mg/L，悬浮物含量为157.8mg/L，含聚浓度为363.4mg/L。

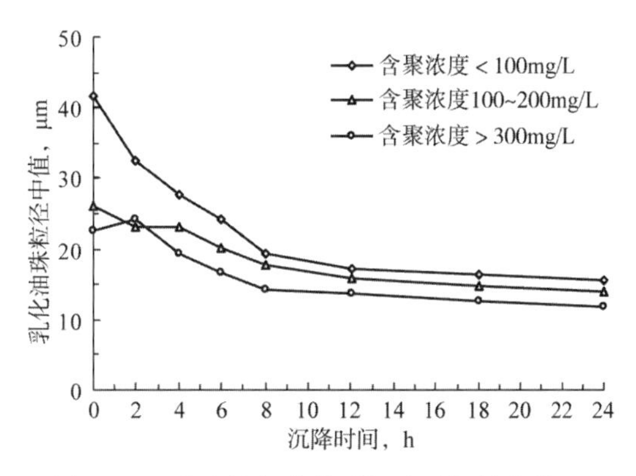


图4.26 油珠粒径中值随沉降时间的变化

组装模拟实验装置如图4.27所示，主要包括空压机、溶气段(罐)和沉降段(罐)三部分，其工作原理在于：空压机与盛装少量实验水质的溶气罐(带搅拌)相连，通过压缩、排入空气形成气水混合液，然后气水混合液经管线进入水质沉降罐周围布置的穿孔板，因突然减压，会使水中过饱和空气在释放过程中形成许多微小气泡，这些沉降区微小气泡在上浮过程中黏附、携带水中细小油珠和微细悬浮物上浮至水面，形成浮渣。

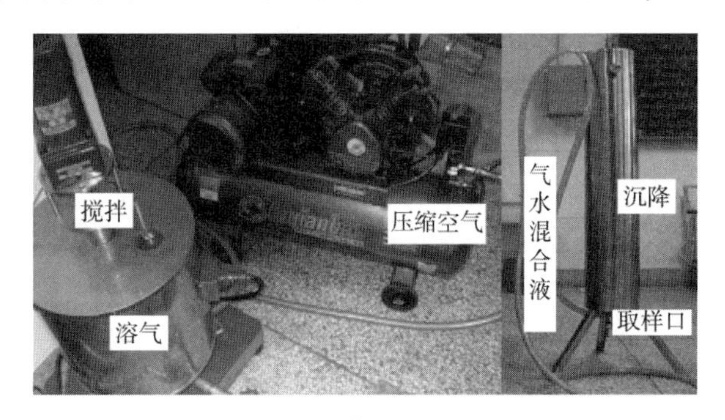


图4.27 气浮—沉降预处理模拟实验装置

室内模拟气浮—沉降预处理与静态沉降的结果对比见表4.3，可见，气浮—沉降显著提高了聚合物驱采出污水的处理效率，相同处理时间内的除油率和悬浮物去除率分别提高30%以上和15%以上，为此，可通过在沉降罐增加气浮选设施来改善处理效率，但其适宜的工艺运行参数仍需要优化确定。

**表4.3 气浮—沉降预处理与静态沉降的结果对比**

| 处理方式 | 平均含油量 mg/L | | | 悬浮物平均含量 mg/L | | | 水中平均油珠粒径中值 μm | | | 平均含聚浓度 mg/L | | |
|---|---|---|---|---|---|---|---|---|---|---|---|---|
| | 1h | 2h | 3h | 1h | 2h | 3h | 1h | 2h | 3h | 1h | 2h | 3h |
| 静态沉降 | 196.4 | 171.5 | 152.3 | 141.3 | 138.5 | 136.0 | 24.1 | 21.2 | 19.0 | 348.2 | 321.5 | 318.0 |
| 气浮—沉降预处理 | 138.2 | 106.5 | 84.6 | 134.2 | 123.2 | 111.7 | 20.4 | 17.3 | 15.0 | 327.0 | 313.2 | 293.6 |

(3) 调参运行现场试验。

在重力沉降罐内不同部位取样，分析含油、悬浮物含量、含聚浓度的分布特征；阶段性(2~3周)调整可操控运行参数(如来水流量、收油方式等)，通过对来水及出水水质的监测，分析这些因素对沉降分离效果的影响。同时，也为沉降罐处理效率提高对策的理论研究提供指导。

① 沉降罐不同液位污水水质特性。

选择萨北油田某聚合物驱采出污水站(日处理量 15000m$^3$)的一次沉降罐，试验期罐内液位高度为 13.50m，自下而上分别选择 2.5m、4.5m、6.5m、8.5m、10.5m 和 12.5m 的液位高度进行连续密闭取样，如图 4.28 所示，分析不同液位处污水的水质特性，见表 4.4。

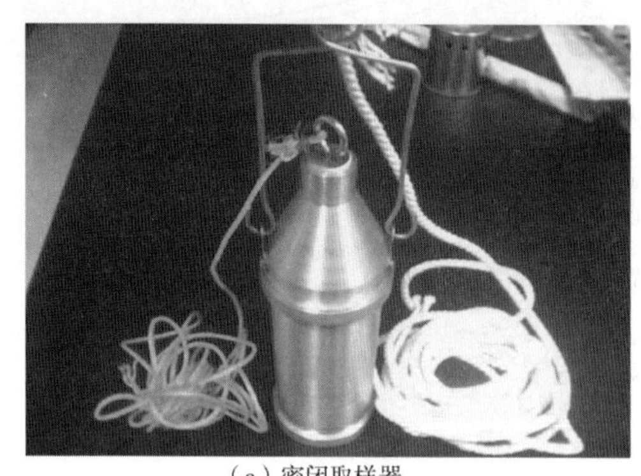
(a)密闭取样器

(b)罐内不同液位(自下而上)污水外观性状

图 4.28　沉降罐内不同液位污水取样

**表 4.4　一次沉降罐不同液位的水质特性**

| 液位高度(自罐底至罐顶)，m | 平均含聚浓度 mg/L | 平均黏度 mPa·s | 悬浮物平均含量 mg/L | 平均含油量 mg/L |
|---|---|---|---|---|
| 2.5 | 351.8 | 1.3 | 145.7 | 133.6 |
| 4.5 | 332.6 | 1.2 | 103.9 | 112.5 |
| 6.5 | 310.3 | 1.1 | 81.8 | 57.8 |
| 8.5 | 324.5 | 1.2 | 84.5 | 62.3 |
| 10.5 | 346.7 | 1.3 | 112.1 | 126.9 |
| 12.5 | 362.4 | 1.4 | 139.3 | 207.2 |

可见，与沉降罐中部水质相比，在邻近罐底和罐顶部位，由于受淤泥层和油层的影响，污水的各项指标含量均较高，平均含聚浓度在 350mg/L 以上，黏度高于 1.3mPa·s，悬浮物平均含量大于 120mg/L，平均含油量在 100mg/L 以上，说明与罐内中部相比，此部位更易形成“死水区”。

② 调参运行现场试验。

a. 流量调整。

试验污水站一次沉降罐(容积 6000m$^3$)2 个、二次沉降罐(容积 3000m$^3$)2 个，正常来水瞬时流量范围在 280~340m$^3$/h。

选择 1#沉罐进行现场试验，其流量调整方案：260m$^3$/h(相当于停留时间 12.5h)、320m$^3$/h(相当于停留时间 10h)和 440m$^3$/h(相当于停留时间 7.5h)，分别跟踪运行稳定后沉降罐内不同液位污水的水质特性。

运行方式：通过总来水阀组调节水量，并用流量计监测流量，然后在任一方案流量下运行 10 天，在罐内不同部位(自下而上 2.5m、4.5m、6.5m、8.5m、10.5m 和 12.5m)跟踪密闭取样，分析含油、悬浮物含量及含聚浓度的分布特征，见表 4.5。

**表 4.5 调整重力沉降罐来水量后不同液位的水质特性**

| 液位高度(自罐底至罐顶)，m | 平均含聚浓度，mg/L | | | 平均黏度，mPa·s | | | 悬浮物平均含量，mg/L | | | 平均含油量，mg/L | | |
|---|---|---|---|---|---|---|---|---|---|---|---|---|
| | $260m^3/h$ | $320m^3/h$ | $440m^3/h$ | $260m^3/h$ | $320m^3/h$ | $440m^3/h$ | $260m^3/h$ | $320m^3/h$ | $440m^3/h$ | $260m^3/h$ | $320m^3/h$ | $440m^3/h$ |
| 来水 | 320.7 | 307.6 | 341.2 | 1.3 | 1.3 | 1.3 | 218.9 | 253.4 | 236.4 | 206.3 | 198.7 | 194.5 |
| 2.5 | 324.8 | 325.1 | 334.2 | 1.3 | 1.2 | 1.3 | 116.8 | 161.4 | 154.6 | 113.2 | 131.0 | 128.0 |
| 4.5 | 310.0 | 297.5 | 308.9 | 1.2 | 1.1 | 1.2 | 111.7 | 142.9 | 127.3 | 104.7 | 120.2 | 128.5 |
| 6.5 | 315.2 | 314.6 | 315.7 | 1.2 | 1.1 | 1.2 | 101.9 | 130.9 | 125 | 106.2 | 104.9 | 111.5 |
| 8.5 | 304.6 | 288.3 | 293.6 | 1.3 | 1.2 | 1.2 | 102.3 | 127.6 | 111.7 | 108.4 | 95.7 | 124.6 |
| 10.5 | 327.9 | 311.0 | 313.5 | 1.3 | 1.2 | 1.3 | 109.8 | 154.2 | 127.9 | 116.9 | 121.2 | 119.6 |
| 12.5 | 321.6 | 297.6 | 337.1 | 1.4 | 1.3 | 1.4 | 104.7 | 148.3 | 123.8 | 120.7 | 136.2 | 125.0 |
| 出水 | 331.4 | 287.5 | 316.7 | 1.1 | 1.1 | 1.1 | 114.2 | 135.7 | 126.5 | 102.5 | 113.6 | 105.4 |

试验结果表明，减小来水流量，也就是进一步延长沉降处理时间，对出水水质的改善(特别是含油量指标)并没有显著影响，但罐内不同液位处的水质特性稳定(图 4.29 曲线 1 和曲线 5)；相反，当调大来水流量($440m^3/h$)，在一定程度上缩短沉降时间时，出水水质并没有恶化，含油、悬浮物指标与正常运行时相当，但罐内不同液位处的水质特性呈现较为明显的差别(图 4.29 曲线 2 和曲线 3)。

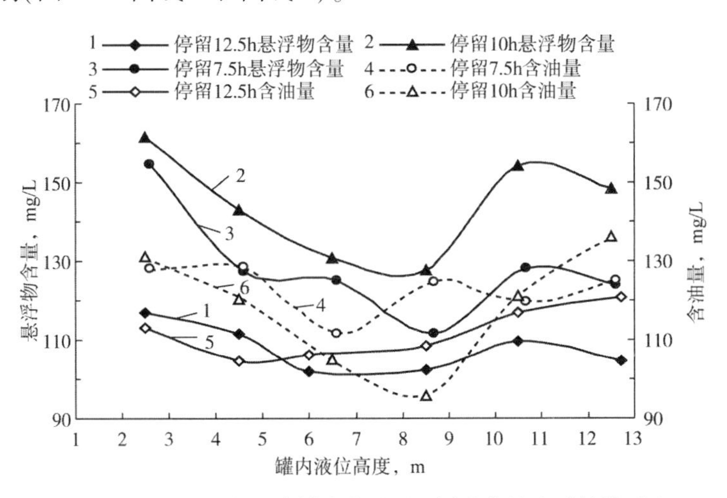


图 4.29 调整重力沉降罐来水量后不同液位的水质特性对比

分析认为，基于分散相杂质和水相密度差而达到分离目的的自然沉降除固、除油效率除与分散相杂质的沉降(上浮)速度、处理量及沉降设施水平工作面积有关[见式(4-17)]外，还会受到流场畸变的影响，也就是说乳化油珠、悬浮杂质的碰撞、聚集、沉降(上浮)会因为流场变化、黏滞力与惯性力的作用大小不同而体现出差别。这也为沉降罐工艺参数的优化及其结构改进方案设计提供了一项依据。

$$E=\frac{v}{Q/A} \tag{4.17}$$

式中：$E$ 为分散相杂质的分离效率，%；$v$ 为分散相杂质的沉降或上浮速度，m/s；$Q$ 为处理流量，$m^3/h$；$A$ 为自然沉降设施水平工作面积，$m^2$。

b. 收油方式调整。

试验聚合物驱采出污水站重力沉降罐的收油时间调整方案为（保证油层厚度≤0.5m）：间隔2周、连续收油，来水流量均相对稳定（$300m^3/h$ 左右）。同样，分别跟踪运行过程中沉降罐内不同液位（自下而上2.5m、4.5m、6.5m、8.5m、10.5m和12.5m），特别是邻近罐顶污水的水质特性，见表4.6。

**表4.6 调整重力沉降罐收油方式后不同液位的水质特性**

| 液位高度（自罐底至罐顶），m | 平均含聚浓度，mg/L | | 平均黏度，mPa·s | | 悬浮物平均含量，mg/L | | 平均含油量，mg/L | |
|---|---|---|---|---|---|---|---|---|
| | 间隔2周 | 连续收油 | 间隔2周 | 连续收油 | 间隔2周 | 连续收油 | 间隔2周 | 连续收油 |
| 来水 | 297.6 | 312.4 | 1.2 | 1.2 | 194.6 | 213.1 | 170.2 | 161.4 |
| 2.5 | 308.5 | 340.6 | 1.2 | 1.3 | 172.8 | 206.6 | 174.4 | 156.8 |
| 4.5 | 311.0 | 325.7 | 1.2 | 1.2 | 155.9 | 180.0 | 165.1 | 130.1 |
| 6.5 | 298.3 | 308.6 | 1.1 | 1.2 | 132.8 | 147.6 | 137.6 | 123.6 |
| 8.5 | 304.9 | 322.3 | 1.2 | 1.1 | 120.8 | 121.8 | 138.4 | 104.2 |
| 10.5 | 321.5 | 342.1 | 1.2 | 1.3 | 132.8 | 139.3 | 123.6 | 110.0 |
| 12.5 | 308.8 | 318.0 | 1.2 | 1.2 | 105.3 | 102.6 | 101.9 | 83.5 |
| 出水 | 315.3 | 330.6 | 1.1 | 1.2 | 89.3 | 110.5 | 68.3 | 77.9 |

试验结果表明，在保证油层厚度≤0.5m的生产要求下，与按半个月时间间隔进行收油相比，连续启泵收油时罐内水质更为稳定，特别是改善了邻近罐顶污水的水质特性，出水水质的悬浮物去除率和除油效率相对也更高，较间歇收油时分别高出5.96%和8.14%。

因此，可直接通过调节堰连续收油，回收的污油由污油回收泵直接泵入油系统处理，或如图4.30所示，在沉降罐其中一条出水管上增设电动调节阀，依靠调节出水流量控制液位进行连续收油。

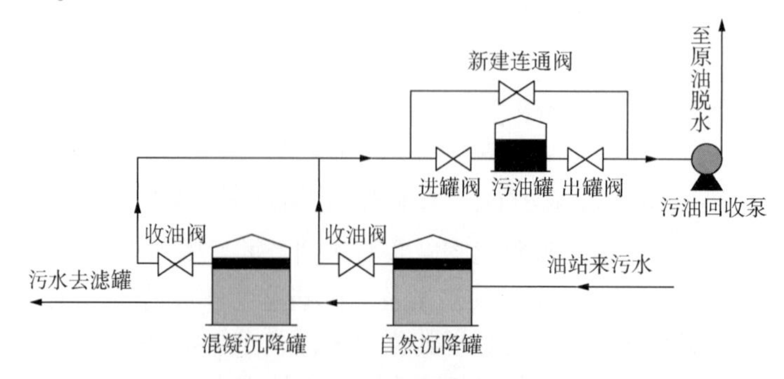


图4.30 沉降罐连续收油工艺

## 4.2 聚合物驱采出污水溶气气浮沉降工艺技术界限优化

### 4.2.1 模型建立及数值计算

(1) 物理模型。

图 4.31 为溶气气浮沉降工艺示意图，其核心为溶气气浮沉降罐，相同于普通立式重力沉降罐，其来水依然由进水管以切线方向进入立式沉降罐中心反应筒和中心柱管构成的环形空间，经由其配水干管、配水支管和配水口布水于沉降罐的上部；沉降分离后的污水依然经立式沉降罐下部集水口、集水支管和集水干管进入中心柱管，沿中心柱管上向流，由出水管流出。不同的是，外置溶气设施形成的溶气水由溶气水进水管回流到立式沉降罐，通过布气单元的气体释放头完成对溶气水释放，继而与立式沉降罐内处理污水相混合，发挥气浮功能，污水中油珠、悬浮物絮体等附着在所释放的小气泡上被浮升、携带至液面集油系统，由出油管排出罐外。

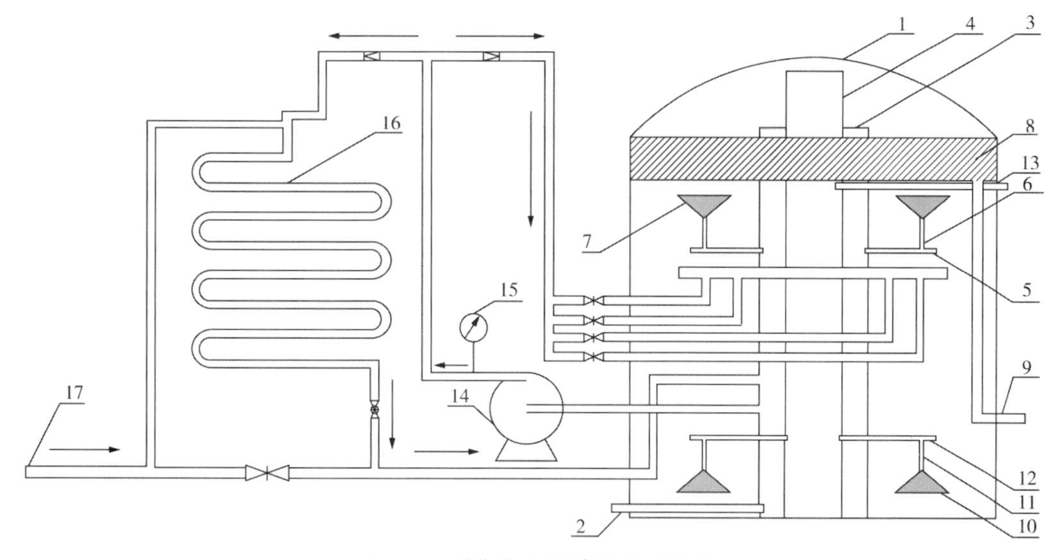


图 4.31　溶气气浮沉降工艺示意图

1—溶气气浮沉降罐；2—进水管；3—中心反应筒；4—中心柱管；5—配水干管；6—配水支管；7—配水口；8—集油系统；9—出油管；10—集水口；11—集水支管；12—集水干管；13—出水管；14—溶气泵；15—压力表；16—管式反应器；17—进水/絮凝剂

根据作为这种工艺主体的溶气气浮沉降罐结构，以 1200m$^3$罐容规格的溶气气浮沉降罐为原型，考虑其发挥污水分离功能的区域主要在沉降罐中心反应筒和罐壁之间，在此区域内实现来水配水、沉降、气浮、分离后集水、收油等功能，因此，针对数值模拟过程，对溶气气浮沉降罐的结构进行合理简化：

① 略去溶气气浮沉降罐内的辅助部件及加强结构(如集油系统)。

② 省去中心反应筒，来水从中心柱管依次流入配水干管和配水支管，再由配水口布于沉降罐内，经分离后的水相从集水口依次进入集水支管、集水干管。

从而建立如图 4. 32 所示的溶气气浮沉降罐简化物理模型，几何参数见表 4. 7。

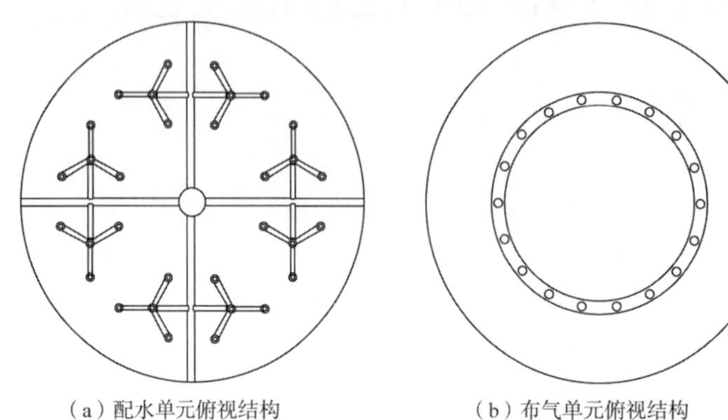

（a）配水单元俯视结构　　（b）布气单元俯视结构

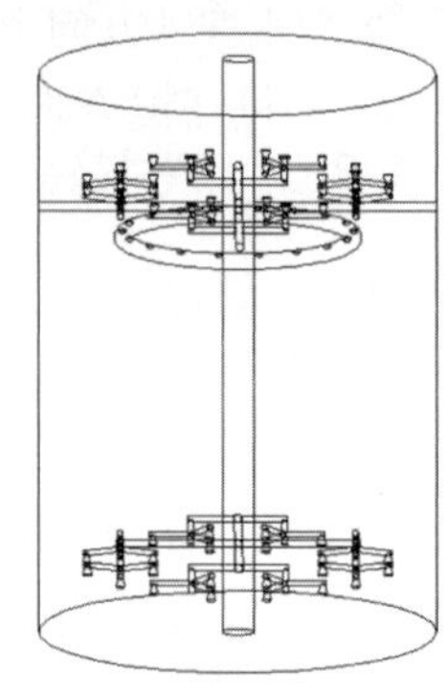

（c）沉降罐主视结构

图 4. 32　溶气气浮沉降罐简化物理模型

**表 4. 7　溶气气浮沉降罐模型几何尺寸**

| 结构参数 | 尺寸 | 结构参数 | 尺寸 |
| --- | --- | --- | --- |
| 罐总容积，$m^3$ | 1200 | 集水干管距离罐底高度，mm | 2270 |
| 罐总高度，mm | 15476 | 喇叭形集水口直径，mm | 200 |
| 罐壁板高度，mm | 14350 | 集水口距离罐底高度，mm | 1400 |
| 罐内径，mm | 10310 | 配水口数量，个 | 24 |
| 配水干管直径，mm | 219 | 环形布气单元外径，mm | 6000 |
| 配水干管距离罐底高度，mm | 10950 | 气体释放头直径，mm | 200 |
| 喇叭形配水口直径，mm | 200 | 气体释放头数量，个 | 18 |
| 配水口距离罐底高度，mm | 11100 | 环形布气单元内径，mm | 5200 |
| 中心柱管直径，mm | 1500 | 气体释放头距离罐底高度，mm | 10200 |
| 集水干管直径，mm | 219 | — | — |

（2）数学模型。

考虑污水溶气气浮沉降过程中有气、液、固相混合，对于此类混合相的数值模拟，可以引入 FLUENT 软件中的混合模型(MIXTURE MODEL)。作为一种简化的多相流模型，混合模型考虑了相间的扩散作用和脉冲作用，引入了滑移速度的概念，允许相以不同的速度运动，用于模拟各相有不同速度的多相流，也用于模拟有强烈耦合的各向同性多相流和各相以相同速度运动的多相流[54]。

① 控制方程。

a. 质量守恒方程。

$$\frac{\partial\rho}{\partial t}+\frac{\partial(\rho u)}{\partial x}+\frac{\partial(\rho v)}{\partial y}+\frac{\partial(\rho w)}{\partial z}=0 \tag{4.18}$$

式中：$\rho$ 为聚合物驱采出污水来水的密度，$kg/m^3$；$u$ 为聚合物驱采出污水来水在 $x$ 方向上的速度，$m/s$；$v$ 为聚合物驱采出污水来水在 $y$ 方向上的速度，m/s；$w$ 为聚合物驱采出污水来水在 $z$ 方向上的速度，m/s。

b. 动量守恒方程。

$$\begin{cases}\dfrac{\partial(\rho u)}{\partial t}+\dfrac{\partial(\rho uu)}{\partial x}+\dfrac{\partial(\rho uv)}{\partial y}+\dfrac{\partial(\rho uw)}{\partial z}=\dfrac{\partial\tau_{xx}}{\partial x}+\dfrac{\partial\tau_{yx}}{\partial y}+\dfrac{\partial\tau_{zx}}{\partial z}-\dfrac{\partial p}{\partial x}+F_x \\ \dfrac{\partial(\rho v)}{\partial t}+\dfrac{\partial(\rho vu)}{\partial x}+\dfrac{\partial(\rho vv)}{\partial y}+\dfrac{\partial(\rho vw)}{\partial z}=\dfrac{\partial\tau_{xy}}{\partial x}+\dfrac{\partial\tau_{yy}}{\partial y}+\dfrac{\partial\tau_{zy}}{\partial z}-\dfrac{\partial p}{\partial y}+F_y \\ \dfrac{\partial(\rho w)}{\partial t}+\dfrac{\partial(\rho wu)}{\partial x}+\dfrac{\partial(\rho wv)}{\partial y}+\dfrac{\partial(\rho ww)}{\partial z}=\dfrac{\partial\tau_{xz}}{\partial x}+\dfrac{\partial\tau_{yz}}{\partial y}+\dfrac{\partial\tau_{zz}}{\partial z}-\dfrac{\partial p}{\partial z}+F_z\end{cases} \tag{4.19}$$

式中：$p$ 为聚合物驱采出污水流体微元上的压力，Pa；$\tau_{xx}$、$\tau_{yy}$ 和 $\tau_{zz}$ 为作用于聚合物驱采出污水流体微元上的正应力，Pa；$\tau_{ij}$ 为作用于聚合物驱采出污水流体微元上的切应力，Pa；$F_x$、$F_y$ 和 $F_z$ 为作用于聚合物驱采出污水流体微元上的质量力，N。

② 湍流模型。

考虑到聚合物驱采出污水沉降分离过程中沉降罐内复杂的流场，拟选择适用于高应变率、流线弯曲较大的 RNG $k-\varepsilon$ 模型。RNG $k-\varepsilon$ 模型是在标准 $k-\varepsilon$ 模型的基础上推导而来的，常用于应变率较高或者流线弯曲度较大的流动，模型中通过运用大尺度运动和修正后的黏度项来体现小尺度运动的影响，从而把这些小尺度运动有系统地从控制方程中去除[55]。该模型通过对湍流黏度进行修正，使它对平均流动中的旋转，以及旋流流动行为进行了考虑，通过增加 $\varepsilon$ 方程中反映主流时均应变率的项，使该模型中的产生项不仅与流动情况有关，而且在同一问题中仍是空间坐标的函数。因此，它较标准 $k-\varepsilon$ 模型有更强的适用性，能更好地处理高应变率及流线弯曲程度较大的流动，既可用于低雷诺数流动的情况，又对层流的模拟获得比较合理的结果[56]。

(3) 网格划分。

利用 Gambit 生成所建立物理模型的非结构化网格，对于溶气气浮沉降罐，划分沉降罐上部配水口附近的布水区域、布气区域、沉降罐中部自由沉降区域及沉降罐下部集水口附近的集水区域 4 个空间，分别以不同网格密度对这些区域进行网格剖分，其中，重点对布水区域和布气区域网格进行加密。如图 4.33 所示，溶气气浮沉降罐的布水区域剖分网格数量 897426 个，集水区域剖分网格数量 155763 个，布气区域剖分网格数量 260998 个，自由沉降区域剖分网格数量 163077 个，模型剖分网格总数量 1477264 个。

(4) 数值计算。

① 基本假设。

聚合物驱采出污水的沉降分离特性主要与配水单元、布气单元及沉降分离区域的流场特征相关，因此，基于溶气气浮沉降罐简化物理模型，在三维数值模拟中，对聚合物驱采出污水沉降分离运行过程作出如下假设：

a. 视聚合物驱采出污水为油、悬浮固体、水三相混合物。

b. 认为沉降分离过程中沉降罐内油水界面始终保持在同一高度。

c. 沉降分离过程中聚合物驱采出污水密度变化不大，视其为不可压缩流体。

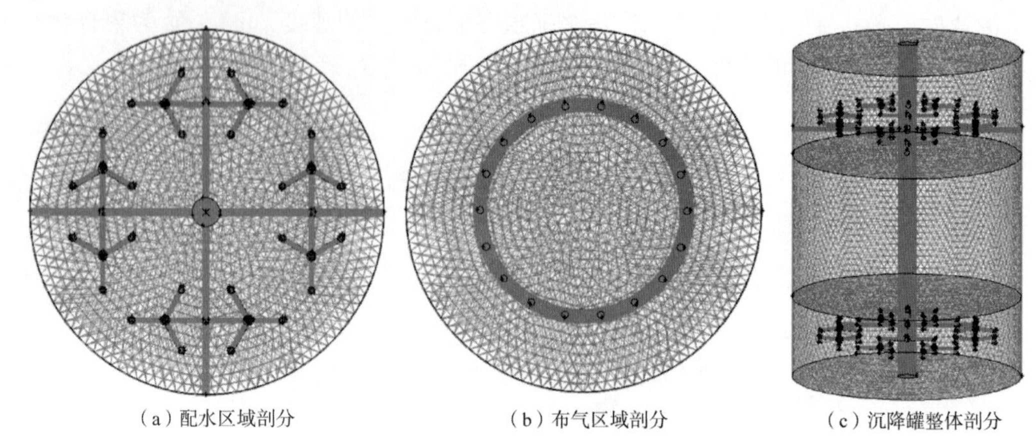
（a）配水区域剖分　（b）布气区域剖分　（c）沉降罐整体剖分

图 4.33　溶气气浮沉降罐网格剖分

d. 沉降分离过程中聚合物驱采出污水的水温恒定。

e. 认为回流溶气水中的溶气量达到饱和状态。

f. 给定回流比的溶气水回流到布气单元后，溶气得以在对应释放压差下的最完全释放，或某回流比的溶气水回流到布气单元以某释放压差释放时，溶气获得该释放压差对应的最完全释放。

② 边界条件。

溶气气浮沉降罐物理模型壁面边界考虑黏性的影响，壁面为静止状态；来水给定入口速度，出口边界采用自由出口。

③ 基础参数。

根据 1200m$^3$罐容规格重力式沉降罐的设计规范与生产运行实践，以及对不同含聚浓度采出污水水质特性的分析结果，设置溶气气浮沉降分离工艺下的模拟计算基础参数，具体分别见表 4.8 和表 4.9。

**表 4.8　溶气气浮对沉降分离流场特性影响计算基础参数设置**

| 含聚浓度，mg/L | 150 | 处理量 $Q_1$，m$^3$/h | 50 |
|---|---|---|---|
| 黏度(35℃)，mPa·s | 1.0 | 处理量 $Q_2$，m$^3$/h | 100 |
| 含油量，mg/L | 120 | 回流比,% | 20 |
| 悬浮物含量，mg/L | 55 | 溶气释放压差，MPa | 0.30 |

**表 4.9　溶气气浮沉降分离影响因素计算基础参数设置**

| 工况参数 | | | 水质参数 | | |
|---|---|---|---|---|---|
| 溶气释放压差，MPa | 回流比,% | 处理量，m$^3$/h | 含聚浓度，mg/L | 含油量，mg/L | 悬浮物含量，mg/L |
| 0.3 | 25 | 100 | 300 | 140 | 70 |
| 0.6 | | | | | |
| 0.8 | | | | | |

续表

| 工况参数 | | | 水质参数 | | |
|---|---|---|---|---|---|
| 溶气释放压差，MPa | 回流比，% | 处理量，$m^3/h$ | 含聚浓度，mg/L | 含油量，mg/L | 悬浮物含量，mg/L |
| 0.6 | 15 | 100 | 300 | 140 | 70 |
| | 25 | | | | |
| | 35 | | | | |
| 0.6 | 25 | 50 | 300 | 140 | 70 |
| | | 100 | | | |
| | | 150 | | | |
| 0.6 | 25 | 100 | 300 | 140 | 70 |
| | | | 500 | 210 | 180 |
| | | | 650 | 250 | 230 |
| | | | 800 | 360 | 320 |

④ 求解过程。

鉴于污水重力沉降分离及气浮沉降分离过程中重力对流动特征影响的事实，同时，考虑污水体系中相间存在相互的运动，因此计算方式为非定常计算。如前所述，湍流模型选择 RNG $k-\varepsilon$ 模型，压力—速度耦合的求解采用压力耦合方程的半隐式方法，即 SIMPLE 算法，压力梯度项选择 Least-quares cell based，压力离散项采用 PRESTO！格式，对于时间项的离散采用一阶隐式格式，在保证计算精度的前提下，提高计算效率，各变量的松弛因子选择为“默认”。

为对比起见，在前节聚合物驱采出污水重力沉降分离特性模拟的基础上，这里以相同于溶气气浮沉降的条件和方法进一步同步开展数值模拟，描述了聚合物驱采出污水普通立式重力沉降的分离特性，其模型建立及网格划分过程等在此不再赘述。模型剖分网格总数量为 1224161 个，其中布水区域剖分网格数量 905321 个，集水区域剖分网格数量 155763 个。

### 4.2.2 对沉降分离流场特性的影响

(1) 溶气气浮对流场压力分布的影响。

① 配水单元。

沉降罐配水单元布水的均匀性对沉降分离流场的稳定性及其分离效果有着直接的影响，为了描述配水单元的压力场分布，取沉降罐上部配水支管位置的横截面，分析稳定工况下配水单元压力场的分布，如图 4.34、图 4.35 所示，可以看出，在聚合物驱采出污水普通立式重力沉降及溶气气浮沉降分离过程中，从中心柱管口位置延伸至配水干管区域，均保持有较高的压力分布，进入配水支管后压力则明显降低，至配水口时压力降到最低，但在相同来水水质、相同处理量及相同的配水结构下，当沉降罐中部增设环形布气单元，也就是在溶气气浮沉降中，截面流场的压力整体降低，特别在配水支管至配水口区域，压力场分布相对更为均衡，这无疑有益于改善来水的布水均匀性。当处理量增加时，普通立式重力沉降及溶气气浮沉降配水单元流场的压力整体均呈增大特征，但前者的增幅及区域压力场分布的不均衡性更加明显，表明相比于普通立式重力沉降工艺，溶气气浮沉降工艺能够更好地适应于聚合物驱采出污水沉降罐在较高负荷运行时的配水。

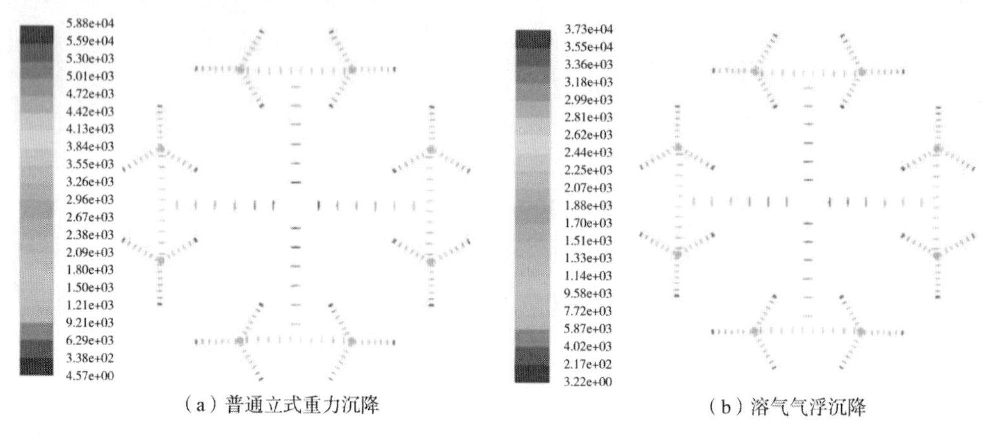

（a）普通立式重力沉降　　（b）溶气气浮沉降

图 4. 34　$50m^3/h$ 处理量下配水单元压力场分布

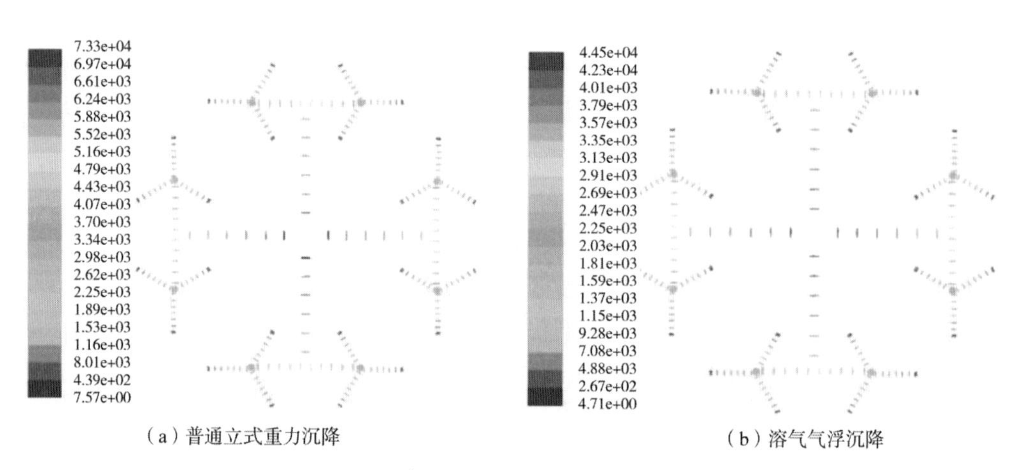

（a）普通立式重力沉降　　（b）溶气气浮沉降

图 4. 35　$100m^3/h$ 处理量下配水单元压力场分布

② 沉降罐内部。

为了清晰反映聚合物驱采出污水在不同沉降分离工艺中的压力场分布，在普通立式重力沉降罐三维模型和溶气气浮沉降罐三维模型中均选取 $z=0$ 的纵剖面、自上而下取 $y=14.35$、$y=13.85$、$y=13.35$、$y=12.35$、$y=11.35$、$y=9.35$、$y=7.35$、$y=4.35$ 和 $y=1.35$ 的 9 个横截面，对比分析稳定工况下沉降罐内部压力场的分布，如图 4.36、图 4.37 所示，可以看出，在聚合物驱采出污水沉降分离过程中，普通立式重力沉降罐内部和溶气气浮沉降罐内部的压力场分布规律一致，自上而下压降不断减小，至集水口位置时压降最低，但在相同来水水质及处理量下，溶气气浮沉降分离流场的压降整体较低，压力场分布较为均衡，揭示出较普通立式重力沉降分离过程更加稳定的流场。当处理量从 $50m^3/h$ 上升到 $100m^3/h$

后，普通立式重力沉降罐内部自上而下各截面的压降均明显增大，但溶气气浮沉降罐内部自上而下各截面的压降基本不变，进一步反映出溶气气浮沉降工艺较普通立式重力沉降工艺更为稳定的流场特性，以及该工艺对沉降罐运行负荷发生改变时的较强适应性。

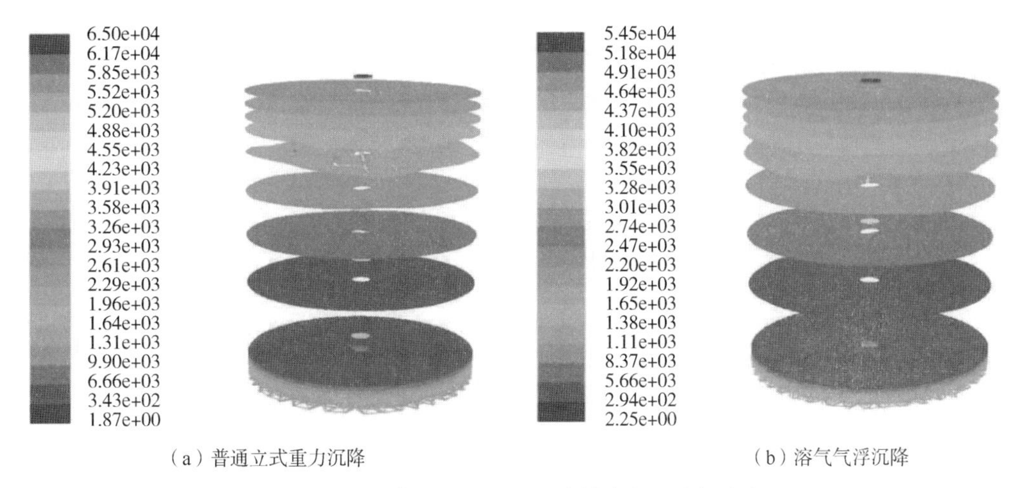


（a）普通立式重力沉降　　（b）溶气气浮沉降

图 4.36　$50m^3/h$ 处理量下沉降罐内部压力场分布

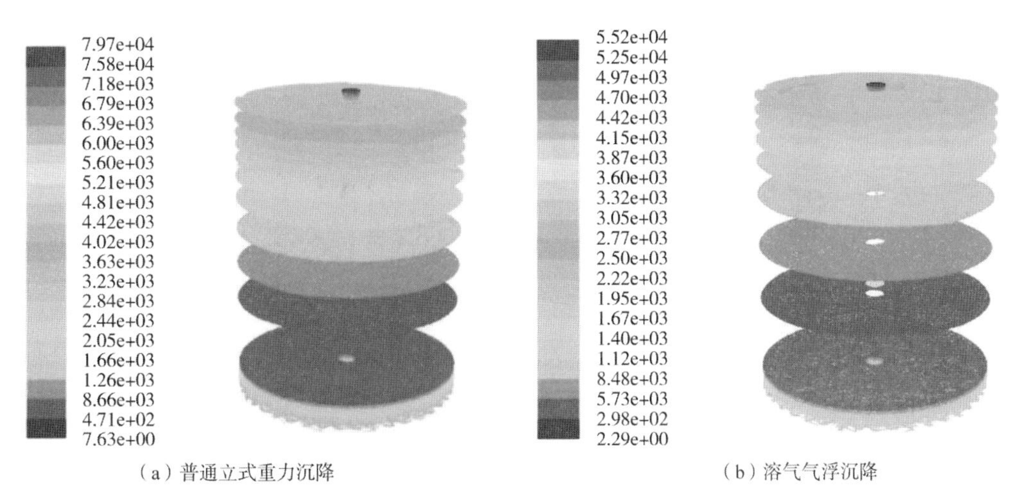


（a）普通立式重力沉降　　（b）溶气气浮沉降

图 4.37　$100m^3/h$ 处理量下沉降罐内部压力场分布

(2) 溶气气浮对油珠及悬浮物粒子迹线特征的影响。

在沉降分离过程中，聚合物驱采出污水中油珠粒子和悬浮物粒子的运动轨迹是流场特征的最直观体现，图 4.38、图 4.39 分别为 $50m^3/h$ 和 $100m^3/h$ 处理量下沉降分离流场中的粒子迹线特征图，对比同一时刻普通立式重力沉降罐和溶气气浮沉降罐内的粒子迹线可以发现，由于来水水质相同，两种沉降方式下油珠粒子、悬浮物粒子及二者混合体粒子在罐内分布的规模相似，但在普通立式重力沉降中，粒子迹线混乱无序，不能布满罐体空间，且在沉降罐布水区域和沉降区域有严重的涡流形成，再现不稳定的流场特征[图 4.38(a)、图 4.38(c)、图 4.38(e)，图 4.39(a)、图 4.39(c)、图 4.39(e)]；在溶气气浮沉降中，粒子运动轨迹稳定有序，粒子布满罐体空间，吻合于压力场分布描述，再现稳定而均匀的流场特征，且有大量粒子尤其是油珠粒子，在布气区域及以上呈抛物线型轨迹向上运动[图 4.38(b)、图 4.38(d)、图 4.38(f)，图 4.39(b)、图 4.39(d)、图 4.39(f)]，反映出气浮选的作用机制。

另外，随着处理量的增大，溶气气浮沉降中粒子的迹线特征变化不大，仍然呈现粒子布满罐体空间、运动轨迹稳定有序及浮升的特征[图 4.39(b)、图 4.39(d)、图 4.39(f)]，这与压力场分布描述中关于溶气气浮沉降工艺对沉降罐运行负荷变化具有较强适应性的认识相一致，但普通立式重力沉降中粒子的迹线更为不规则，涡流现象更为显著[图 4.39(a)、图 4.39(c)、图 4.39(e)]，反映出分离流场的不均匀性和不稳定性。

(a) 普通重力沉降油珠粒子

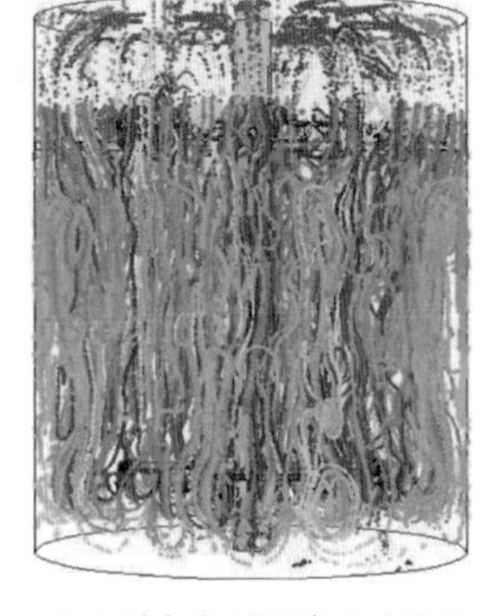

(b) 溶气气浮沉降油珠粒子

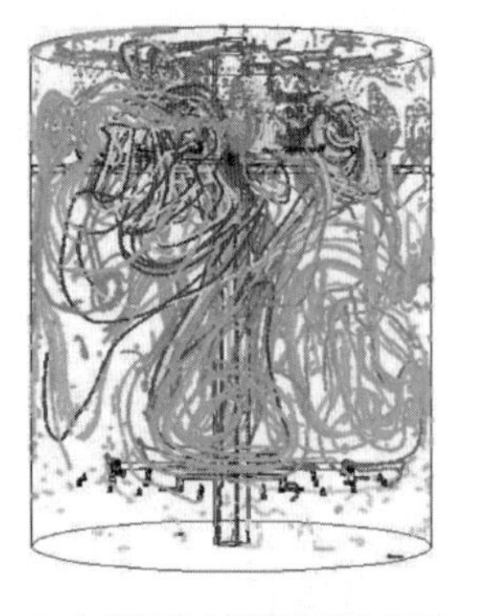

(c) 普通重力沉降悬浮物粒子

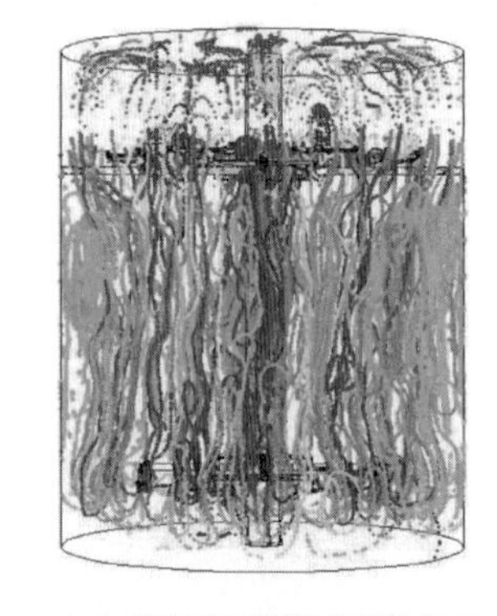

(d) 溶气气浮沉降悬浮物粒子

(e) 普通重力沉降油珠、悬浮物混合体粒子

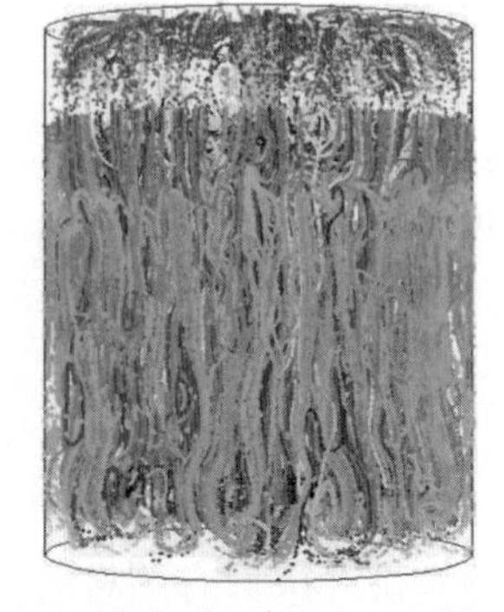

(f) 溶气气浮沉降油珠、悬浮物混合体粒子

图 4.38　$50m^3/h$ 处理量下沉降分离流场粒子迹线

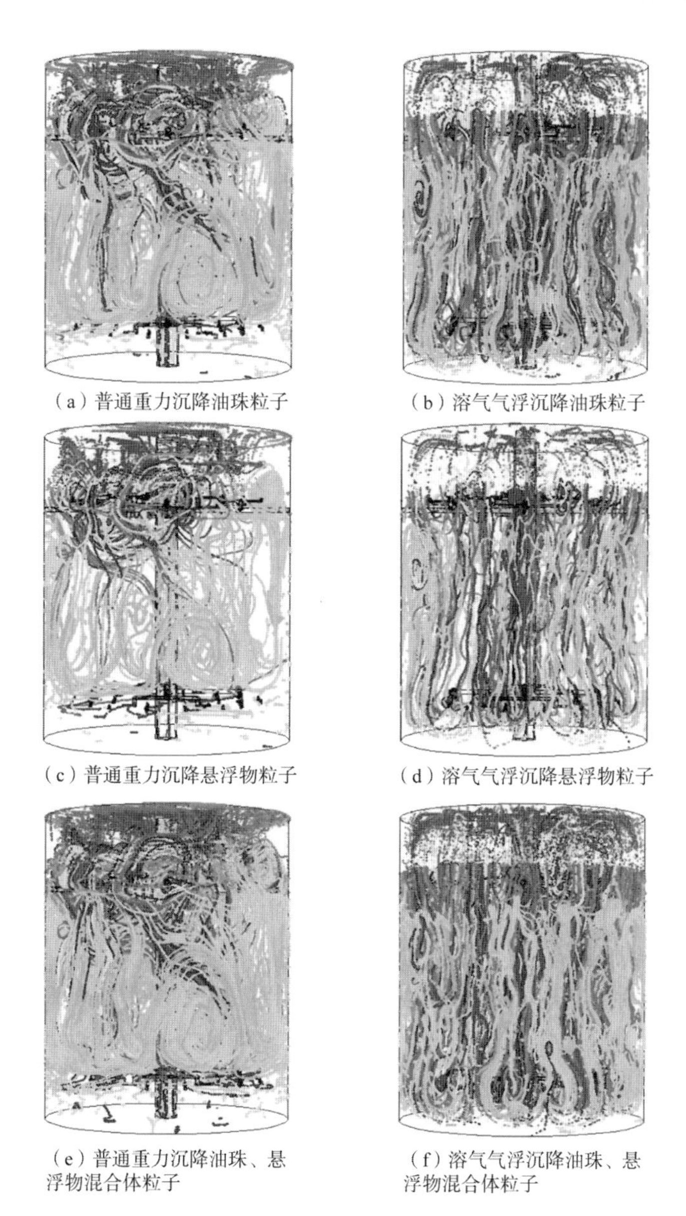

（a）普通重力沉降油珠粒子　（b）溶气气浮沉降油珠粒子

（c）普通重力沉降悬浮物粒子　（d）溶气气浮沉降悬浮物粒子

（e）普通重力沉降油珠、悬浮物混合体粒子　（f）溶气气浮沉降油珠、悬浮物混合体粒子

图 4.39　100m³/h 处理量下沉降分离流场粒子迹线

（3）溶气气浮对沉降分离效果的影响。

根据数值计算结果定量气浮选对沉降分离效果的影响，在运行稳定后，分别在普通重力沉降罐和溶气气浮沉降罐的集水口高度处（距离罐底 1400mm）取横截面，追踪提取截面上的油珠粒子和悬浮物粒子分布体积分数，据式（4.20）求得此截面上水质的含油量、悬浮物含量，并将其平均值作为沉降分离出水水质的特性参数：

$$c_p = 1000\rho V_f \tag{4.20}$$

式中：$c_p$ 为沉降分离流场中任一区域位置处水质的含油量（或悬浮物含量），mg/L；$\rho$ 为水质中油珠粒子（或悬浮物粒子）的密度，kg/m³；$V_f$ 为沉降分离流场中任一区域位置处油珠粒子(或悬浮物粒子)的体积分数。

于是，基于所求得出水水质的特性参数及已知来水水质的含油量、悬浮物含量，计算两种沉降分离方式对相同性质含油污水、不同处理量下的除油率和悬浮物去除率，结果见表4.10，可以看出，含油污水溶气气浮沉降分离的效果明显好于普通重力沉降分离，除油率和悬浮物去除率提高8%~11%，尽管处理量从50m³/h增大到100m³/h时，两种沉降分离方式下的除油率和悬浮物去除率均有下降，但溶气气浮沉降方式下的降幅小，除油率和悬浮物去除率降幅分别从普通重力沉降分离的8.22%和24.01%减小到4.10%和16.45%，表明溶气气浮可以改善含油污水的沉降分离效果，并能够有效应对处理量波动工况下对沉降分离效果的不利影响。

表4.10 聚合物驱采出污水沉降分离效果

| 处理量，m³/h | 除油率,% | | 悬浮物去除率,% | |
|---|---|---|---|---|
| | 普通立式重力沉降 | 溶气气浮沉降 | 普通立式重力沉降 | 溶气气浮沉降 |
| 50 | 61.71 | 70.00 | 29.16 | 37.87 |
| 100 | 56.64 | 67.13 | 22.16 | 31.64 |

### 4.2.3 溶气气浮沉降分离影响因素及规律

(1) 溶气释放压差对沉降分离的影响。

① 压力场分布及压降特征。

在物理模型$z=0$的纵剖面上自上而下取$y=14.35$、$y=13.85$、$y=13.35$、$y=12.35$、$y=11.35$、$y=9.35$、$y=7.35$、$y=4.35$和$y=1.35$的横截面，在不同溶气释放压差下取稳定运行时各截面的压力分布，进而构建沉降罐内部的压力场分布，如图4.40所示，反映出相同性质聚合物驱采出污水在同一处理量、同一回流比工况下沉降分离时，适当增加溶气释放压差有益于从整体上降低分离流场的压力、均衡压力场分布，但当溶气释放压差从0.6MPa增加到0.8MPa时，压力场分布相当，表明适当增大溶气释放压差而产生连续均匀气泡形成的有效浮选效应能够促进沉降分离流场的稳定，但当这种产生气泡的连续均匀程度得到充分发挥后，继续增大溶气释放压差，流场稳定性的改善不再显著。

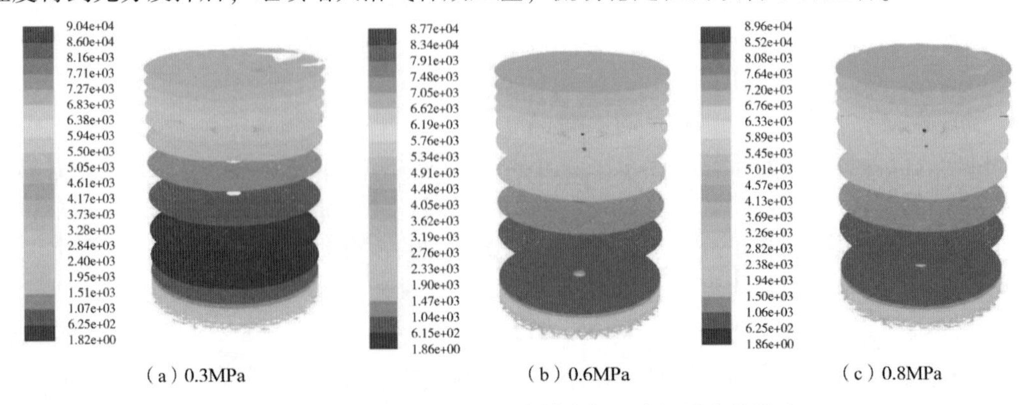


(a) 0.3MPa (b) 0.6MPa (c) 0.8MPa

图4.40 溶气释放压差对沉降罐内部压力场分布的影响

进一步提取平行于物理模型纵轴线、$x=\pm1$ 的左右两条对称线上的沿程压降特征值，取二者的平均值，建立沉降分离流场沿程压降变化特征曲线，如图 4.41 所示，可以看出，在不同溶气释放压差下，沉降分离流场压降均沿布水区域、布气区域、沉降区域和集水区域不断降低，但在自由沉降区域的高度空间内，以 0.6MPa 溶气释放压差时的压降最低且最为稳定，这种沿程压降特征将促使分离效果的有效提高。

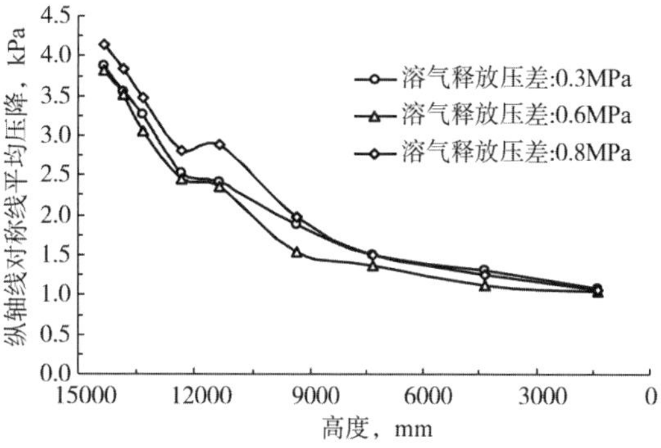

图 4.41　溶气释放压差对沉降分离流场沿程压降的影响

② 粒子迹线特征。

在不同溶气释放压差下，相同性质聚合物驱采出污水在同一处理量、同一回流比工况下沉降分离时，其流场的油珠、悬浮物粒子迹线分别如图 4.42、图 4.43 所示，可以看出，在不同溶气释放压差下，粒子运动轨迹均表现出稳定有序，能够布满沉降区域空间而形成均匀的分离流场，但与 0.3MPa 的溶气释放压差条件相比[图 4.42(a)、图 4.43(a)]，在 0.6MPa 和 0.8MPa 的溶气释放压差下[图 4.42(b)、图 4.42(c)和图 4.43(b)、图 4.42(c)]，布气区域及以上呈抛物线型轨迹向上运动的油珠粒子和悬浮物粒子数量均明显增多，揭示出气泡附着于这些颗粒表面而携带其上浮的概率增大，气浮选除油、除悬浮物的效应增强。

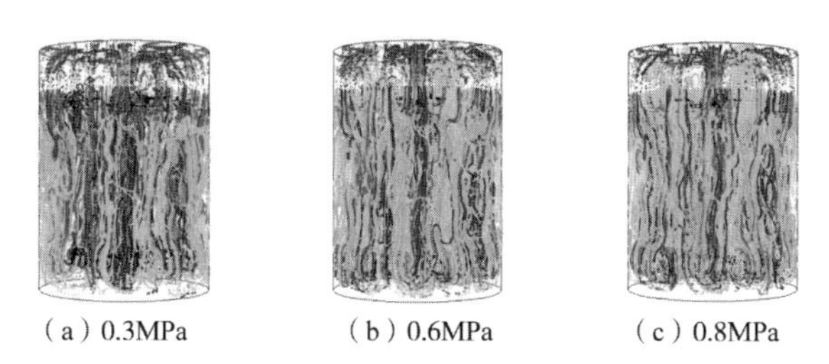

(a) 0.3MPa　(b) 0.6MPa　(c) 0.8MPa

图 4.42　溶气释放压差对沉降分离流场油珠粒子迹线的影响

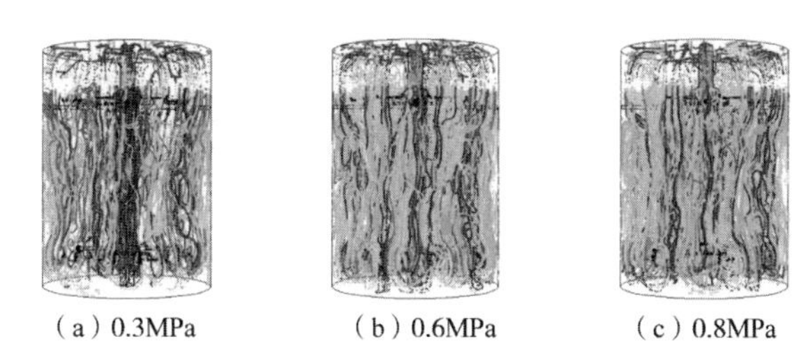

(a) 0.3MPa　(b) 0.6MPa　(c) 0.8MPa

图 4.43　溶气释放压差对沉降分离流场悬浮物粒子迹线的影响

③ 沉降分离效果。

为了定量衡量溶气释放压差对分离效果的影响，运行稳定后，在距离物理模型底部 1400mm 位置的集水口高度处取横截面，追踪提取截面上的油珠粒子、悬浮物粒子体积分数分布，作为沉降分离出水水质的特性参数，并以主视方向上横截面直径为横轴、横截面中心为原点，计算建立沉降分离出水水质含油量和悬浮物含量的分布特征曲线，如图 4.44 所示。

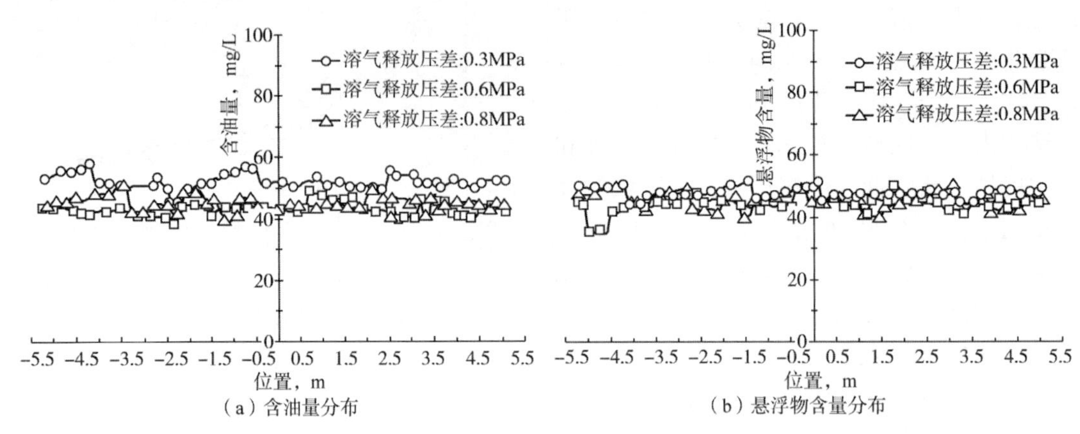


图 4.44　溶气释放压差对沉降分离出水水质特性的影响

从图中可以看出，随着溶气释放压差的增大，出水水质得到改善，特别是含油量降低明显，且在 0.6MPa 的溶气释放压差下水质波动小[图 4.44(a)]，表明此工况下油珠充分附着于气泡并得以有效浮升。结合来水水质特性(表 4.9)，计算知 0.3MPa、0.6MPa 和 0.8MPa 溶气释放压差下的除油率和悬浮物去除率依次为 63.06% 和 32.60%、69.43% 和 37.41% 及 68.13% 和 35.53%。

(2) 回流比对沉降分离的影响。

① 压力场分布及压降特征。

同样，在物理模型上自上而下取横截面，在不同回流比下取稳定时各截面的压力分布，获得如图 4.45 所示沉降罐内部的压力场分布，可以看出，相同性质聚合物驱采出污水在同一处理量、同一溶气释放压差工况下沉降分离时，回流比增大，流场压力整体上有一定程度的降低，这主要在于，尽管模拟中认为某回流比的溶气水回流到布气单元以某释放压差释放时，溶气获得该释放压差对应的最完全释放，但回流比增大时，在适当溶气释放压差下，单位面积上可完全释放的气泡量大，进而发挥油珠、悬浮物浮升的载体作用，并贡献于沉降分离流场的稳定。但当回流比从 25% 增大到 35% 时，压力场的分布基本不再显著变化。同样，提取并建立如图 4.46 所示的沿程压降变化曲线，反映出不同回流比下沉降分离流场沿程压降变化相似的同时，在自由沉降区域内的相同高度处，以 25% 回流比时的压降相对更低，更有益于稳定、均匀流场的构建和分离效果的提升。

② 粒子迹线特征。

图 4.47、图 4.48 为不同回流比下，相同性质聚合物驱采出污水在同一处理量、同一溶气释放压差工况下沉降分离流场中的油珠、悬浮物粒子迹线特征图，反映出不同回流比下粒子的运动轨迹相似，迹线稳定有序，特别是由于来水的含油量高于悬浮物含量，油珠粒子更为均匀、密集地布满沉降区域。相比于 15% 的回流比条件[图 4.47(a)、图 4.48(a)]，回流比为 25% 和 35% 时，布气区域及以上呈抛物线型轨迹向上运动的粒子数量明显增多，气浮选效应的发挥将提升[图 4.47(b)、图 4.47(c) 和图 4.48(b)、图 4.48(c)]。

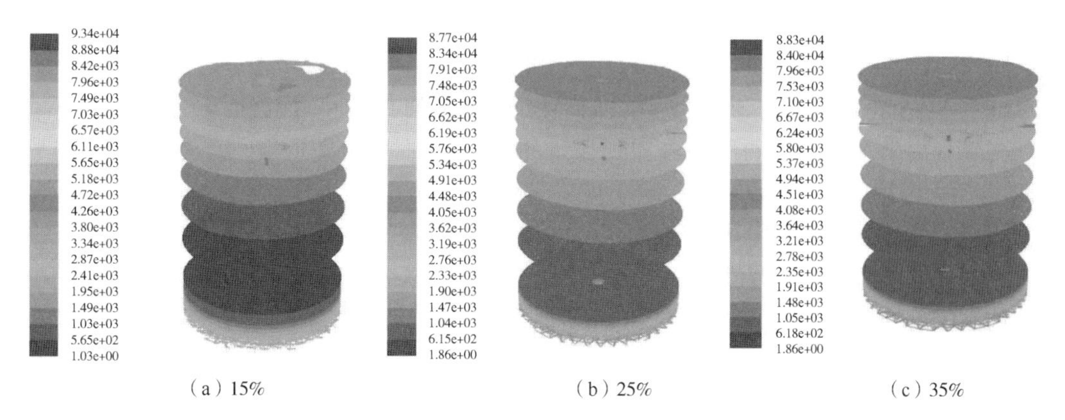


（a）15%　　（b）25%　　（c）35%

图 4.45　回流比对沉降罐内部压力场分布的影响

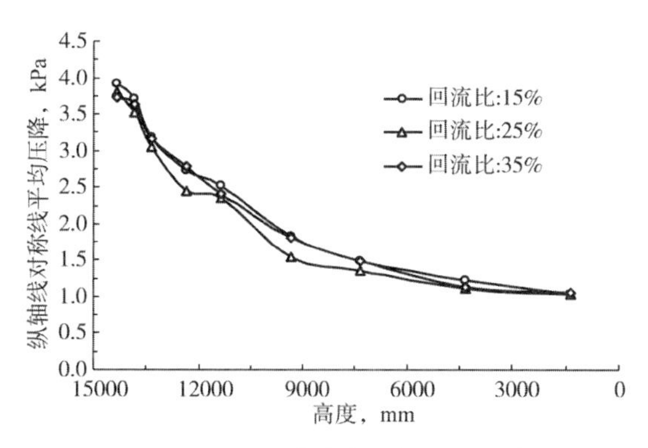


图 4.46　回流比对沉降分离流场沿程压降的影响

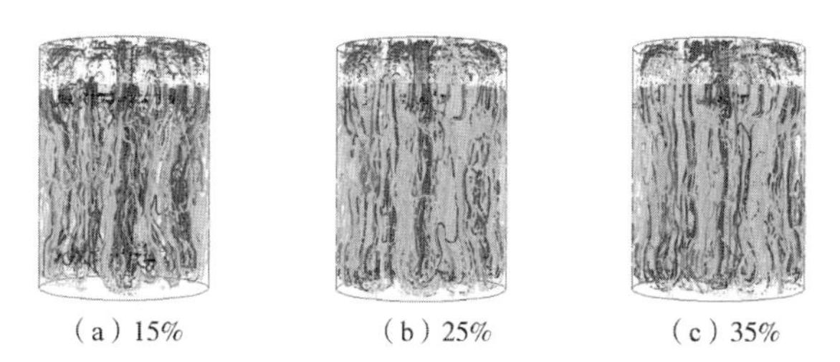

（a）15%　　（b）25%　　（c）35%

图 4.47　回流比对沉降分离流场油珠粒子迹线的影响

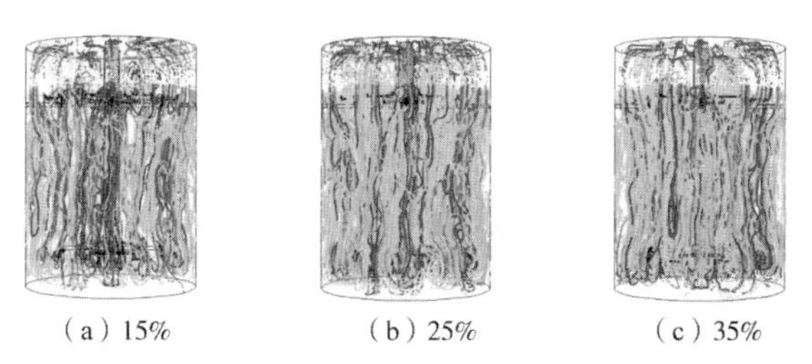

（a）15%　　（b）25%　　（c）35%

图 4.48　回流比对沉降分离流场悬浮物粒子迹线的影响

③ 沉降分离效果。

同样，追踪提取集水口高度处横截面上油珠、悬浮物粒子的体积分数分布，作为沉降分离出水水质的特性参数，并以主视方向上横截面直径为横轴、横截面中心为原点，计算建立沉降分离出水水质含油量和悬浮物含量的分布特征，如图 4. 49 所示，可以看出，随着回流比的增大，出水水质得到改善，尤其是含油量大幅降低[图 4. 49(a)]，但当回流比从 25%继续增大到 35%时，尽管截面水质的波动相对更小，但出水平均含油量和平均悬浮物含量则相差不大[图 4. 49(b)]，结合来水水质特性(表 4. 9)，计算知 15%、25%和 35%回流比下的除油率和悬浮物去除率依次分别为 60. 86%和 33. 62%、69. 43%和 37. 41%及 69. 41%和 37. 08%。

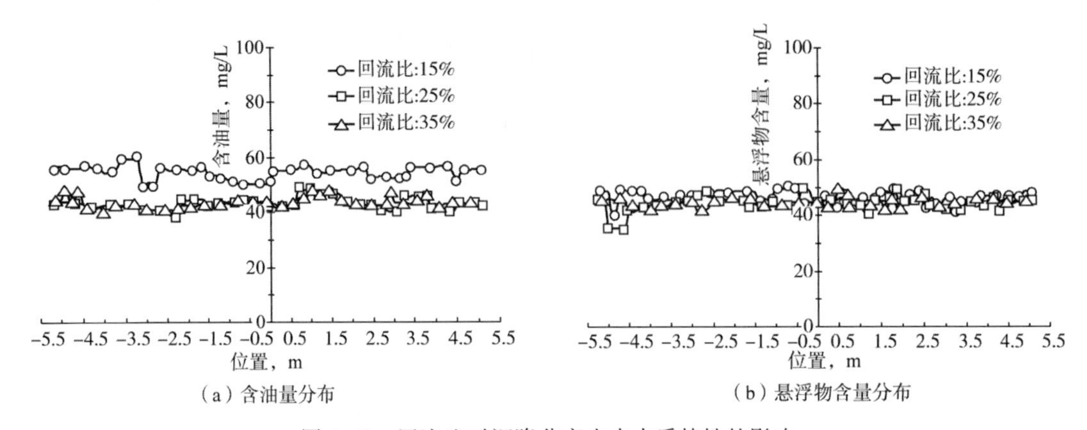


(a) 含油量分布　　(b) 悬浮物含量分布

图 4. 49　回流比对沉降分离出水水质特性的影响

(3) 处理量对沉降分离的影响。

① 压力场分布及压降特征。

聚合物驱采出污水不同处理量溶气气浮沉降分离运行稳定时沉降罐内部的压力场分布如图 4. 50 所示，尽管呈现出处理量增加，沉降罐内部自上而下各截面的压力均有不同程度的增大，但不同处理量下的压力场分布均较为均衡，揭示出稳定的流场特征，以及溶气气浮工艺对沉降运行负荷变化时的良好适应性。图 4. 51 所示的沿程压降变化也反映出相同的特征，在布水区域、布气区域，沿程压降随处理量的增加而增大，至自由沉降区域，$50m^3/h$、$100m^3/h$ 和 $150m^3/h$ 三种处理量下的沿程压降则趋于一致。

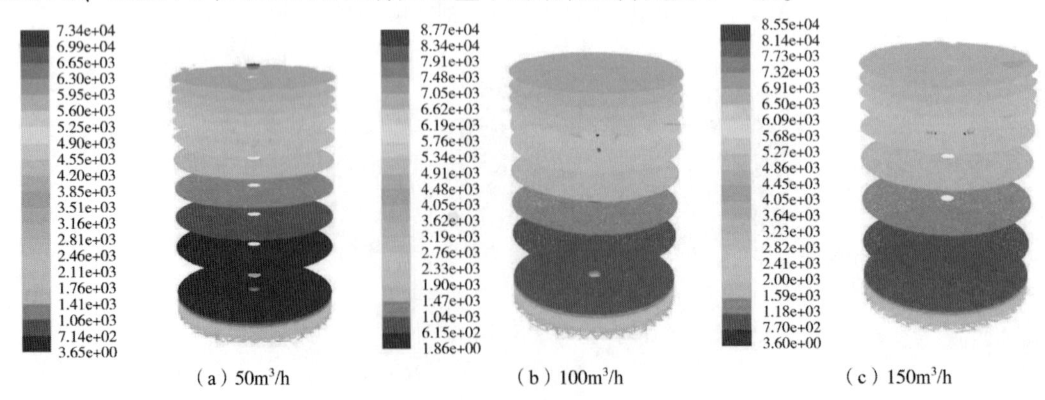


(a) $50m^3/h$　　(b) $100m^3/h$　　(c) $150m^3/h$

图 4. 50　处理量对沉降罐内部压力场分布的影响

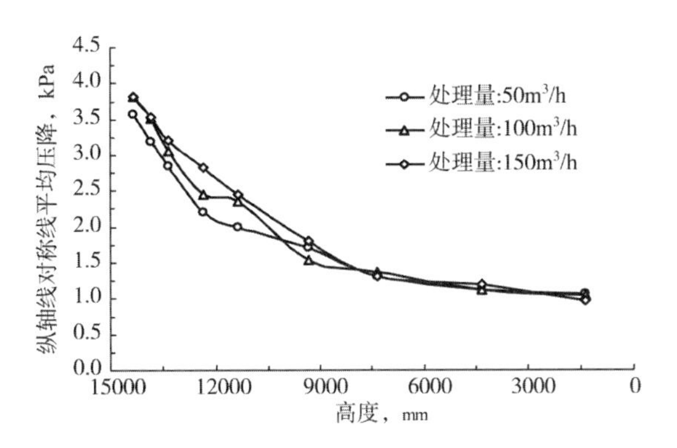


图 4.51　处理量对沉降分离流场沿程压降的影响

② 粒子迹线特征。

在不同处理量下，相同性质聚合物驱采出污水在同一回流比、同一溶气释放压差工况下沉降分离时，其流场的油珠、悬浮物粒子迹线分别如图 4.52、图 4.53 所示，可以看出，不同处理量下油珠粒子、悬浮物粒子在沉降罐内分布的特征相似，粒子轨迹稳定有序，粒子布满罐体空间，反映出分离流场的均匀性和稳定性，这也吻合于对压力场的分布描述。不过，当处理量增加到 $150m^3/h$ 时，集水口区域产生涡流现象，或将造成出水水质的波动[图 4.52(c)、图 4.53(c)]。

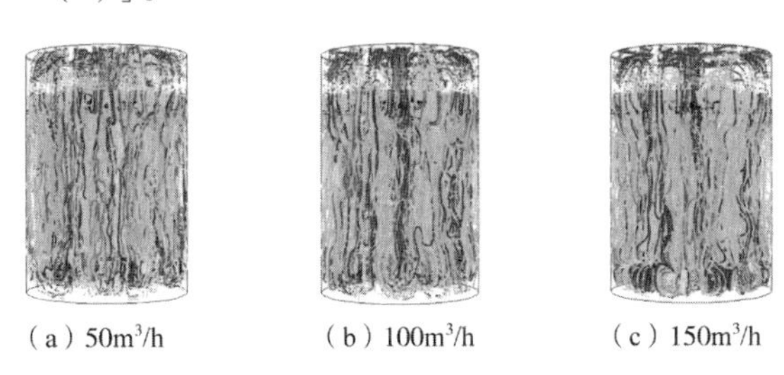

（a）$50m^3/h$　（b）$100m^3/h$　（c）$150m^3/h$

图 4.52　处理量对沉降分离流场油珠粒子迹线的影响

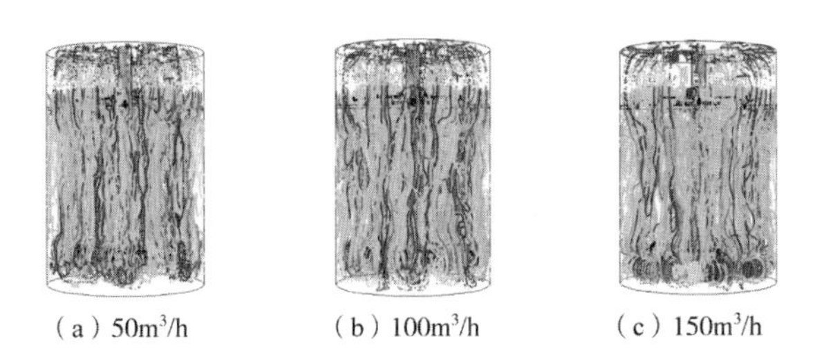

（a）$50m^3/h$　（b）$100m^3/h$　（c）$150m^3/h$

图 4.53　处理量对沉降分离流场悬浮物粒子迹线的影响

③ 沉降分离效果。

同样，追踪提取并计算建立不同处理量下沉降分离出水水质的含油量和悬浮物含量分布，如图 4.54 所示，可以看出，低处理量下能获得更有效的气浮选除油、除悬浮物效果，处理量持续增加，出水水质波动增大，但对总体分离效果的影响并不显著，结合来水水质特性(表 4.9)，计算知 50m³/h、100m³/h 和 150m³/h 处理量下的除油率和悬浮物去除率依次分别为 71.98%和 40.36%、69.43%和 37.41%及 68.78%和 37.04%。

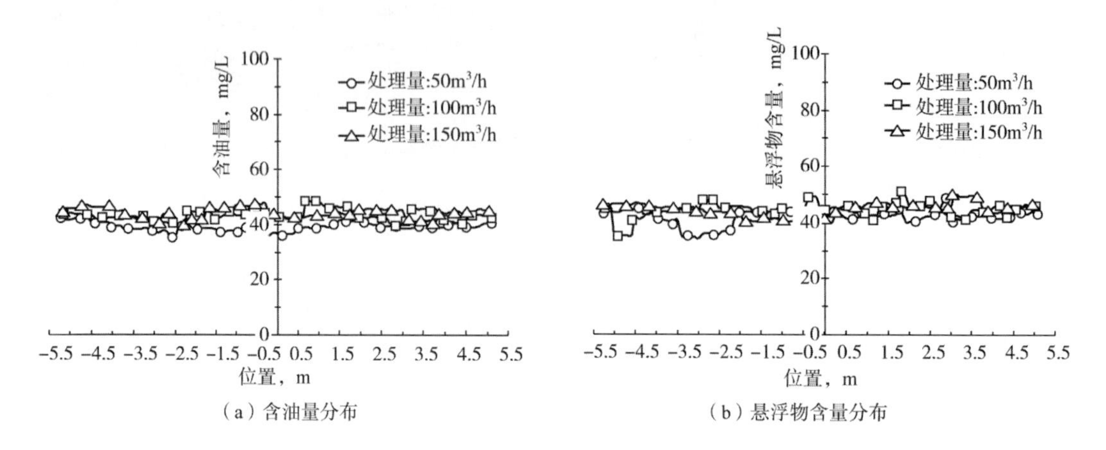


图 4.54　处理量对沉降分离出水水质特性的影响

(4) 含聚浓度对沉降分离的影响。

① 压力场分布及压降特征。

同样，在物理模型 $z=0$ 的纵剖面上自上而下取横截面，绘制压力场分布云图，如图 4.55、图 4.56 所示，对比不同含聚浓度下沉降罐内部的压力场分布可以看出，不同于溶气释放压差、回流比及处理量等工况参数的影响，含聚浓度对压力场分布及压降特征的影响显著，含聚浓度上升，沉降罐内部自上而下各截面的压力明显增大、沉降分离流场中沿程压降增大，尤其当含聚浓度上升到 800mg/L 时，沿布水区域、布气区域、沉降区域及集水区域的各不同高度处，压降高且沿程降幅大，流场的不稳定性凸显，必然将影响沉降分离效果。

② 粒子迹线特征。

图 4.57、图 4.58 为污水不同含聚浓度时，相同处理量、相同溶气释放压差工况下沉降分离流场中的油珠、悬浮物粒子迹线特征图。

可以看出，随着含聚浓度的上升，分离流场均匀稳定性下降，粒子迹线开始变得混乱、不能布满罐体空间，且粒子轨迹自布气区域到沉降区域，从混乱无序向涡流形式演变[图 4.57(c)、图 4.57(d)和图 4.58(c)、图 4.58(d)]，粒子在布气区域及以上空间呈抛物线型轨迹向上运动的规模和特征也不再显著，气浮选效应下降，这种分离流场的稳定性差异再现与压力场分布描述相一致。

③ 沉降分离效果。

同样，追踪提取物理模型集水口高度处横截面上油珠、悬浮物粒子的体积分数分布，作为沉降分离出水水质的特性参数，并以主视方向上横截面直径为横轴、横截面中心为原点，计算建立沉降分离出水水质含油量和悬浮物含量的分布特征，如图 4.59 所示，可以看出，随着含聚浓度的上升，一方面由于其来水本身的含油、悬浮物含量增大，使得分离出水水质的指标高，另一方面由于其分离流场的不稳定性显著增强，出水水质波动大。结合不同来水的水质特性(表 4.9)，计算知含聚浓度为 300mg/L、500mg/L、650mg/L 和 800mg/L 时的除油率和悬浮物去除率依次分别为 69.43%和 37.41%、59.89%和 30.76%、52.87%和 26.52%及 41.37%和 18.73%。

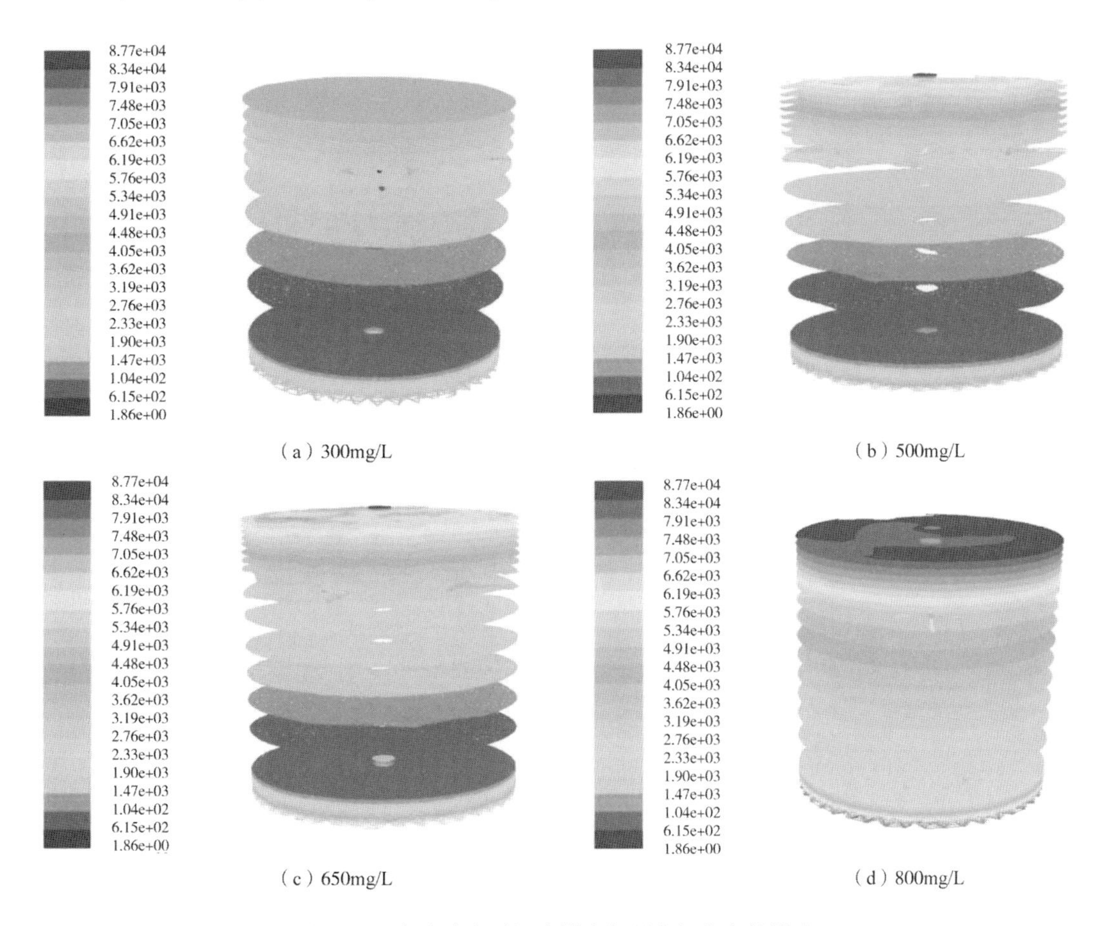


（a）300mg/L （b）500mg/L （c）650mg/L （d）800mg/L

图 4.55 含聚浓度对沉降罐内部压力场分布的影响

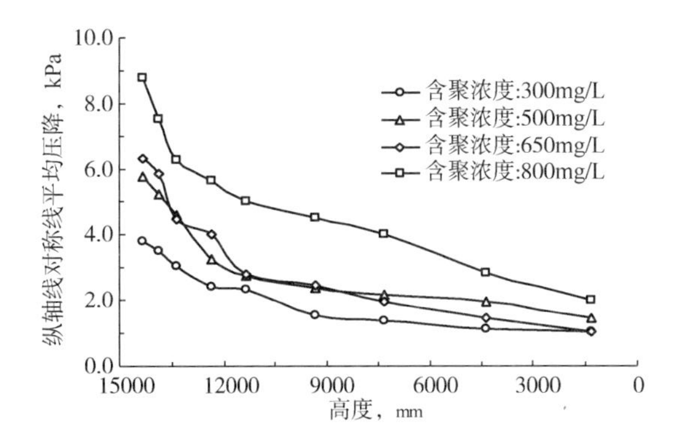


图 4.56 含聚浓度对沉降分离流场沿程压降的影响

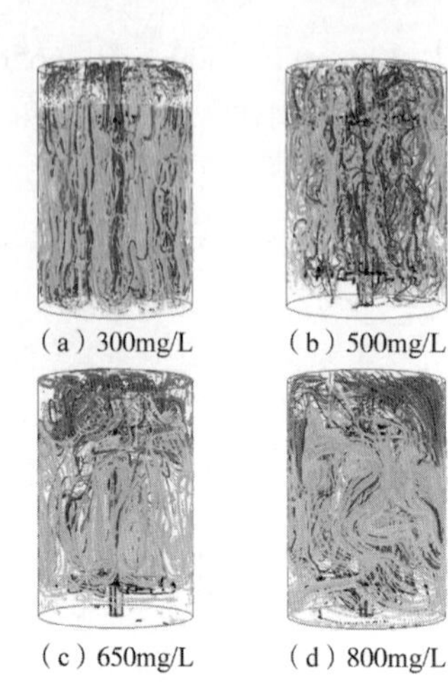

（a）300mg/L　（b）500mg/L　（c）650mg/L　（d）800mg/L

图 4.57　含聚浓度对沉降分离流场油珠粒子迹线的影响

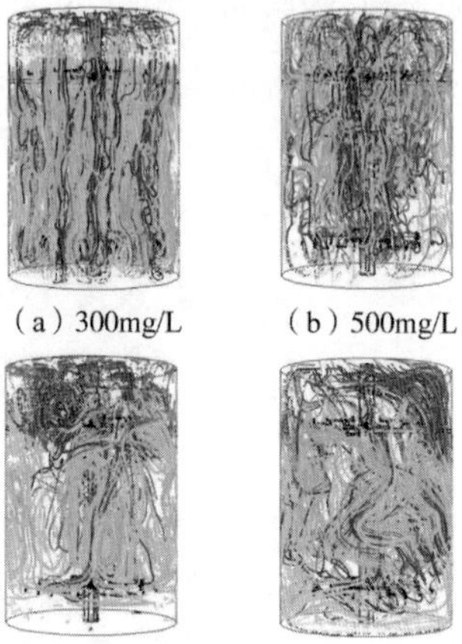

（a）300mg/L　（b）500mg/L　（c）650mg/L　（d）800mg/L

图 4.58　含聚浓度对沉降分离流场悬浮物粒子迹线的影响

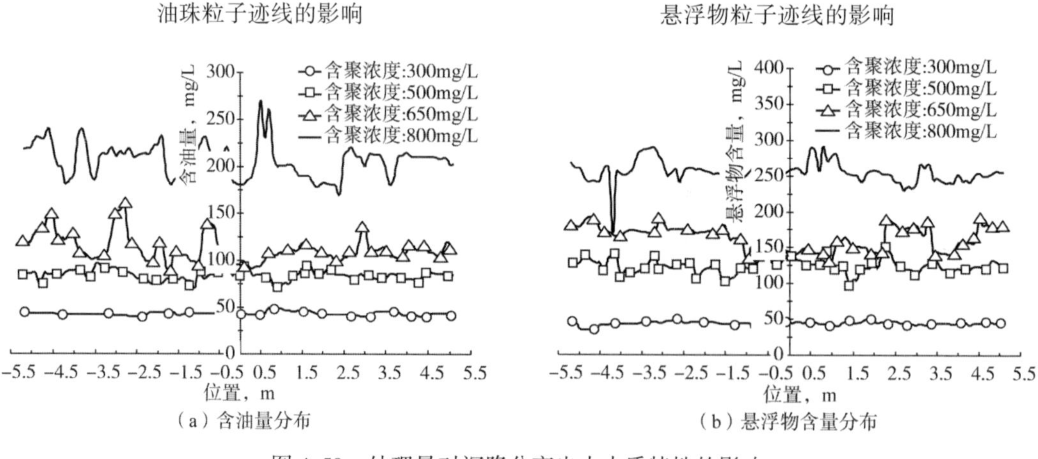


（a）含油量分布　（b）悬浮物含量分布

图 4.59　处理量对沉降分离出水水质特性的影响

## 4.2.4　溶气气浮沉降分离技术界限

表 4.11 综合对比了溶气释放压差、回流比、处理量及含聚浓度对聚合物驱采出污水溶气气浮分离效果的影响，显然，分离效果既决定于聚合物驱采出污水自身的水质特性，也相关于溶气气浮处理工艺运行参数，以含聚浓度为 300mg/L 左右的聚合物驱采出污水为例，在 50～100$m^3$/h 的来水处理量下，其获得最大除油率和最大悬浮物去除率的溶气气浮工艺回流比为 15%～25%、溶气释放压差为 0.3～0.6MPa。

**表 4.11　聚合物驱采出污水溶气气浮沉降分离效果**

| 工况参数 | | | | 分离效果 | |
|---|---|---|---|---|---|
| 溶气释放压差，MPa | 回流比，% | 处理量，$m^3$/h | 含聚浓度，mg/L | 除油率，% | 悬浮物去除率，% |
| 0.3 | 25 | 100 | 300 | 63.06 | 32.60 |
| 0.6 | | | | 69.43 | 37.41 |
| 0.8 | | | | 68.13 | 35.53 |

续表

| 工况参数 | | | | 分离效果 | |
|---|---|---|---|---|---|
| 溶气释放压差，MPa | 回流比，% | 处理量，$m^3/h$ | 含聚浓度，mg/L | 除油率，% | 悬浮物去除率，% |
| 0.6 | 15 | 100 | 300 | 60.86 | 33.62 |
| | 25 | | | 69.43 | 37.41 |
| | 35 | | | 69.41 | 37.08 |
| 0.6 | 25 | 50 | 300 | 71.98 | 40.36 |
| | | 100 | | 69.43 | 37.41 |
| | | 150 | | 68.78 | 37.04 |
| 0.6 | 25 | 100 | 300 | 69.43 | 37.41 |
| | | | 500 | 59.89 | 30.76 |
| | | | 650 | 52.87 | 26.52 |
| | | | 800 | 41.37 | 18.73 |

据此，结合不同工况模拟所再现的流场特性描述结果，构建聚合物驱采出污水溶气气浮沉降分离技术界限关系，如图4.60所示。

图版中A、B、C、D区为划分来水含聚浓度、处理量所对应回流比、溶气释放压差的适配区间，但从A区到D区，由于含聚浓度的上升，能够取得的最大除油率和悬浮物去除率界限下降，从A区到D区，能取得的除油率界限依次为65%以上、60%~65%、55%~60%和55%以下，能取得的悬浮物去除率界限依次为35%以上、30%~35%、26%~30%和26%以下。

根据该技术界限关系，聚合物驱采出污水溶气气浮沉降分离能够同时取得60%~65%除油率和30%~35%悬浮物去除率的基本工况条件为：含聚浓度300~450mg/L、处理量100$m^3/h$左右、回流比25%左右、溶气释放压差0.3~0.6MPa。

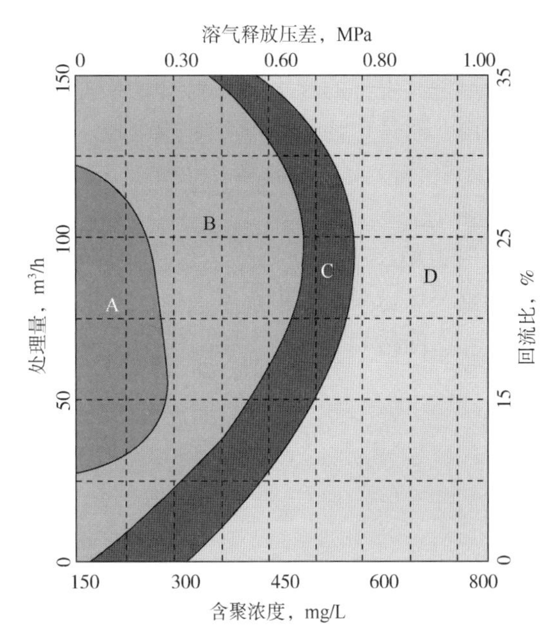


图4.60 聚合物驱采出污水溶气气浮沉降分离技术界限关系图版

## 4.3 聚合物驱采出污水沉降分离设施结构优化

为保证沉降分离过程均匀布水，稳定自由沉降区域的流场分布，最大限度发挥气浮选作用，改善聚合物驱采出污水沉降段处理效果，进一步按照优化改进沉降分离设施结构的思路，从沉降罐配水单元结构优化和溶气单元工艺结构优化出发，研究聚合物驱采出污水沉降分离提效对策。

### 4.3.1 沉降罐配水单元结构改进

(1) 结构改进方案。

原型配水单元的配水口为梅花点状布置方式，设计提出一种结构改进方案：

① 布置两圈成同心圆的穿孔管进行配水，每个圆周上的配水管由四段弧形配水管组成，处于罐体同一四分之一结构中的内外两根弧形配水支管与同一根配水干管相连，配水干管与中心反应筒相连。

② 配水支管上方布置若干配水口，每一个配水口所辖沉降区域的面积大致相等，以使罐体沉降面积得到均匀、充分的利用，改善罐内的流场，达到更好的沉降分离效果。

③ 以改进前后模型配水口总面积相等为原则进行新型结构配水口的设计，原模型喇叭形配水口直径为200mm，数量为24个，设计得到新模型圆形配水口直径为140mm，数量为48个。

安装新型配水单元的沉降罐工作原理为：聚合物驱采出污水由进水管进入中心反应筒和中心柱管构成的环形空腔进行缓冲，通过配水干管分配到内圈配水支管、外圈配水支管中，通过其上方的配水口分流到沉降区域。在重力作用下，油滴上浮形成油层，溢流至集油槽内，通过出油管排出沉降罐外。分离后水相在沉降罐下部通过集水口、集水支管流入集水干管，流入中心柱管中，再通过与之相连的出水管排出沉降罐外，完成油水分离操作。

图4.61为改进沉降罐结构及双环形穿孔配水单元结构俯视图，采用4.1节表4.2所示的聚合物驱采出污水水质一进行以下结构参数优化及提效分离效果分析的模拟计算，模型尺寸、网格划分等与图4.1所示原模型相同，在此不再赘述。

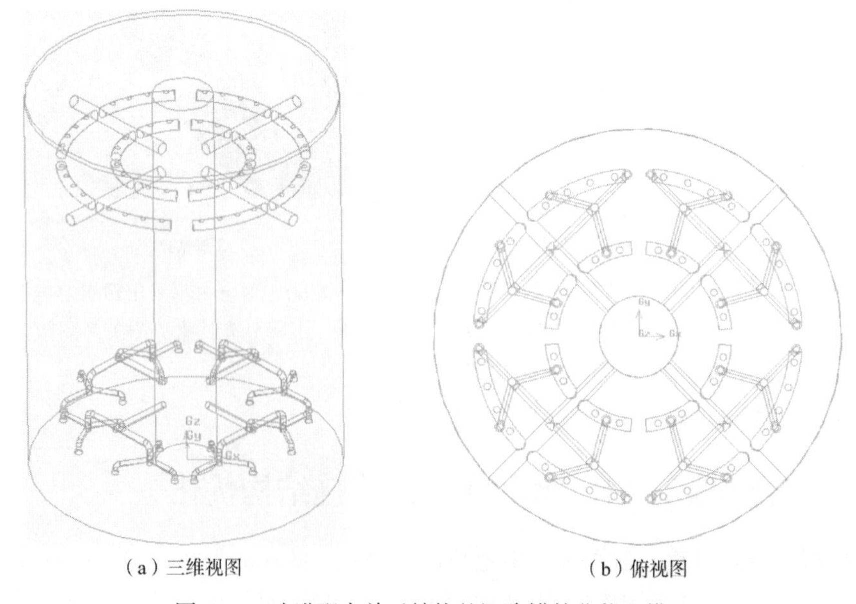

(a) 三维视图　　(b) 俯视图

图4.61　改进配水单元结构的沉降罐简化物理模型

(2) 结构参数优化。

① 配水单元高度。

建立不同高度(10.2m、11.1m、12.0m)配水单元重力沉降罐模型，其中，八分之一模型的配水口个数为6个(内圈2个、外圈4个)，配水口形状为圆形，直径为140mm。以除油率和纵向含油浓度分布指标评价配水单元高度对聚合物驱采出污水沉降分离效果的影响。

图4.62为不同配水单元高度下重力沉降罐内含油体积浓度分布图，可以看出，从罐底至罐顶含油浓度呈升高趋势，这是由于在重力作用下油滴上浮不断聚积在罐顶处形成油层，水相下沉，从而在罐底区域形成了含油浓度低的水层。然而，可见油层中含油浓度最高约40%，反映出聚合物驱采出污水水相黏度的增大制约了油滴从水相中的浮升。

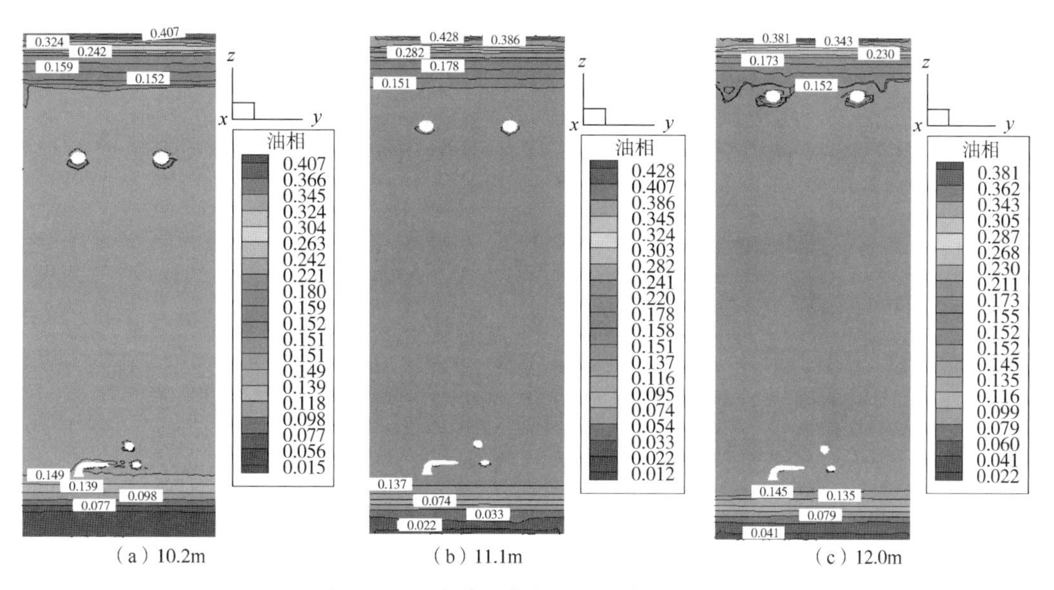

(a) 10.2m　(b) 11.1m　(c) 12.0m

图4.62　配水单元高度对含油浓度的影响

考虑理想重力分离工艺中，在沉降罐顶部含油浓度越高、底部含油浓度越低时，表明分离除油效果越好，因此，综合对比不同配水单元高度下的含油浓度分布，选定11.1m的配水单元高度进行进一步的结构参数优化。

② 配水口直径。

建立配水单元高度为11.1m的重力沉降罐模型，其中，八分之一模型的配水口个数为6个，配水口形状为圆形，直径为140mm、170mm、200mm和230mm。同样，以除油率和纵向含油浓度分布指标评价配水单元高度对聚合物驱采出污水沉降分离效果的影响。

图4.63为不同配水口直径下重力沉降罐内含油体积浓度分布图，可以看出，随着配水口直径的增大，沉降罐顶部的含油浓度经历了由低到高，再下降的变化，当配水口直径为200mm时，罐顶的含油浓度最大，达到了48.2%。当配水口直径为140mm时，含油浓度较低，相较于其他三种尺寸，相差2.3%~5.4%；对比罐底含油浓度可知，配水口直径

为 140mm 时，罐底最低含油浓度为 1.2%，高于其他三种尺寸 0.4%~0.9%。综合分析，选定 200mm 的配水口直径进行进一步的结构参数优化。

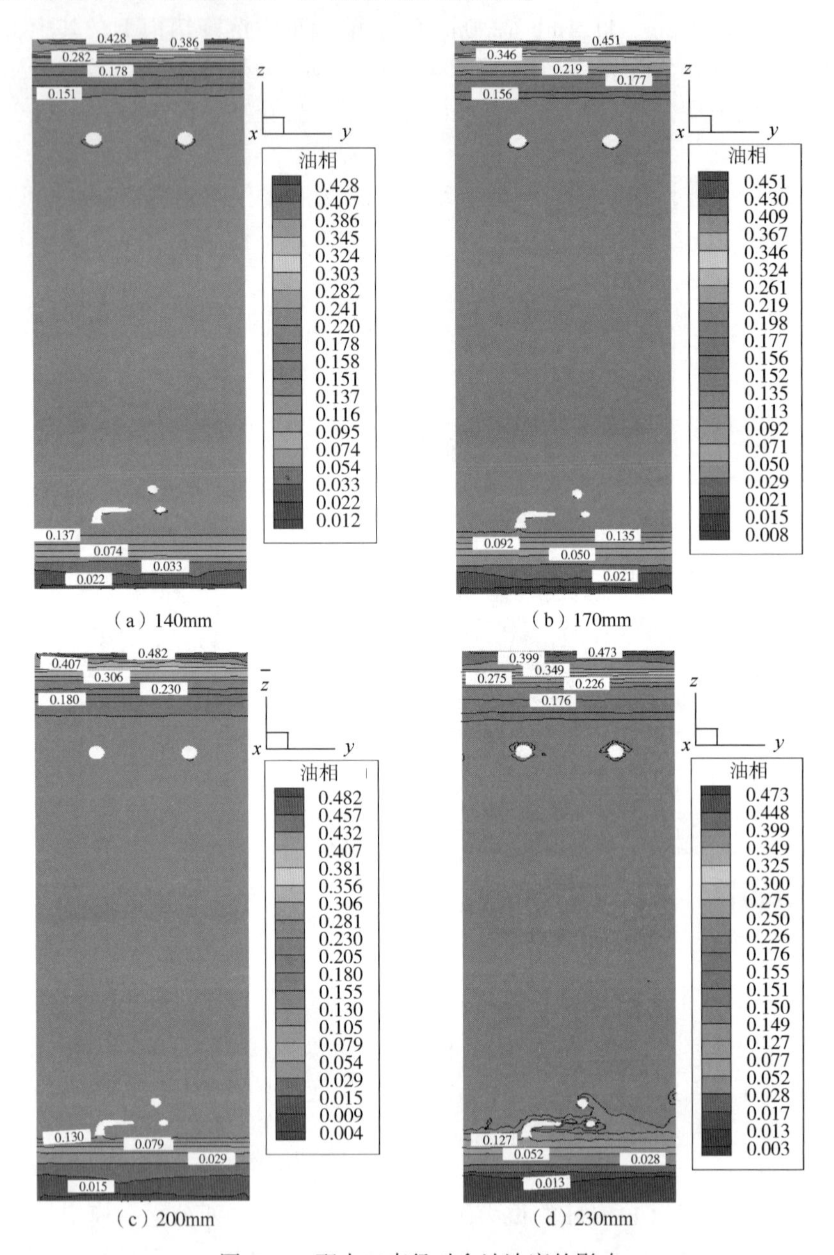


（a）140mm　（b）170mm　（c）200mm　（d）230mm

图 4.63　配水口直径对含油浓度的影响

③ 配水口形状。

将配水口调整为与 200mm 圆孔直径配水口等面积的矩形形状，定义两组不同长宽比的矩形配水口，尺寸分别为 130mm×240mm、90mm×350mm，其中长边是与弧形配水支管成相同弧度的圆弧形边，以 90mm×350mm 的尺寸为例建立模型(图 4.64)，其余部件和结构的尺寸不变。

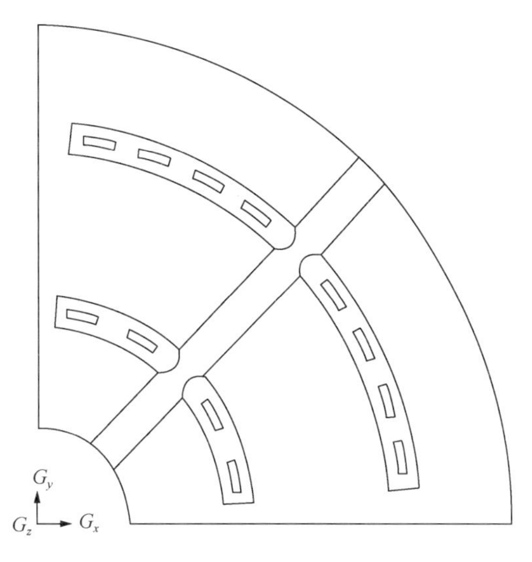


图 4.64　方形配水孔结构模型图

同样，通过数值计算得到两种矩形形状配水口下重力沉降罐内含油体积浓度分布，如图 4.65 所示，显然，相比之下，两种矩形形状配水口下的罐顶最高含油体积浓度低于 200mm 圆孔直径配水口结构，罐底最低含油体积浓度高于 200mm 圆孔直径配水口结构。因此，等面积配水口，圆形形状更有益于提高除油率。

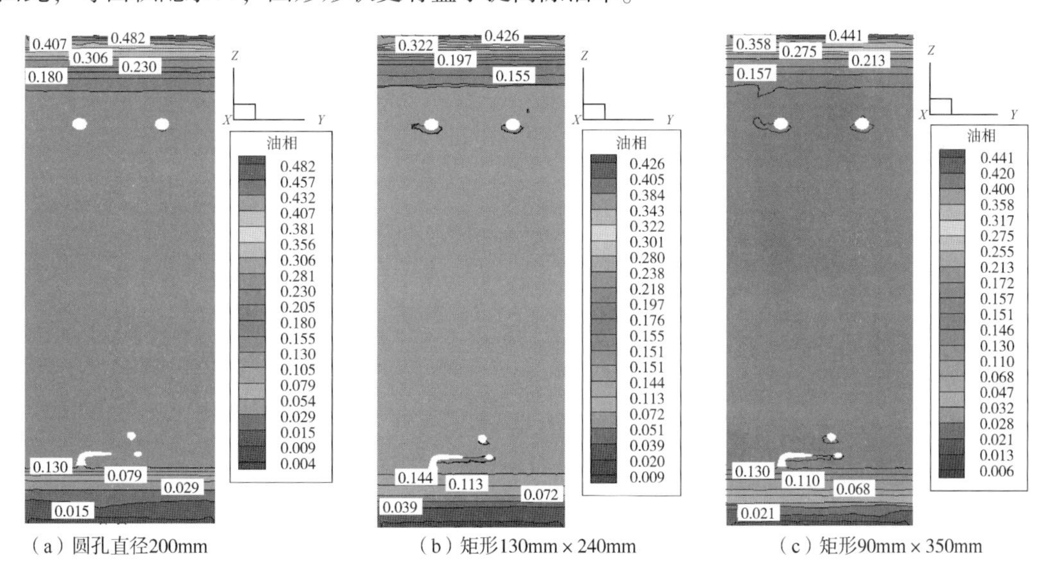


（a）圆孔直径200mm　（b）矩形130mm×240mm　（c）矩形90mm×350mm

图 4.65　配水口形状对含油浓度的影响

④ 配水口数量。

依然按照内外圈配水口数量比为 1∶2 的比例，从配水口个数为 6 个增加到 9 个、12 个，计算得到不同配水口数量下重力沉降罐内含油体积浓度分布，如图 4.66 所示，可以看出，当配水口从 6 个增加到 12 个的过程中，沉降罐顶部最高含油浓度先上升后下降，当配水口数量为 9 个时，形成了最高的含油浓度，虽然数量增加到 12 个时罐顶最高含油浓度有所下降，但是仍然较配水口数量为 6 个的结构高。配水口为 9 个和 12 个的模型罐底最低含油浓度为 2%，低于配水口为 6 个的模型。因此，优化确定配水口数量为 9 个。

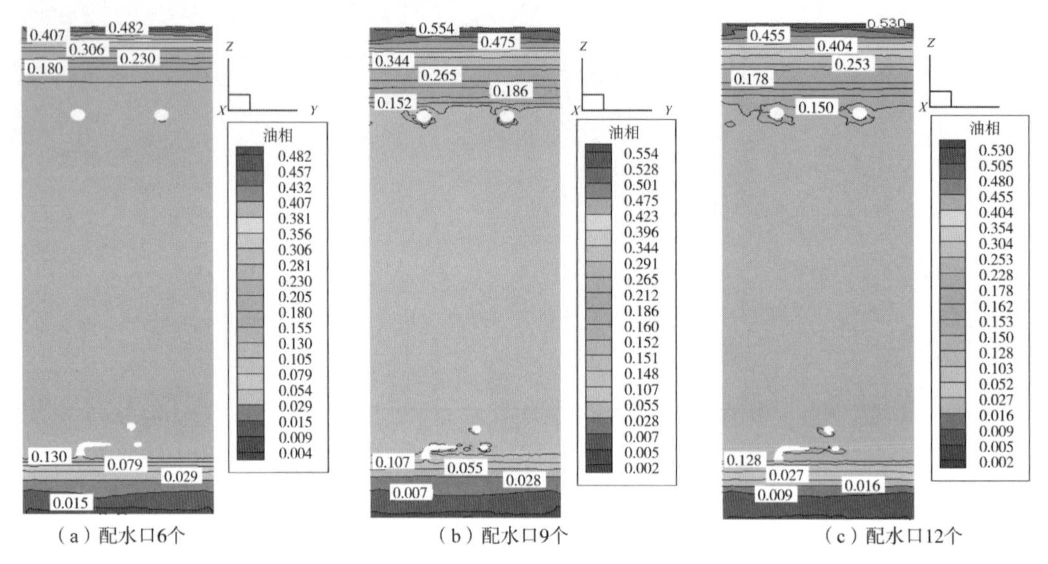


（a）配水口6个　（b）配水口9个　（c）配水口12个

图 4.66　配水口数量对含油浓度的影响

从而，优化改进配水单元结构的沉降罐为：

配水单元高度：11.1m；

配水口直径：200mm；

配水口形状：圆形；

配水口数量：72 个；

内外圈配水口数比例：1∶2；

配水口布置方式：等距布置。

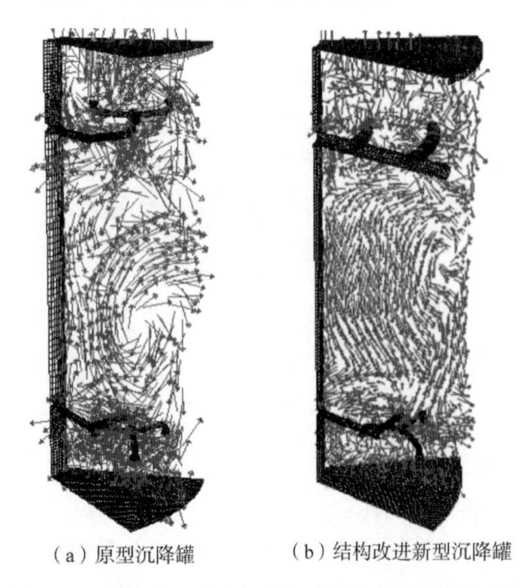

（a）原型沉降罐　（b）结构改进新型沉降罐

图 4.67　聚合物驱采出污水沉降分离过程速度矢量图

（3）提效分离效果分析。

① 流场分布。

图 4.67 为配水单元结构改进前后沉降罐内剖面的速度矢量图，可以发现，在双环形穿孔配水单元的沉降罐内，聚合物驱采出污水沉降过程中流场比较均匀，漩涡流和返混流大大减少，配水单元上方的速度矢量方向变化减少，进而减小了对罐顶油层的扰动。重力沉降区域的矢量线疏密均匀，方向总体向下，流场稳定，为聚合物驱采出污水沉降分离创设了有利条件。

② 含油浓度分布。

图 4.68 为配水单元结构改进前后沉降分离过程聚合物驱采出污水中含油浓度分

布图，可以看出，配水单元结构改进后，新型沉降罐罐顶含油浓度显著增大，最高含油浓度由原型沉降罐的41.1%增加到55.4%，高浓度的含油层厚度明显增大，沉降分离后聚合物驱采出污水水相最低含油浓度由原型沉降罐结构的0.9%降低到新型沉降罐结构的0.2%。对于模拟计算的聚合物驱采出污水水质，沉降分离平均除油率从原型沉降罐的50.6%提高到结构改进新型沉降罐的63.5%，平均提高12.9%。

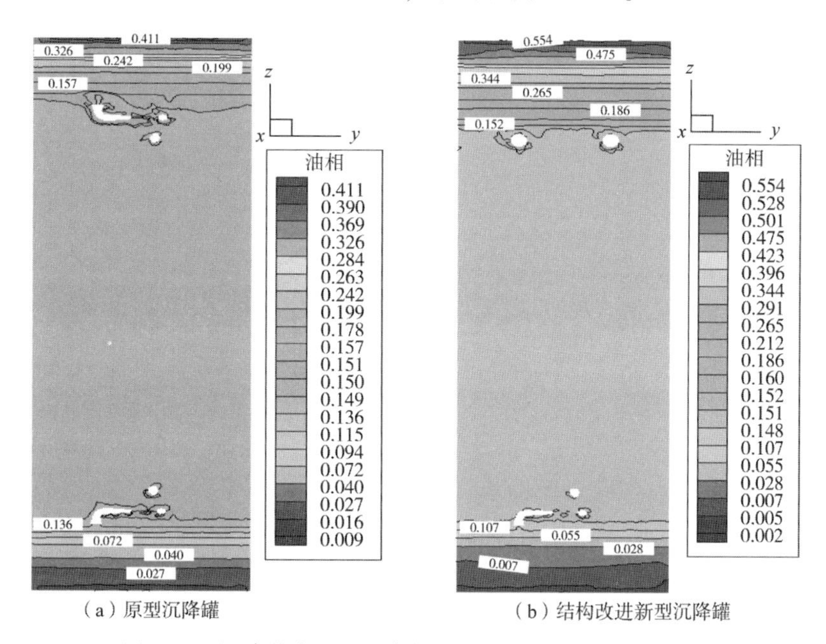


（a）原型沉降罐　　（b）结构改进新型沉降罐

图4.68　沉降分离过程聚合物驱采出污水中含油浓度分布

## 4.3.2　沉降罐溶气单元结构优化

从气水混合溶解、微小气泡释放形成到气泡载体作用发挥的一体化优化与改进是气浮选工艺设计的关键，因此，重点考虑溶气单元布气工艺控制面积及布气工艺控制液位高度，兼顾配水单元压力场分布、分离流场中油珠、悬浮物的运动迹线特征及污水中含油、悬浮物的去除效果，进行溶气单元工艺结构优化，优化形成适宜气体释放头数量、适合布气环布局模式及合理布气液位高度的溶气单元工艺改进方案，以期为溶气气浮沉降罐的结构改进与聚合物驱采出污水处理提效提供依据和支持。

在优化计算中，设置不同工艺结构相同的模拟计算基础参数，见表4.12。

**表4.12　计算基础参数设置**

| 参数 | 数值 | 参数 | 数值 |
|---|---|---|---|
| 处理量，$m^3/h$ | 100 | 黏度(35℃)，mPa·s | 2.0 |
| 回流比,% | 25 | 悬浮物含量，mg/L | 180 |
| 溶气释放压差，MPa | 0.6 | 含油量，mg/L | 210 |
| 含聚浓度，mg/L | 500 | | |

(1) 布气环气体释放头布置优化。

① 模型建立及网格划分。

继续以 1200$m^3$罐容规格的溶气气浮沉降罐为原型，并对其结构做同样的简化，如图 4.69所示，建立物理模型，布气工艺采用单环形布气，通过改变布气环上均匀分布的气体释放头间距控制溶气气浮面积，物理模型布气结构的几何参数见表 4.13，其他几何参数同前文表 4.7。

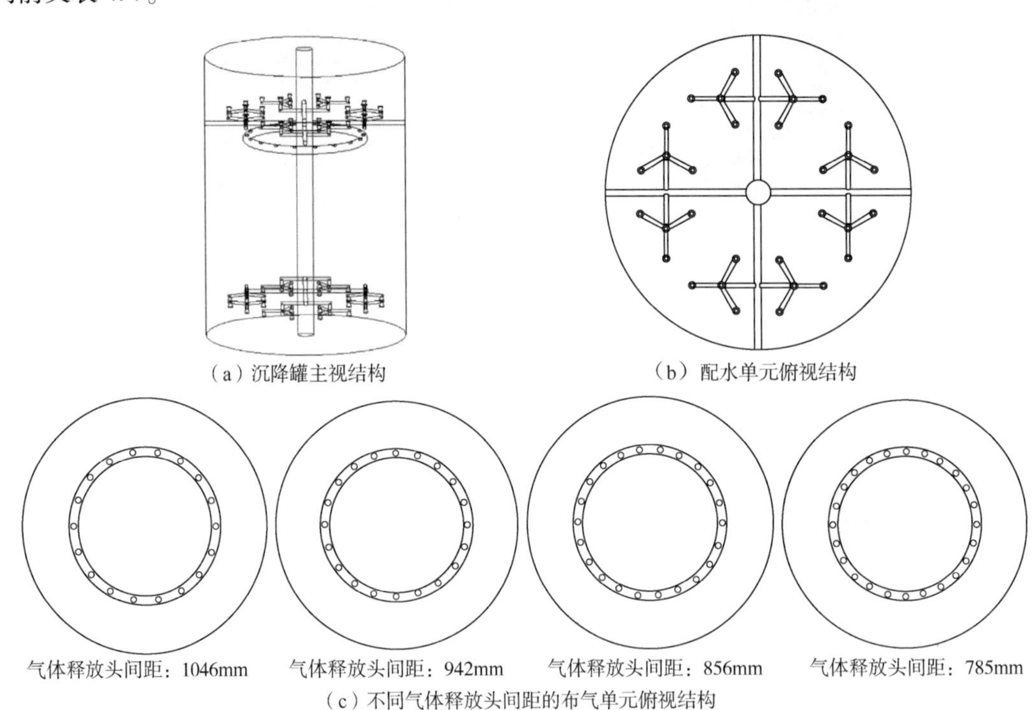


(a) 沉降罐主视结构　(b) 配水单元俯视结构

(c) 不同气体释放头间距的布气单元俯视结构

图 4.69　简化物理模型

**表 4.13　物理模型布气结构几何尺寸**

| 结构参数 | 结构尺寸 | 结构参数 | 结构尺寸 |
|---|---|---|---|
| 布气环数量，个 | 1 | 气体释放头间距，mm | 1046 |
| | | | 942 |
| | | | 856 |
| | | | 785 |
| 布气环外径，mm | 6000 | 气体释放头数量，个 | 18 |
| | | | 20 |
| | | | 22 |
| | | | 24 |
| 布气环内径，mm | 5200 | 布气环距离罐底高度，mm | 10200 |
| 气体释放头直径，mm | 200 | — | — |

基本假设、数学模型、边界条件、网格划分方法及求解方法均与前文相同，图 4.70 为溶气气浮沉降罐整体网格剖分及其不同布气结构网格剖分的俯视图。

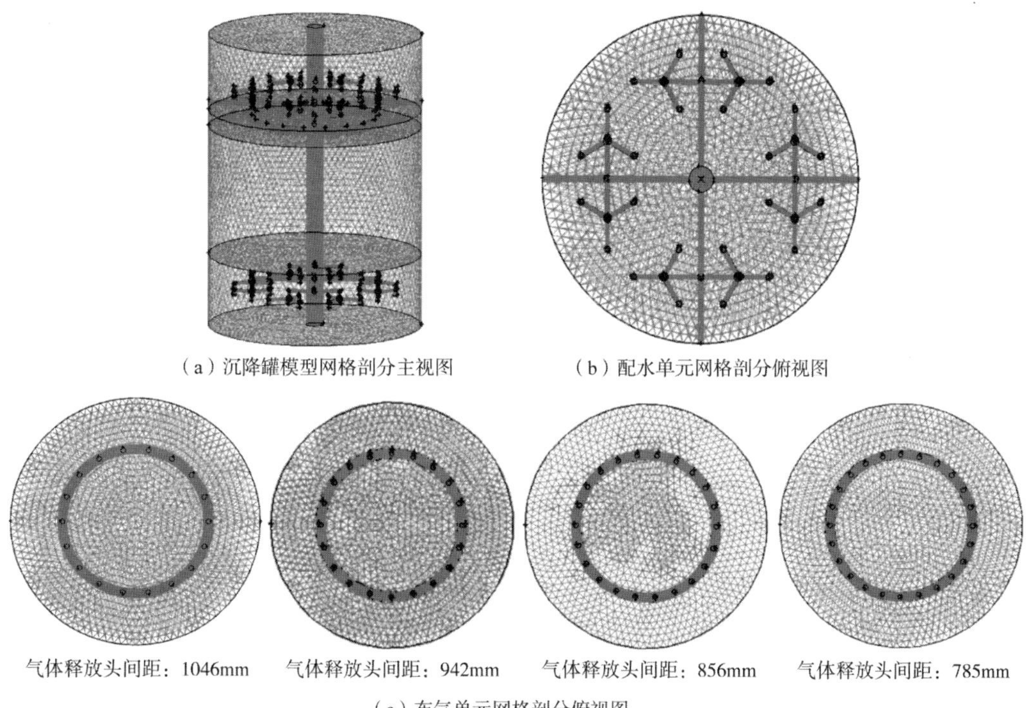


（a）沉降罐模型网格剖分主视图　（b）配水单元网格剖分俯视图

（c）布气单元网格剖分俯视图

图 4.70　物理模型网格剖分

② 结果分析。

a. 配水单元压力场分布。

考虑与布水区域相接的布气区域布气环气体释放头布置差异是否对溶气气浮沉降罐配水的均匀性存在影响，在数值模拟研究中，取沉降罐上部配水支管位置的横截面，分析聚合物驱采出污水沉降分离运行稳定工况下配水单元的压力场分布，如图 4.71 所示。

可以看出，从中心柱管口位置延伸至配水干管区域，布气环气体释放头在不同间距布置时均保持较高的压力分布，进入配水支管后压力则明显降低，至配水口时压力降到最低，但在相同处理水质、相同处理量、相同溶气气浮运行工况参数及相同的配水单元结构下，当布气环气体释放头间距为 856mm，也就是布气环气体释放头数量为 22 个时，布水截面的压力整体降低，尤其在配水支管至配水口的区域，相对于布气环气体释放头其他布置间距，此布置间距下的压力场分布相对更为均衡，这一压力场分布特征将提高沉降处理来水布水的均匀性，改善沉降分离流场的稳定性与聚合物驱采出污水沉降分离效果。

b. 粒子迹线特征。

图 4.72、图 4.73、图 4.74 和图 4.75 为相同聚合物驱采出污水在相同溶气气浮运行工况参数下，改变布气环气体释放头布置时沉降分离流场中油珠、悬浮物及其混合体粒子的迹线特征图，可以看出，当布气环气体释放头间距缩小，也就是布气环气体释放头数量增多时，布气区域及以上单位面积内呈抛物线型轨迹向上运动的油珠粒子和悬浮物粒子数量

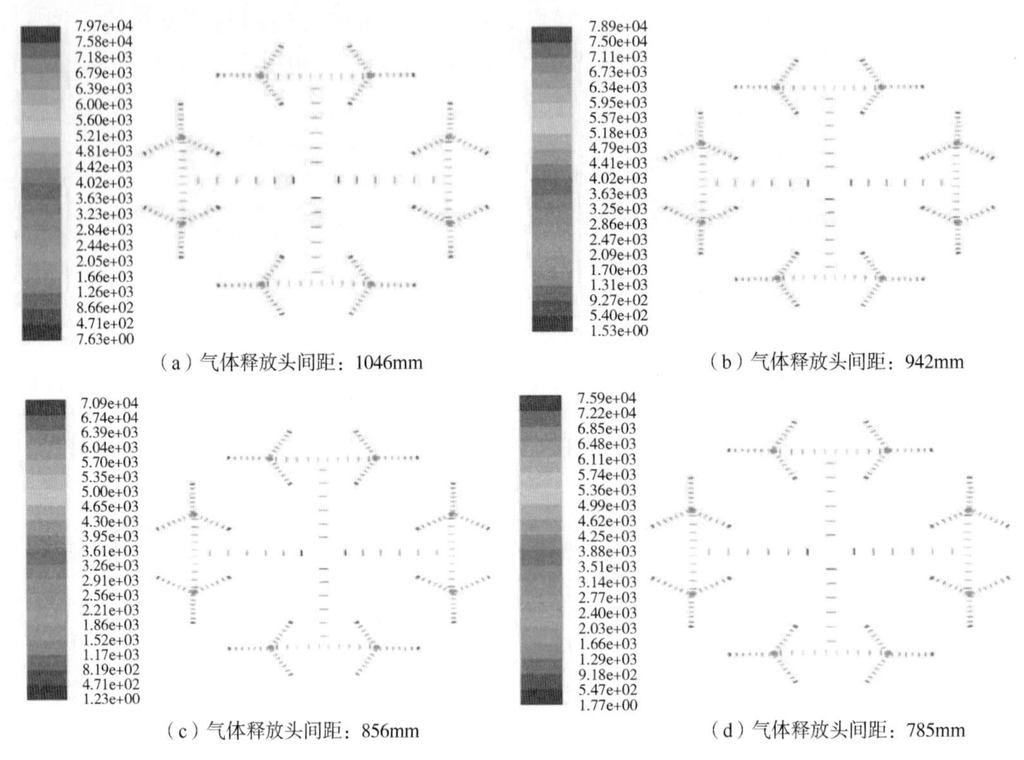

（a）气体释放头间距：1046mm　　（b）气体释放头间距：942mm

（c）气体释放头间距：856mm　　（d）气体释放头间距：785mm

图 4.71　布气环气体释放头不同间距布置时配水单元压力场分布

均明显增多，反映出对溶气气浮面积的更有效控制，同时，粒子迹线向更为稳定有序的特征演变，揭示出更为均匀稳定分离流场的构建，进而促进布气环气体释放头所释放气泡附着、载体作用的发挥。然而，当布气环气体释放头间距从 1046mm 缩小到 856mm 而继续缩小时，由于相同的回流比和溶气释放压差，使得单位时间、单位气浮面积上释放形成的气泡相对增多，气泡间合并的概率便增大，造成连续性大尺寸气泡的产生，在微小气泡发挥浮选效应的同时，有不同连续程度的气相以非混合的状态参与到聚合物驱采出污水体系混合物的沉降过程中，使得自沉降罐布气区域到沉降区域，粒子轨迹又向混乱特征发展，且有显著的涡流形成，分离流场的稳定性受到冲击，必将影响气浮选效应的发挥。因此，布气环上 856mm 的气体释放头间距，也就是数量为 22 个的气体释放头布置，在模拟工况下的溶气气浮运行中能够获得油珠粒子、悬浮物粒子及其混合体粒子较为稳定有序的运动轨迹。

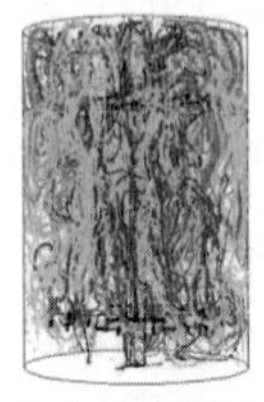
（a）油珠粒子

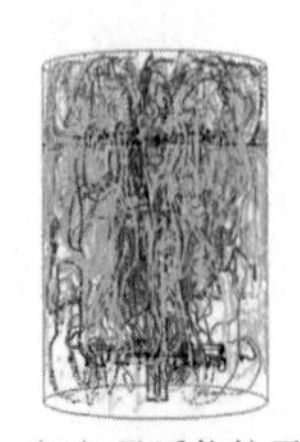
（b）悬浮物粒子

（c）混合体粒子

图 4.72　布气环气体释放头间距 1046mm 时沉降分离流场粒子迹线

（a）油珠粒子

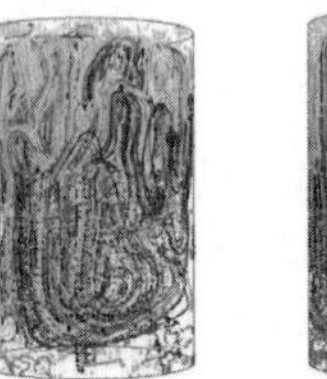
（b）悬浮物粒子

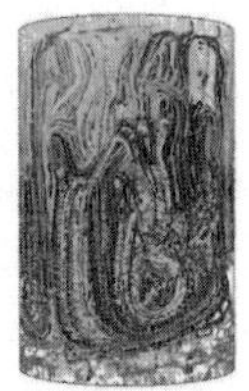
（c）混合体粒子

图 4.73　布气环气体释放头间距 942mm 时沉降分离流场粒子迹线

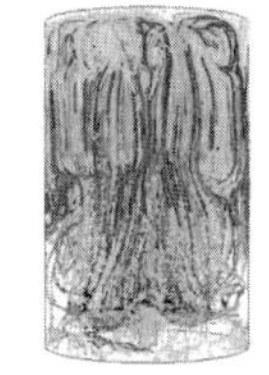

（a）油珠粒子　（b）悬浮物粒子　（c）混合体粒子

图 4.74　布气环气体释放头间距 856mm 时沉降分离流场粒子迹线

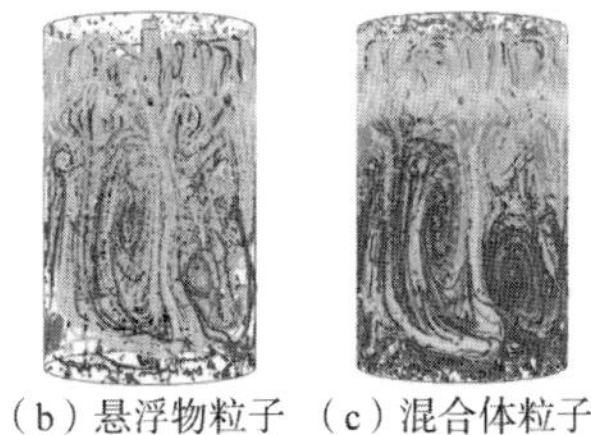
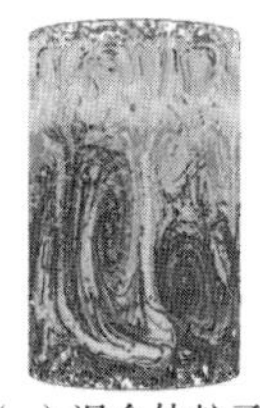

（a）油珠粒子　（b）悬浮物粒子　（c）混合体粒子

图 4.75　布气环气体释放头间距 785mm 时沉降分离流场粒子迹线

c. 沉降分离效果。

为了定量衡量布气环气体释放头布置对分离效果的影响，模拟工况运行稳定后，在距离沉降罐底部 1400mm 位置的集水口高度处取横截面，追踪提取截面上油珠粒子、悬浮物粒子的体积分数分布，作为沉降分离出水水质的特性参数，并以主视方向上横截面直径为横轴、横截面中心为原点，利用前文的方法计算建立沉降分离出水水质含油量和悬浮物含量的分布特征，并结合来水水质特性，计算确定除油率和悬浮物去除率。

从图 4.76 可以看出，随着布气环气体释放头间距缩小，也就是布气环气体释放头数量增多，出水水质得到改善，且出水截面上含油量和悬浮物含量的波动减小，表明聚合物驱采出污水中油珠、悬浮物能够充分借助气泡的载体作用而浮升，但当布气环气体释放头间距缩小到 856mm 后，也就是布气环上均匀分布的气体释放头数量增加到 22 个后，继续改变布气环气体释放头布置，则出水含油量及悬浮物含量的分布均相当，表 4.14 也反映出除油率和悬浮物去除率不再提高，反而有小幅降低的特征，揭示出溶气气浮面积的控制程度达到极限，这与粒子迹线特征的描述相吻合。模拟工况下，布气环上均匀分布气体释放头间距为 1046mm、942mm、856mm 和 785mm（相当于气体释放头数量为 18 个、20 个、22 个和 24 个）时的除油率和悬浮物去除率依次分别为 59.89% 和 30.76%、61.10% 和 31.80%、65.08% 和 35.03% 及 64.32% 和 33.77%。

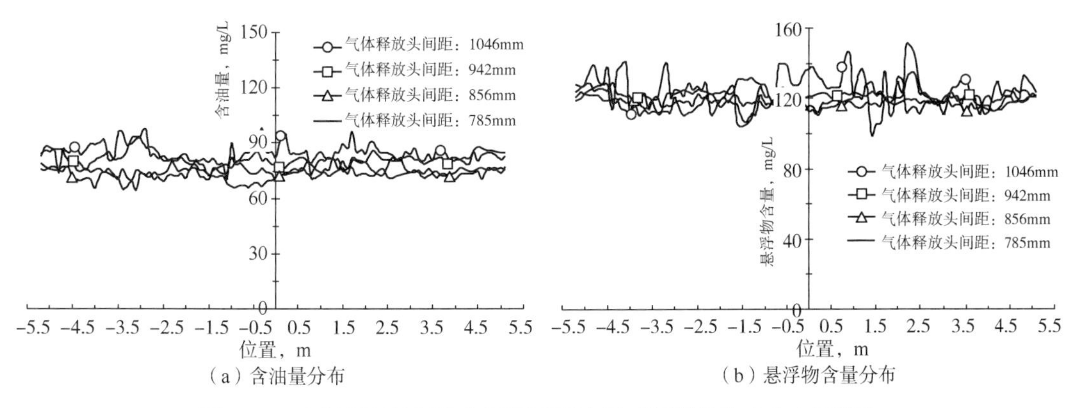


（a）含油量分布　（b）悬浮物含量分布

图 4.76　布气环气体释放头不同间距布置时沉降分离出水水质特性

表 4.14 布气环气体释放头布置对沉降分离效果的影响

| 布气环气体释放头布置 | | 除油率,% | 悬浮物去除率,% |
|---|---|---|---|
| 气体释放头间距, mm | 气体释放头数量, 个 | | |
| 1046 | 18 | 59.89 | 30.76 |
| 942 | 20 | 61.10 | 31.80 |
| 856 | 22 | 65.08 | 35.03 |
| 785 | 24 | 64.32 | 33.77 |

(2) 布气环结构优化。

① 模型建立及网格划分。

同样，继续以 $1200m^3$ 罐容规格的溶气气浮沉降罐为原型，进行同样的结构简化，如图 4.77 所示，建立物理模型，采用气体释放头总数量为 22 个的布气工艺，通过改变布气环数量(单环、双环)控制溶气气浮面积，物理模型布气结构的几何参数见表 4.15，其他几何参数同前文表 4.7。

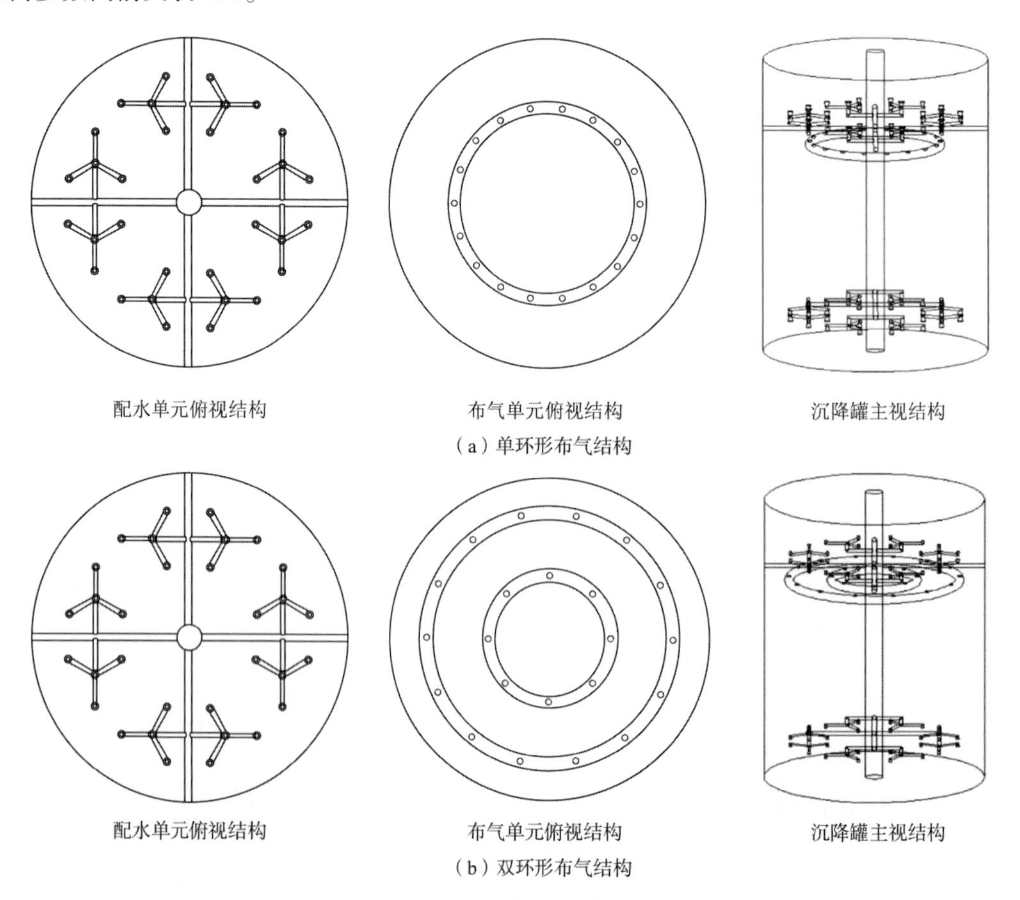


图 4.77 简化物理模型

表 4.15 物理模型布气结构几何尺寸

| 结构参数 | | 结构尺寸 |
|---|---|---|
| 单环形布气结构 | 布气环外径，mm | 6000 |
| | 布气环内径，mm | 5200 |
| | 气体释放头间距，mm | 856 |
| | 气体释放头数量，个 | 22 |
| | 气体释放头直径，mm | 200 |
| | 布气环距离罐底高度，mm | 10200 |
| | — | — |
| | — | — |

| 结构参数 | | 结构尺寸 |
|---|---|---|
| 双环形布气结构 | 内布气环外径，mm | 4000 |
| | 内布气环内径，mm | 3200 |
| | 外布气环外径，mm | 8000 |
| | 外布气环内径，mm | 7200 |
| | 内布气环气体释放头间距，mm | 1570 |
| | 外布气环气体释放头间距，mm | 1794 |
| | 内布气环气体释放头数量，个 | 8 |
| | 外布气环气体释放头数量，个 | 14 |
| | 内、外气体释放头直径，mm | 200 |
| | 内、外布气环距离罐底高度，mm | 10200 |

基本假设、数学模型、边界条件、网格划分方法及求解方法均与前文相同，如图 4.78 所示为不同布气结构的网格剖分。

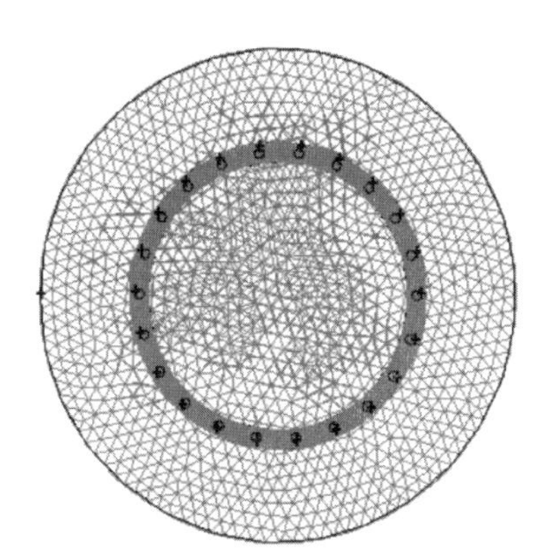

布气单元网格剖分俯视图

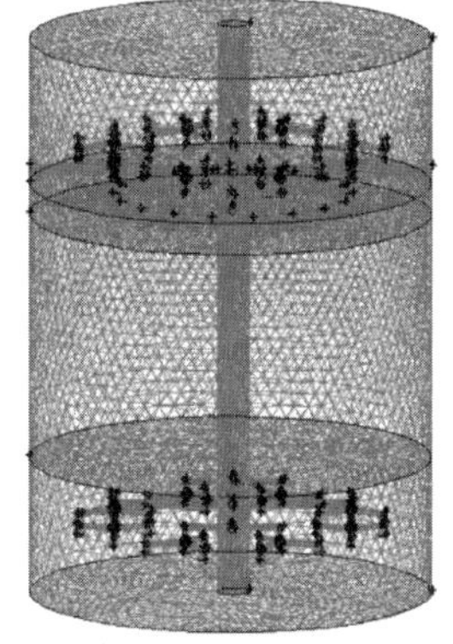

沉降罐模型网格剖分主视图

（a）单环形布气结构

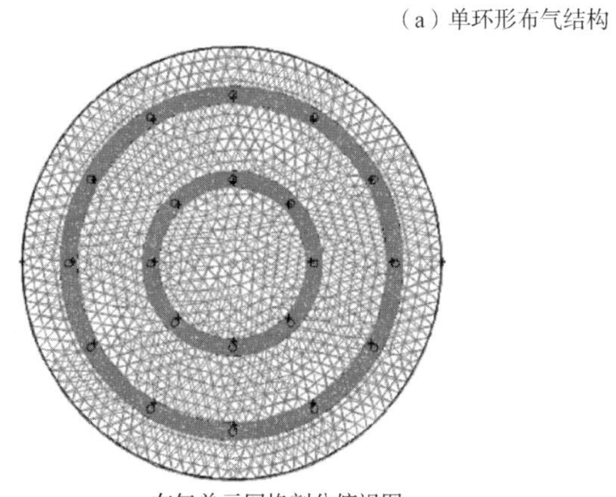

布气单元网格剖分俯视图

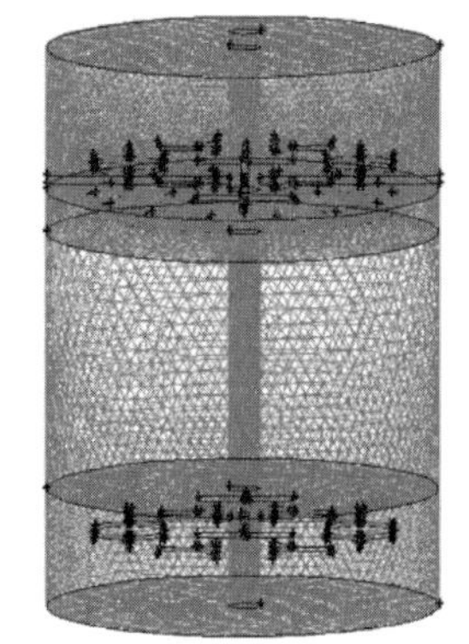

沉降罐模型网格剖分主视图

（b）双环形布气结构

图 4.78 物理模型网格剖分

② 结果分析。

a. 配水单元压力场分布。

取沉降罐上部配水支管位置的横截面，分析聚合物驱采出污水沉降分离运行稳定工况下配水单元的压力场分布，如图 4.79 所示，可以看出，单环形和双环形两种布气环结构下配水单元具有相似的压力场分布特征，从中心柱管口位置延伸至配水干管的区域，均保持有较高的压力分布，进入配水支管后压力则呈现下降趋势，至配水口时压力进一步降低，相比之下，双环形布气环结构下配水单元流场压力整体低于单环形布气环结构，压力场分布的均衡性增强，有益于布水均匀性的改善，从配水环节上保证聚合物驱采出污水分离流场的稳定性和分离效果。

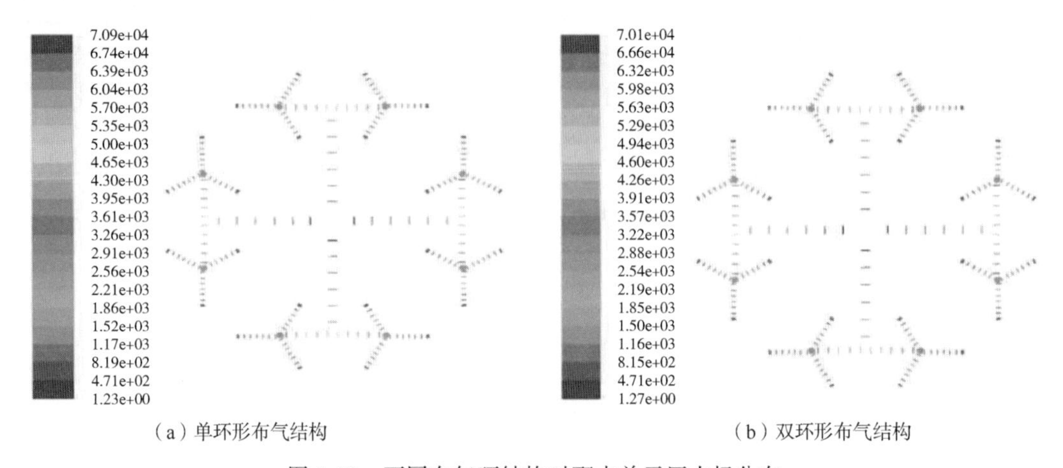


（a）单环形布气结构　　（b）双环形布气结构

图 4.79　不同布气环结构时配水单元压力场分布

b. 粒子迹线特征。

图 4.80 和图 4.81 分别为相同聚合物驱采出污水在相同溶气气浮运行工况参数时，单环形布气环结构与双环形布气环结构下沉降分离流场中油珠、悬浮物及其混合体粒子的迹线特征图，可以看出，相比于单环形布气环结构，双环形布气环结构在布气区域及以上，油珠粒子和悬浮物粒子呈抛物线型轨迹向上运动的特征更剧烈，反映出对溶气气浮面积的更有效控制，气泡的载体作用发挥更显著，且在自由沉降区域和集水区域，明显呈现更为稳定有序的粒子运动轨迹，表明双环形布气环结构在控制溶气气浮面积、稳定分离流场方面的优势。

（a）油珠粒子　（b）悬浮物粒子　（c）混合体粒子

图 4.80　单环形布气结构时沉降分离流场粒子迹线

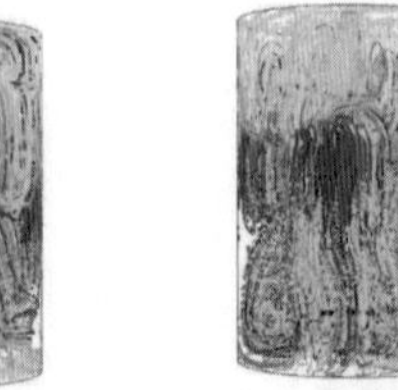

（a）油珠粒子　（b）悬浮物粒子　（c）混合体粒子

图 4.81　双环形布气结构时沉降分离流场粒子迹线

c. 沉降分离效果。

同样，追踪提取沉降罐集水口高度(距离沉降罐底部1400mm)处横截面上油珠、悬浮物粒子的体积分数分布，作为沉降分离出水水质的特性参数，并以主视方向上横截面直径为横轴、横截面中心为原点，计算建立不同布气环结构下沉降分离出水水质含油量和悬浮物含量的分布特征。如图4.82所示，可以看出，在双环形布气环结构下，出水含油量和悬浮物含量均略低，且在出水截面的波动小，分离出水水质稳定，这正是得益于此结构时布水的均匀性、溶气气浮面积的有效控制及分离流场的稳定性，从表4.16可以看出，模拟工况下，单环形布气环结构和双环形布气环结构下的除油率和悬浮物去除率依次分别为65.08%和35.03%及66.71%和36.48%。

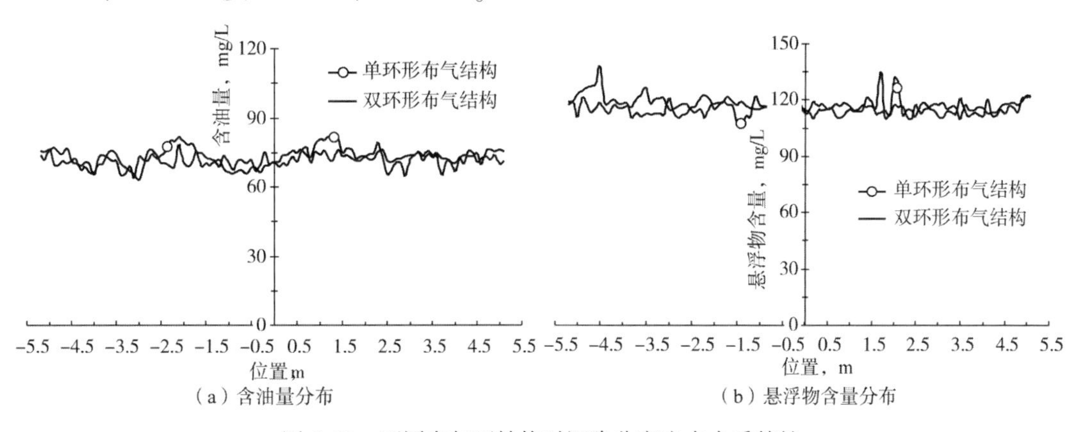


图4.82 不同布气环结构时沉降分离出水水质特性

**表4.16 布气环结构对沉降分离效果的影响**

| 布气环结构 | 除油率,% | 悬浮物去除率,% |
|---|---|---|
| 单环形布气结构 | 65.08 | 35.03 |
| 双环形布气结构 | 66.71 | 36.48 |

(3) 双环形布气结构高度优化。

① 模型建立及网格划分。

同样，以1200m$^3$罐容规格的沉降罐为原型，进行同样的结构简化，如图4.83所示，建立物理模型。

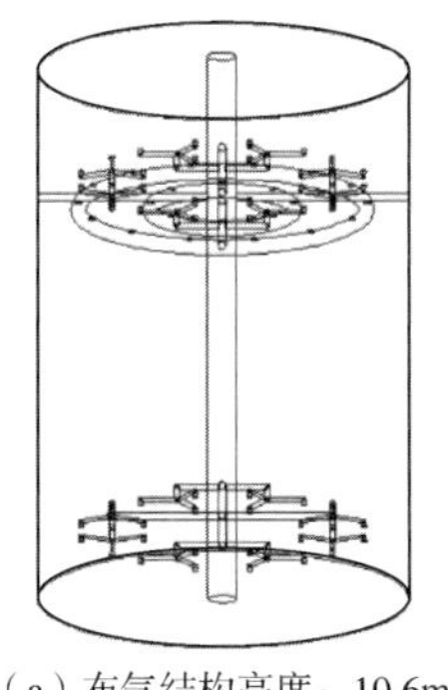

（a）布气结构高度：10.6m

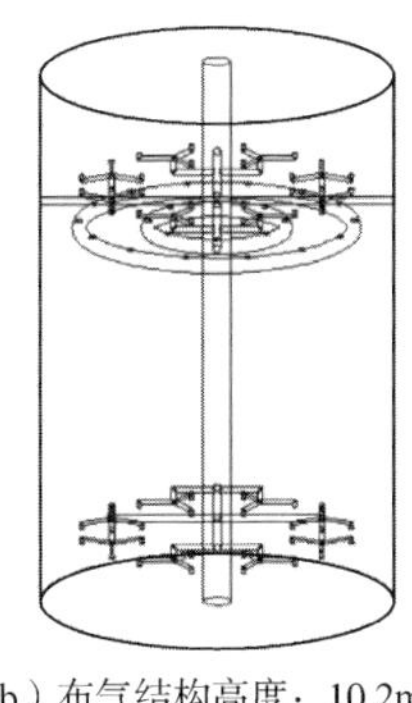

（b）布气结构高度：10.2m

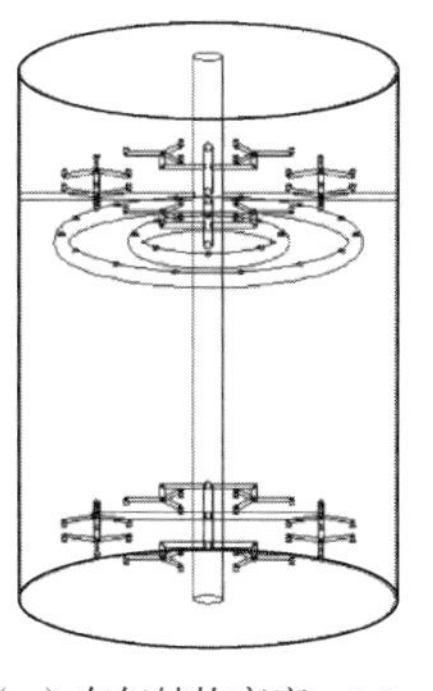

（c）布气结构高度：9.7m

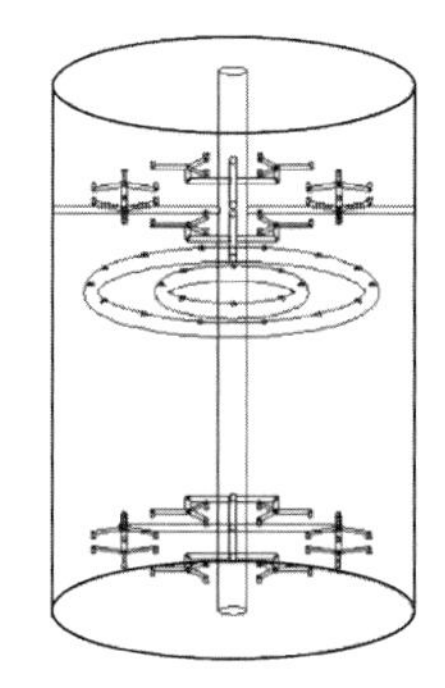

（d）布气结构高度：8.7m

图4.83 简化物理模型

布气工艺采用双环形布气结构，内、外布气环上气体释放头均均匀分布，内布气环上以1570mm等间距分布8个，外布气环上以1794mm等间距分布14个，总数量为22个，共同控制溶气气浮面积，通过改变双环形布气结构的高度控制溶气气浮作用液位高度，物理模型布气结构的几何参数见表4.17，其他几何参数同前文表4.7。基本假设、数学模型、边界条件、网格划分方法及求解方法均与前文相同，如图4.84所示为不同布气结构的网格剖分。

表4.17 双环形布气结构物理模型几何尺寸

| 结构参数 | 结构尺寸 | 结构参数 | 结构尺寸 |
| --- | --- | --- | --- |
| 内布气环外径，mm | 4000 | 外布气环气体释放头间距，mm | 1794 |
| 内布气环内径，mm | 3200 | 内布气环气体释放头数量，个 | 8 |
| 外布气环外径，mm | 8000 | 外布气环气体释放头数量，个 | 14 |
| 外布气环内径，mm | 7200 | 内、外气体释放头直径，mm | 200 |
| 内布气环气体释放头间距，mm | 1570 | 内、外布气环距离罐底高度，mm | 10600/10200/9700/8700 |

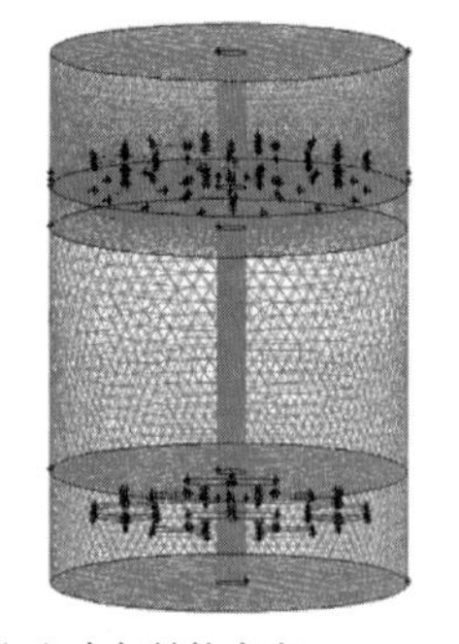

（a）布气结构高度：10.6m

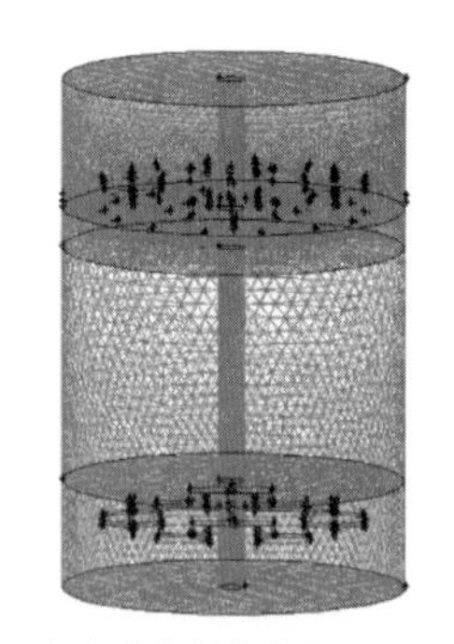

（b）布气结构高度：10.2m

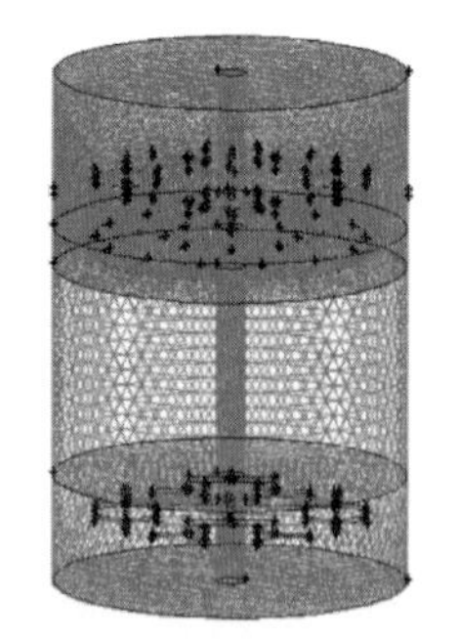

（c）布气结构高度：9.7m

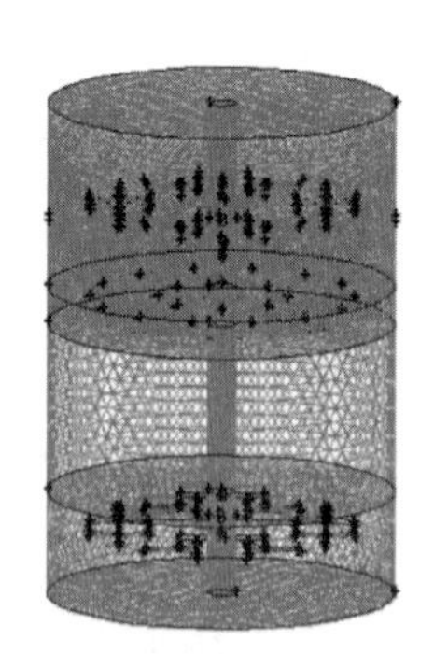

（d）布气结构高度：8.7m

图4.84 物理模型网格剖分

② 结果分析。

a. 配水单元压力场分布。

同样，取沉降罐上部配水支管位置的横截面，分析聚合物驱采出污水沉降分离运行稳定工况下配水单元的压力场分布，如图4.85所示。可以看出，在双环形布气结构不同高度下，配水单元均具有中心柱管口至配水干管区域压力高、配水支管至配水口区域压力低的压力场分布特征，但随着高度的降低，配水单元流场压力整体增大，压力场分布的均衡性下降，如布气结构高度为10.6m时，配水单元的流场压力更小、分布更不均衡，而布气结构高度为8.7m时，配水单元的流场压力更大、分布均衡性增强，这种配水单元的压力场分布特征表明，沉降罐溶气单元布气工艺控制液位高度过低时，不利于发挥其对布水均匀性的促进作用，进而也会影响分离流场的稳定性及聚合物驱采出污水的沉降分离效果。

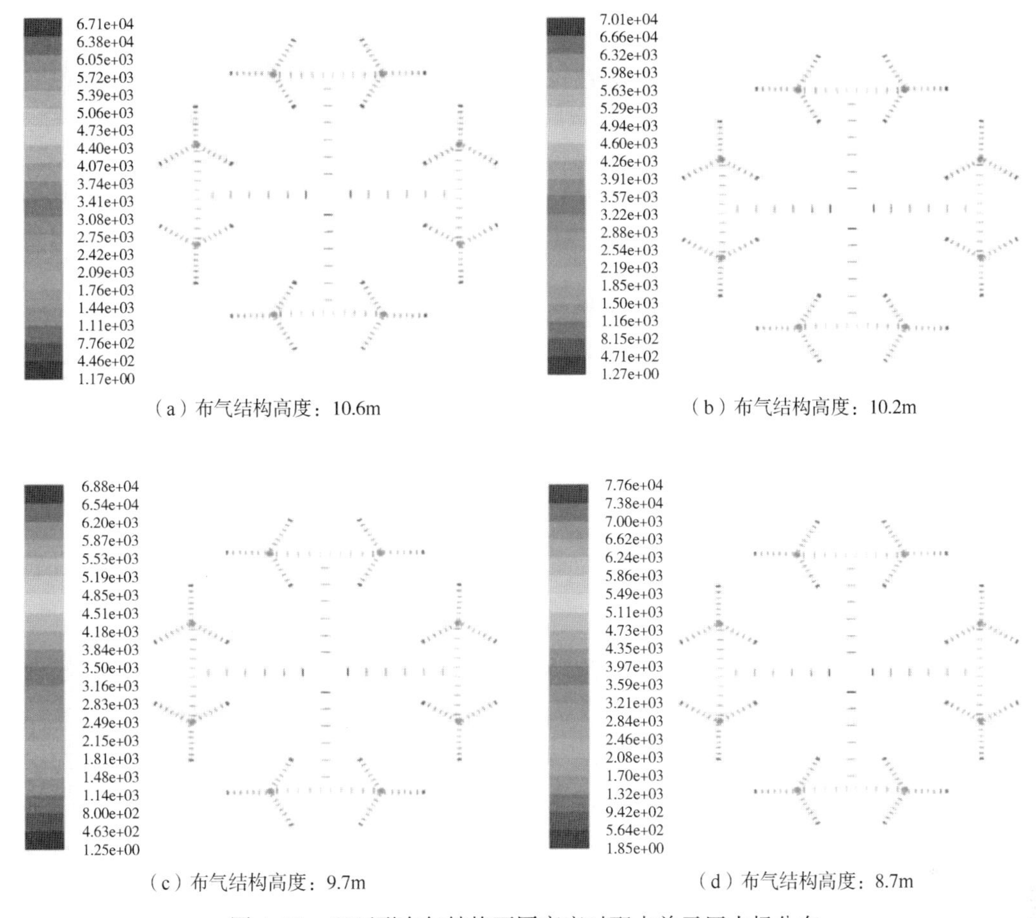


（a）布气结构高度：10.6m　（b）布气结构高度：10.2m

（c）布气结构高度：9.7m　（d）布气结构高度：8.7m

图 4. 85　双环形布气结构不同高度时配水单元压力场分布

b. 粒子迹线特征。

图 4. 86、图 4. 87、图 4. 88 和图 4. 89 为相同聚合物驱采出污水在相同溶气气浮运行工况参数下，改变双环形布气结构高度时沉降分离流场中油珠、悬浮物及其混合体粒子的迹线特征图。

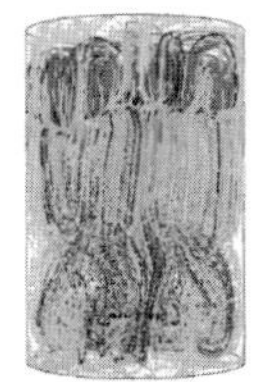

（a）油珠粒子

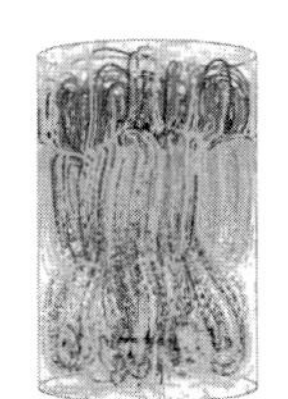

（b）悬浮物粒子

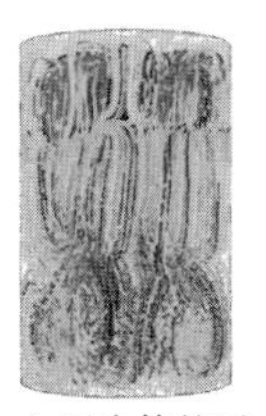

（c）混合体粒子

图 4. 86　双环形布气结构高度 10. 6m 时沉降分离流场粒子迹线

（a）油珠粒子

（b）悬浮物粒子

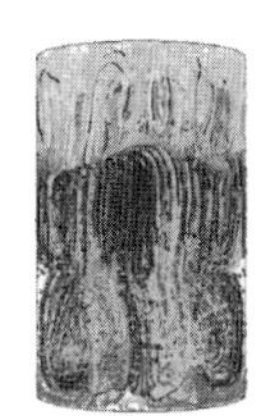

（c）混合体粒子

图 4. 87　双环形布气结构高度 10. 2m 时沉降分离流场粒子迹线

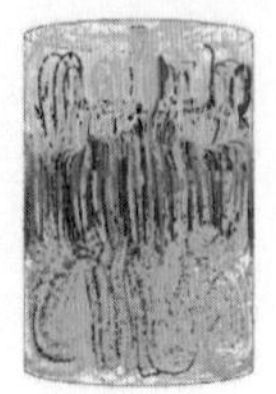
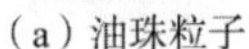
（a）油珠粒子

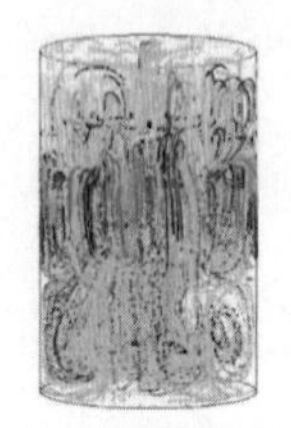
（b）悬浮物粒子

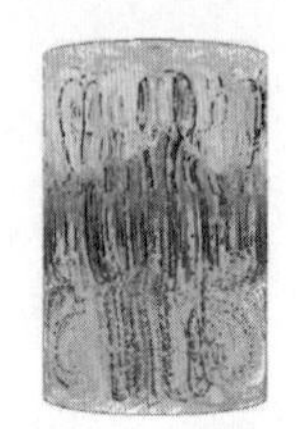
（c）混合体粒子

图 4.88　双环形布气结构高度 9.7m 时沉降分离流场粒子迹线

（a）油珠粒子

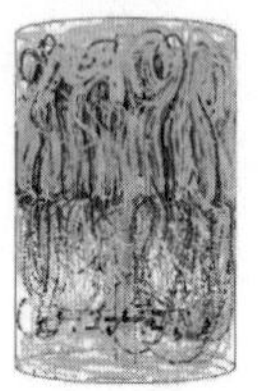
（b）悬浮物粒子

（c）混合体粒子

图 4.89　双环形布气结构高度 8.7m 时沉降分离流场粒子迹线

可以看出，溶气单元中布气工艺双环形布气结构高度在沉降罐内 10.6m 至 9.7m 的区域内改变时，分离流场中粒子迹线相似且稳定有序，反映出溶气气浮作用与控制液位高度的有效契合。而当双环形布气结构高度降低到 8.7m 时，由于布气区域占据了自由沉降区域，气泡释放形成、气泡附着浮升而带来的扰动使得尤其在自由沉降区域和集水区域，粒子轨迹呈现杂乱特征，冲击分离流场的稳定性，进而将影响出水水质及其波动。因此，10.6m 至 9.7m 的溶气气浮作用液位控制高度，也就是双环形布气结构高度，在模拟工况下能够获得油珠粒子、悬浮物粒子及其混合体粒子较为稳定有序的运动轨迹和均匀的分离流场。

c. 沉降分离效果。

同样，追踪提取沉降罐集水口高度(距离沉降罐底部 1400mm)处横截面上油珠、悬浮物粒子的体积分数分布，作为沉降分离出水水质的特性参数，并以主视方向上横截面直径为横轴、横截面中心为原点，计算建立双环形布气结构不同高度下沉降分离出水水质含油量和悬浮物含量的分布特征。如图 4.90 所示，可以看出，相同聚合物驱采出污水在相同的溶气气浮运行工况参数下，双环形布气结构在 10.6m 至 9.7m 的高度范围内时，其出水水质变化不大，但当双环形布气结构高度降低到 8.7m 后，出水水质显著恶化，且相比于 10.6m 至 9.7m 的布气结构高度范围，双环形布气结构在 8.7m 的高度时，出水截面上含油量和悬浮物含量的波动大，揭示出不宜的溶气气浮作用液位控制高度，这也与粒子迹线特征的再现与描述相吻合。从表 4.18 可以看出，模拟工况下，双环形布气结构高度为 10.6m、10.2m、9.7m 和 8.7m 时的除油率和悬浮物去除率依次分别为 68.29%和 37.59%、66.71%和 36.48%、67.14%和 36.65%及 61.94%和 29.96%。

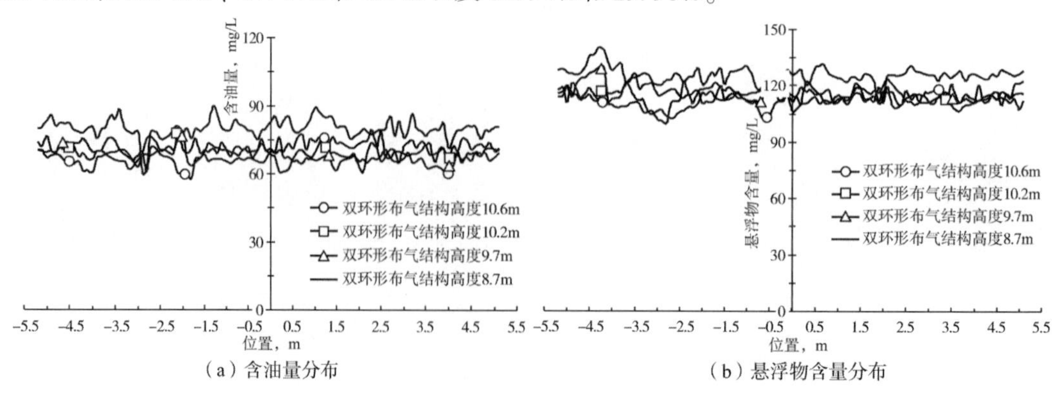

（a）含油量分布　（b）悬浮物含量分布

图 4.90　双环形布气结构不同高度时分离出水水质特性

表 4.18 双环形布气结构高度对沉降分离效果的影响

| 双环形布气结构高度，m | 除油率，% | 悬浮物去除率，% |
|---|---|---|
| 10.6 | 68.29 | 37.59 |
| 10.2 | 66.71 | 36.48 |
| 9.7 | 67.14 | 36.65 |
| 8.7 | 61.94 | 29.96 |

## 4.4 本章小结

(1) 聚合物驱采出污水重力沉降罐内流场分布特征及油滴运动行为揭示出降低处理量、延长沉降时间并不能从根本上稳定沉降流动、均匀化速度分布、减少漩涡流和返混流而提高分离效果。

(2) 尽管连续收油在保证油层厚度小于 0.5m 的同时，还可有效改善出水水质，但着眼于沉降环节疏密均匀的速度矢量分布及有序的油滴运动轨迹而优化改进沉降分离工艺，仍是聚合物驱采出污水提效处理的有效对策。

(3) 溶气气浮沉降能够使沉降罐内部及其配水单元均获得稳定的压力场分布，使沉降分离流场获得低的沿程压降，使油珠和悬浮物粒子有效浮升，并获得均匀而稳定有序的运动轨迹，同时适应处理量变化下平稳分离流场的构建。

(4) 低处理量、低含聚浓度，以及适当增大溶气释放压差和回流比有益于构建更为稳定的沉降分离流场，获得更为均匀有序的粒子运动轨迹，使连续均匀气泡产生并充分发挥浮选效应。

(5) 含聚浓度对溶气气浮沉降分离过程的影响最为显著，考虑水质特性及工艺运行参数，构建了聚合物驱采出污水溶气气浮沉降分离技术界限关系，确定聚合物驱采出污水溶气气浮沉降分离工艺能够取得 60%~65%除油率和 30%~35%悬浮物去除率的基本工况条件为：含聚浓度 300~450mg/L、处理量 $100m^3/h$ 左右、回流比 25%左右、溶气释放压差 0.3~0.6MPa。

(6) 从高度、形状、尺寸及数量上优化提出了一种可使重力沉降分离环节平均除油率提高 12.9%的双环形穿孔配水单元，在重力沉降罐的设计、改造中应用可改善聚合物驱采出污水沉降过程中罐内流场，提高处理效果。

(7) 溶气单元合理的布气环气体释放头布置、布气环布局及布气液位高度是实现聚合物驱采出污水高效气浮选处理的关键，优化溶气单元布气环气体释放头间距、气体释放头数量及布气结构高度，可使沉降分离中聚合物驱采出污水的除油率和悬浮物去除率分别达到 65%以上和 35%以上。

# 5 聚合物驱采出污水过滤过程的数学描述与流场表征

以污水中悬浮物的“输送”“附着”为主要过程和机理的过滤处理是实现油田污水回注回用的关键环节。聚合物驱采出污水的水质特性决定了其在过滤处理环节不同程度地加剧滤料层污染，甚至在反冲洗周期内一定程度上形成板结现象，带来反冲洗压力上升、过滤出水水质恶化，表现出过滤罐处理负荷及其运行参数的诸多不适应性。因此，考虑滤料的污染板结形成，建立描述聚合物驱采出污水过滤过程的数学模型，并从压力式过滤布水工艺优化出发，揭示聚合物驱采出污水压力式过滤流场特征，分析对过滤效果的影响，以期为聚合物驱油田地面污水过滤操作参数优化、过滤处理效果综合评价及深度处理工艺的构建提供必要的理论基础和依据。

## 5.1 聚合物驱采出污水过滤过程数学模型

### 5.1.1 污水均质滤料过滤简化数学模型

Iwasaki 于 1937 年提出了均质滤料床过滤运行情况的简化数学模型[57]：

$$v\frac{\partial c}{\partial x}+(1-\varepsilon_{\rm d})\frac{\partial \sigma}{\partial t}=0 \tag{5.1}$$

$$\frac{\partial c}{\partial x}=-\lambda c \tag{5.2}$$

$$\varepsilon_{\rm d}=1-\varepsilon_0$$

式中：$\sigma$ 为单位体积滤层中沉积物的体积量，即体积比沉积量，$cm^3/cm^3$；$c$ 为污水中悬浮物的浓度，mg/L；$x$ 为滤层深度，cm；$\lambda$ 为过滤系数，1/cm；$v$ 为过滤速度，cm/s；$t$ 为过滤时间，s；$\varepsilon_{\rm d}$ 为沉积物的孔隙率；$\varepsilon_0$ 为原始未污染滤层滤料孔隙率，%。

式(5.1)是基于物料守恒的一般过滤性方程，式(5.2)是基于宏观过滤过程的过滤动力学方程。所以，上述用于描述污水过滤运行情况的简化数学模型是假设了进入滤料床的悬浮液浓度为 $c_0$，体系是均匀的且在滤料床均匀分散，同时流量与滤料床的截面积不发生变化。

然而，对于聚合物驱采出污水的实际过滤过程来说，一方面，污水中的悬浮杂质被附着、截留在滤料层中而得到澄清，另一方面，滤料层中因吸附、储存了大量悬浮物质而大幅增大了水头损失。其中，澄清能力是随着过滤时间和滤层深度而变化的，在一个反冲洗周期内，过滤时间延长，单位滤层厚度的含污能力逐步趋于饱和，滤层的去污能力随过滤方向逐层转移，滤料层受到严重污染，甚至部分出现板结现象时，滤后水将出现超标现象，反冲洗压力攀高、反冲洗水量减小。从这个意义上讲，聚合物驱采出污水过滤过程中过滤速度受滤料污染的影响是不宜忽略的，作为某一水质下与过滤时间相关的变化量，过滤方程式中的过滤速度应考虑水头损失、孔隙率及过滤聚合物驱采出污水量等的变化而合理确定。

### 5.1.2 滤料截污影响下的过滤速度

（1）截污影响下的滞流流动与阻力。

聚合物驱采出污水过滤过程中，滤料污染至一定厚度板结形成的极限特征类似于“滤饼”的出现，因此，可根据柯兹尼—卡尔曼方程[58]的思想，将污染滤料层中不规则的系列流道等效为一组单位长度的平行细管，则对于单位体积滤料，滤层流道的当量直径为：

$$d_e \propto \frac{\varepsilon'}{(1-\varepsilon')a} \tag{5.3}$$

式中：$d_e$ 为滤层流道当量直径，cm；$\varepsilon'$ 为滤层真实孔隙率,%；$a$ 为滤料颗粒比表面积，$cm^2/cm^2$。

在截污板结影响下，聚合物驱采出污水在滤料床中的流动属于滞流流型，所以可利用泊肃叶定律[59]来描述其通过污染板结滤料层的流动：

$$v_i \propto \frac{d_e^2(\Delta p_c)}{32\mu L_0} \tag{5.4}$$

式中：$v_i$ 为聚合物驱采出污水在污染板结滤料层流道中的流速，cm/s；$L_0$ 为污染板结滤料层厚度，cm；$\mu$ 为过滤聚合物驱采出污水黏度，Pa · s；$\Delta p_c$ 为聚合物驱采出污水通过污染板结滤料层的压降，Pa。

则由物料守恒，整个污染板结滤料层截面积上的平均流速 $\bar{v}$ 可表示为：

$$\bar{v}=v_i \cdot \varepsilon' \tag{5.5}$$

将式(5.3)、式(5.5)代入式(5.4)，引入比例常数 $C$，同时考虑污染板结滤料层厚度在不断增加时，滤料层截面积上的平均流速会逐渐变小，便可建立关系式：

$$\bar{v}=\frac{dV}{Adt}=\frac{1}{C}\frac{V_c^2\varepsilon'}{a^2(1-\varepsilon')^2}\frac{\Delta p_c}{\mu L_0} \tag{5.6}$$

式中：$V_c$ 为滤料层的孔隙体积，$cm^3$；$V$ 为过滤聚合物驱采出污水量，$cm^3$；$t$ 为过滤时间，s；$A$ 为过滤面积，$cm^2$；$C$ 为比例常数，在滤料床层的滞流流动中可取值为 5。

将式(5.6)中反映滤料及滤料层特性的项定义为污染板结滤料层的比阻，也就是单位厚度污染板结滤料层的阻力，以 $r$ 表示，其在数值上等于黏度为 1Pa · s 的聚合物驱采出污水以 1m/s 的平均流速通过厚度为 1m 的污染板结滤料层时所产生的压力降。

则：

$$\frac{\mathrm{d}V}{A\mathrm{d}t}=\frac{\Delta p_c}{\mu r L_0} \tag{5.7}$$

另外，在聚合物驱采出污水实际过滤过程中，过滤阻力除了污染板结滤料层形成的阻力外，还有一部分是来自未板结滤料介质层的阻力，二者带来总的压降即过滤压差。可以将后者，也就是未板结滤料介质层对聚合物驱采出污水过滤时带来的阻力等效为厚度是 $L_e$ 的板结滤料层能够形成的阻力，在相同过滤面积下，过滤过程中层间平均流速相等，于是：

$$\frac{\mathrm{d}V}{A\mathrm{d}t}=\frac{\Delta p}{\mu r(L_0+L_e)} \tag{5.8}$$

式中：$\Delta p$ 为总压力降，即过滤压差，Pa；$L_e$ 为等效污染板结滤料层厚度，cm。

考虑 $L_0$ 及 $L_e$ 在过滤过程中确定的不便性，可将其与过滤聚合物驱采出污水量关联，设每实现 $1\mathrm{cm}^3$ 的某特性聚合物驱采出污水过滤形成的污染板结滤层体积为 $u\mathrm{cm}^3$，则：

$$(L_0+L_e)A=uV$$

从而，式(5.8)可以表达为：

$$\frac{\mathrm{d}V}{A\mathrm{d}t}=\frac{A\Delta p}{\mu r u V} \tag{5.9}$$

(2) 滤料几何参数间的关系。

滤料表面积与滤料平均粒径和球状度的关系为：

$$S=6(1-\varepsilon')\cdot L\cdot(\psi\cdot d) \tag{5.10}$$

式中：$S$ 为滤料表面积，$\mathrm{cm}^2$；$\varepsilon'$ 为滤料层真实孔隙率，%；$L$ 为滤料层厚度，cm；$\psi$ 为滤料球状度，$\mathrm{cm}^2/\mathrm{cm}^2$；$d$ 为滤料平均粒径，cm。

(3) 滤层平均速度。

将式(5.10)引入式(5.3)及式(5.6)可得：

$$d_e=\frac{\varepsilon'}{S},\ r'=\frac{5S^2}{\varepsilon'^3}$$

则由式(5.9)可建立滤料截污影响下过滤速度的确定式：

$$v'=\frac{A\Delta p}{\mu\dfrac{5[6(1-\varepsilon')\cdot L(\psi\cdot d)]^2}{V_c^2\varepsilon'}uV} \tag{5.11}$$

式中：$v'$ 为滤层平均速度，cm/s。

### 5.1.3 聚合物驱采出污水过滤过程数学模型及求解方法

(1) 数学模型的发展。

基于滤料污染板结影响下的滤层平均速度与过滤阻力、孔隙率及过滤聚合物驱采出污水水量规模间的关系，从污水均质滤料过滤简化数学模型出发，发展建立适合于反映聚合物驱采出污水过滤运行情况的数学模型：

$$v'\frac{\partial c}{\partial x}+\varepsilon'\frac{\partial c}{\partial t}=-\lambda cv' \tag{5.12}$$

式中：$c$ 为污水中悬浮物的浓度，mg/L；$x$ 为滤层深度，cm；$\lambda$ 为过滤系数，1/cm；$v'$为滤层平均速度，cm/s；$t$ 为过滤时间，s；$\varepsilon'$为过滤截污运行中的真实孔隙率，%。

(2) 数学模型的求解方法。

① 过滤系数。

过滤系数的计算采用基于毛细管模型建立的过滤动力学关系式[60]：

$$\lambda=\lambda_0\left(1+\frac{B_f\sigma}{\varepsilon_0}\right)\left(1-\frac{\sigma}{\varepsilon_0}\right)\left(1-\frac{\sigma}{\sigma_u}\right) \tag{5.13}$$

式中：$\lambda_0$ 为未污染滤层的过滤系数，1/cm；$\sigma_u$ 为滤层饱和比沉积量，$cm^3/cm^3$；$B_f$ 为过滤层滤料的充填系数。

② 定解条件。

针对某一定初始悬浮物浓度($c_0$)聚合物驱采出污水在下向流压力式过滤罐中的过滤过程，其定解条件可以确定为：

$$c(x,\ 0)=0$$
$$c(0,\ t)=c_0$$

③ 求解方法。

利用有限差分法，对滤料床微元体，即任一 $i$ 层，过滤 $j$ 时刻进行离散，对式(5.14)中的 $c(i,\ j)$进行时间向前差分：

$$c_{i,j}=\frac{\left(\frac{\varepsilon'}{\Delta t}-\frac{v'}{\Delta x}\right)\cdot c_{i,j-1}+\frac{v'}{\Delta x}\cdot c_{i-1,j-1}}{\frac{\varepsilon'}{\Delta t}+(-\lambda\cdot v')\cdot c_{i,j-1}} \tag{5.14}$$

式中：$i$ 为从滤层顶层开始沿过滤方向划分的若干小层 $\Delta x$ 的序号($i=0,\ 1,\ 2,\cdots,\ n,\ n=x/\Delta x$)；$j$ 为从过滤开始划分的过滤时间步长 $\Delta t$ 的序号($j=0,\ 1,\ 2,\cdots,\ m,\ m=T/\Delta t$，$T$ 为过滤周期)。

从而结合定解条件，选择适当的过滤沿程深度步长和过滤时间步长，可编程实现对该考虑滤料污染板结的聚合物驱采出污水过滤过程数学模型的求解。

### 5.1.4 模型应用

以 $\phi$4m 石英砂单阀滤罐为例，针对含聚浓度 150mg/L(黏度 1.0mPa·s)、悬浮物浓度 150mg/L 和含聚浓度 500mg/L(黏度 1.8mPa·s)、悬浮物浓度 150mg/L 的污水，分别选择 0.8mm、0.6mm 和 0.4mm 三种均质滤料粒径，利用所建立聚合物驱采出污水过滤过程数学模型和求解方法，基于 MATLAB 计算描述其在相同处理量、同一反冲洗周期内的过滤过程，如图 5.1 和图 5.2 所示。

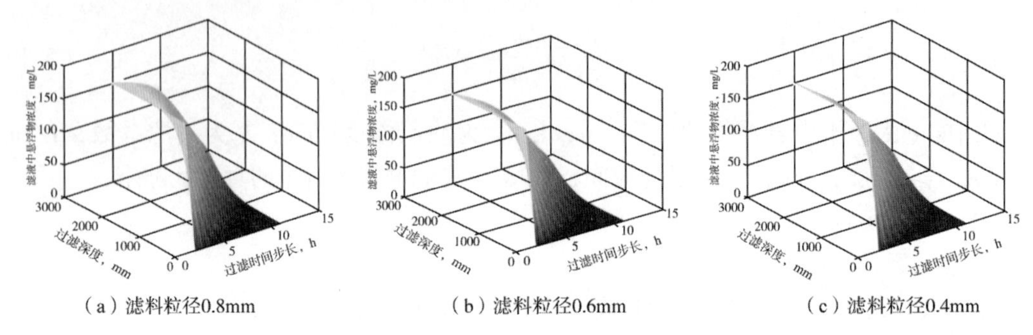


图 5.1　含聚浓度 150mg/L 污水过滤过程计算

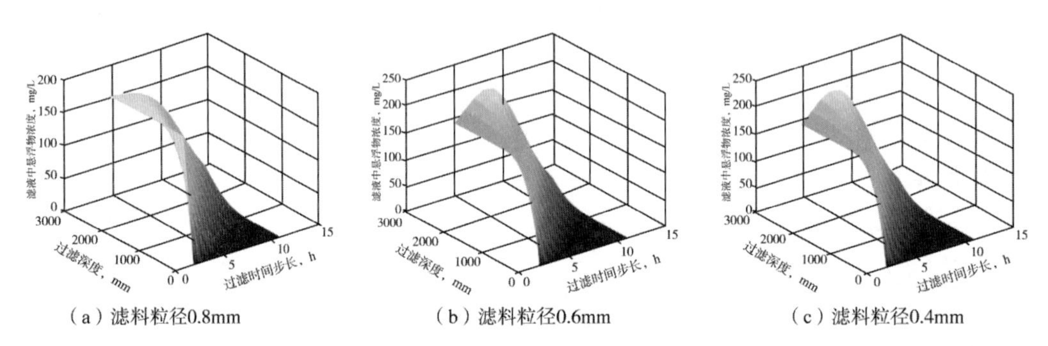


图 5.2　含聚浓度 500mg/L 污水过滤过程计算

通过提取图 5.1、图 5.2 所示的计算结果，可得到应用实例中过滤沿程不同深度处的污水悬浮物浓度变化，如图 5.3 所示。

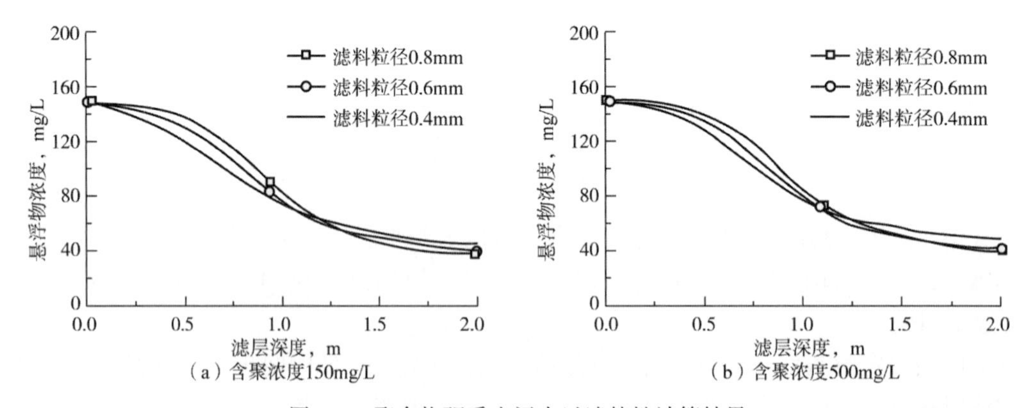


图 5.3　聚合物驱采出污水过滤特性计算结果

可以看出，尽管两种不同含聚浓度污水在均质滤料层中的过滤特性呈现相似的特征(图 5.3)，但含聚浓度降低时，其在相同滤料层深度处的悬浮物浓度更低[图 5.3(b)]，反映了污水中聚合物通过静电排斥和空间位阻对悬浮物稳定的作用；对于一定含聚浓度的污水，随不同粒径滤料层深度的增加，悬浮物浓度均降低，且体现出初始过滤阶段小粒径、低孔隙率滤料层更强的截留、去污能力，悬浮物去除率高，但在达到滤层深度约 2/3 位置的后期过滤阶段，这种特性发生改变，粒径 0.6mm 和 0.4mm 滤料层过滤水质悬浮物浓度呈现接近甚至高于粒径 0.8mm 滤料层过滤的特性，这表明由于原始低孔隙率滤料层中体积比沉积量增大、滤料层污染加剧而使水质发生了二次污染，与水质和滤层性质相关的聚合物驱采出污水处理滤速优化则显得尤为重要。另外，从计算结果还可以发现，不同聚合物驱采出污水在不同粒径均质滤料层的出水悬浮物浓度均高于 20mg/L，这也进一步表明了与聚合物驱采出污水处理滤速优化一样，构建滤料级配模式实现聚合物驱采出污水达标处理的必要性。

## 5.2 聚合物驱采出污水压力式过滤布水工艺优化

在聚合物驱采出污水过滤处理段，过滤罐来水的布水均匀性直接影响其处理效果，也是优化构建滤料层运行参数界限的前提，不均匀的布水能够带来过滤压降的升高，且压降增幅过快，会缩短滤料的反冲洗周期，恶化过滤处理水质等严重问题。考虑压力式过滤罐是油田污水过滤使用最为广泛的设备，利用 Gambit 建立模型并生成非结构化网格，基于 FLUENT 软件中的 DPM 模型模拟计算聚合物驱采出污水过滤罐内部压力场分布、过滤沿程压降特征、粒子运动迹线特征及滤料层表面的粒子分布与聚集行为，从而基于对布水行为的模拟，优化确定过滤运行工况下过滤罐布水模式的选择及其布置方式。

### 5.2.1 模型建立及数值计算

（1）过滤布水物理模型。

油田压力式过滤罐常见的布水模式有“条缝式”布水和“筛管式”布水，前者是由钢管焊接成带有一系列纵向条缝的空心柱形钢结构，来水经由过滤罐入口汇管进入空心柱形体，继而通过条缝的自流达到给滤料层布水的目的；后者则是将一定规格的钢制筛管作为支管，按照在过滤罐圆周面一定的分布距离，将系列支管呈同一平面焊接于空心柱形钢结构的周围，每一根支管上有均匀的条缝来给滤料层布水。这里选择该“条缝式”和“筛管式”两种布水方式的压力式过滤罐为研究对象，分别模拟其在不同处理量及来水水质条件下的布水行为，确定适合于聚合物驱采出污水过滤处理的布水模式，并实现过滤处理段中布水工艺的优化。

以油田污水处理站常见直径为 4m 的石英砂过滤罐为原型，结合其布水结构和滤料层、垫料层特性建立相应的基本物理模型，主要结构尺寸见表 5.1。

表 5.1 过滤罐结构尺寸基础数据表

| 结构参数 | 数 值 | 结构参数 | 数 值 |
|---|---|---|---|
| 罐体直径，mm | 400 | 滤料粒径，mm | 0.8 |
| 罐体高度，mm | 4870 | 滤料厚度，mm | 1000 |
| 进水口直径，mm | 426 | 垫料粒径，mm | 8 |
| 出水口直径，mm | 377 | 垫料厚度，mm | 1000 |

“条缝式”布水模式过滤罐的简化物理模型如图 5.4 所示，其入口在过滤罐顶部，来水

通过入口进入布有均匀竖直缝隙的柱形布水器，其中，条缝间隔为200mm，条缝宽度为30mm，再通过布水器的缝隙流出，进而将来水分布到滤料表面。

"筛管式"过滤罐简化物理模型如图5.5所示，其入口在过滤罐的侧壁，来水通过入口进入集水单元，集水单元的周围配有等间距布水筛管，布水筛管直径为219mm，缝隙间距为200mm，缝隙宽度为30mm，来水通过集水单元后迅速进入筛管进而完成过滤罐的布水过程。

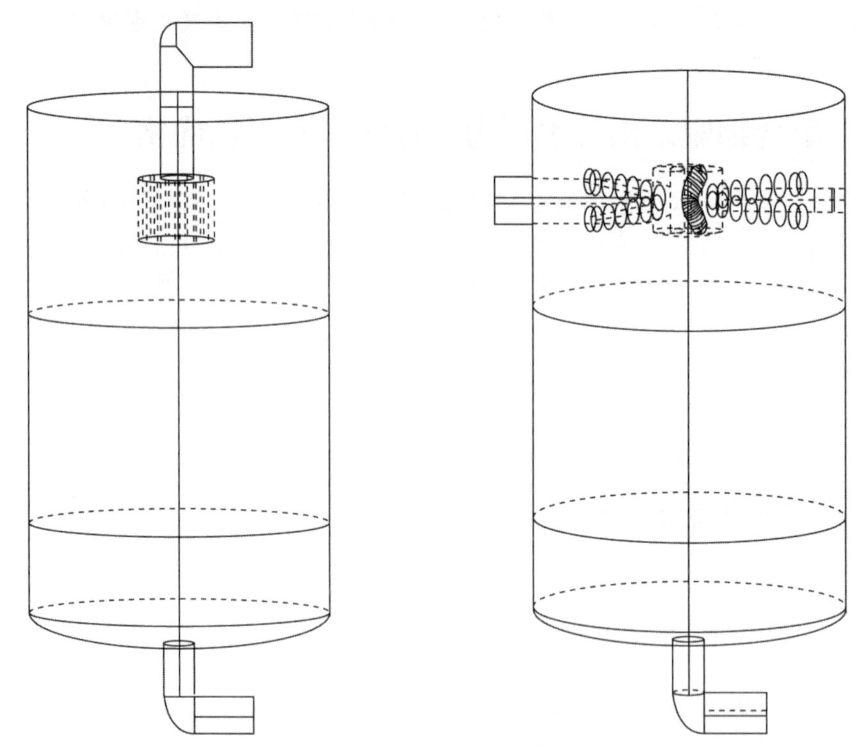

图5.4 "条缝式"布水过滤罐简化物理模型　　图5.5 "筛管式"布水过滤罐简化物理模型

（2）数学模型。

① 控制方程。

a. 质量守恒方程。

单位时间内流体微元体中质量的增加等于同一时间间隔内流体流入该微元体的净质量。根据以上假设，质量守恒方程可表示为：

$$\frac{\partial u}{\partial x}+\frac{\partial v}{\partial y}+\frac{\partial w}{\partial z}=0 \tag{5.15}$$

式中：$u$ 为来水在 $x$ 方向的速度，m/s；$v$ 为来水在 $y$ 方向的速度，m/s；$w$ 为来水在 $z$ 方向的速度，m/s。

b. 动量守恒方程。

动量守恒方程在惯性及非惯性坐标系中的 $x$、$y$、$z$ 方向上可表示为：

$$\frac{\partial u}{\partial t}+\frac{\partial(\rho uu)}{\partial x}+\frac{\partial(\rho uv)}{\partial y}+\frac{\partial(\rho uw)}{\partial z}=\frac{\partial\sigma_{xx}}{\partial x}+\frac{\partial\tau_{yx}}{\partial y}+\frac{\partial\tau_{zx}}{\partial z}+F_x \tag{5.16}$$

$$\frac{\partial u}{\partial t}+\frac{\partial(\rho vu)}{\partial x}+\frac{\partial(\rho vv)}{\partial y}+\frac{\partial(\rho vw)}{\partial z}=\frac{\partial\tau_{xy}}{\partial x}+\frac{\partial\sigma_{yy}}{\partial y}+\frac{\partial\tau_{zy}}{\partial z}+F_y \tag{5.17}$$

$$\frac{\partial u}{\partial t}+\frac{\partial(\rho wu)}{\partial x}+\frac{\partial(\rho wv)}{\partial y}+\frac{\partial(\rho ww)}{\partial z}=\frac{\partial\tau_{xz}}{\partial x}+\frac{\partial\tau_{yz}}{\partial y}+\frac{\partial\sigma_{zz}}{\partial z}+F_z \tag{5.18}$$

式中：$\sigma_{xx}$、$\sigma_{yy}$、$\sigma_{zz}$分别为垂直于微元体三个互相垂直的微面的应力，称为正应力；$\tau_{xy}$、$\tau_{xz}$、$\tau_{yx}$、$\tau_{yz}$、$\tau_{zx}$、$\tau_{zy}$为由于内摩擦而产生的作用在微元体上的切应力，其属于表面力，也可以统称为应力张量；$F_x$、$F_y$、$F_z$ 为微元体上的体积力和其他的动量源项，若无其他动量源项，且体积力只有重力，则当 $z$ 轴竖直向上时则 $F_x=0$、$F_y=0$、$F_z=-\rho g$。

对于牛顿流体，根据斯托克斯假设，流体所受应力与流体的变形率成正比，有：

$$\begin{cases}\sigma_{xx}=-p+2\mu\dfrac{\partial u}{\partial x}+\lambda\,\mathrm{div}(U)\\[2ex]\sigma_{yy}=-p+2\mu\dfrac{\partial u}{\partial y}+\lambda\,\mathrm{div}(U)\\[2ex]\sigma_{zz}=-p+2\mu\dfrac{\partial w}{\partial z}+\lambda\,\mathrm{div}(U)\end{cases} \tag{5.19}$$

$$\begin{cases}\tau_{xy}=\tau_{yx}=\mu\left(\dfrac{\partial v}{\partial x}+\dfrac{\partial u}{\partial y}\right)\\[2ex]\tau_{yz}=\tau_{zy}=\mu\left(\dfrac{\partial v}{\partial z}+\dfrac{\partial w}{\partial y}\right)\\[2ex]\tau_{xz}=\tau_{zx}=\mu\left(\dfrac{\partial u}{\partial z}+\dfrac{\partial w}{\partial x}\right)\end{cases} \tag{5.20}$$

式中：$\mu$ 为动力黏度，Pa · s；$\lambda$ 为第二黏度系数，一般可取值为 $\lambda=2/3$。将式(5.19)、式(5.20)代入式(5.15)，整理可得：

$$\frac{\partial(\rho u)}{\partial t}+\mathrm{div}(\rho uU)=\mathrm{div}\left(\mu\frac{\partial u}{\partial x}+\mu\frac{\partial u}{\partial y}+\mu\frac{\partial u}{\partial z}\right)-\frac{\partial p}{\partial x}+S_{\mathrm{u}} \tag{5.21}$$

$$\frac{\partial(\rho v)}{\partial t}+\mathrm{div}(\rho vU)=\mathrm{div}\left(\mu\frac{\partial v}{\partial x}+\mu\frac{\partial v}{\partial y}+\mu\frac{\partial v}{\partial z}\right)-\frac{\partial p}{\partial y}+S_{\mathrm{v}} \tag{5.22}$$

$$\frac{\partial(\rho w)}{\partial t}+\mathrm{div}(\rho wU)=\mathrm{div}\left(\mu\frac{\partial w}{\partial x}+\mu\frac{\partial w}{\partial y}+\mu\frac{\partial w}{\partial z}\right)-\frac{\partial p}{\partial y}+S_{\mathrm{w}} \tag{5.23}$$

则对于聚合物驱采出污水过滤流动的数值计算研究，所应用动量守恒方程表达式可以写为：

$$\frac{\partial(\rho uu)}{\partial x}+\frac{\partial(\rho uv)}{\partial y}+\frac{\partial(\rho uw)}{\partial z}=\frac{\partial}{\partial x}\left(\mu\frac{\partial u}{\partial x}\right)+\frac{\partial}{\partial y}\left(\mu\frac{\partial u}{\partial y}\right)+\frac{\partial}{\partial z}\left(\mu\frac{\partial u}{\partial z}\right)-\frac{\partial p}{\partial x}+S_{\mathrm{u}} \tag{5.24}$$

$$\frac{\partial(\rho vu)}{\partial x}+\frac{\partial(\rho vv)}{\partial y}+\frac{\partial(\rho vw)}{\partial z}=\frac{\partial}{\partial x}\left(\mu\frac{\partial v}{\partial x}\right)+\frac{\partial}{\partial y}\left(\mu\frac{\partial v}{\partial y}\right)+\frac{\partial}{\partial z}\left(\mu\frac{\partial v}{\partial z}\right)-\frac{\partial p}{\partial y}+S_{\mathrm{v}} \tag{5.25}$$

$$\frac{\partial(\rho wu)}{\partial x}+\frac{\partial(\rho wv)}{\partial y}+\frac{\partial(\rho ww)}{\partial z}=\frac{\partial}{\partial x}\left(\mu\frac{\partial w}{\partial x}\right)+\frac{\partial}{\partial y}\left(\mu\frac{\partial w}{\partial y}\right)+\frac{\partial}{\partial z}\left(\mu\frac{\partial w}{\partial z}\right)-\frac{\partial p}{\partial z}+S_{\mathrm{w}} \tag{5.26}$$

式中：$S_{\mathrm{u}}$、$S_{\mathrm{v}}$、$S_{\mathrm{w}}$ 为动量守恒方程的广义源项，对于黏性恒定的不可压缩流体，$S_{\mathrm{u}}=0$，$S_{\mathrm{v}}=0$，$S_{\mathrm{w}}=-\rho g$。

② 湍流模型。

针对石英砂滤层中水流过滤流动的流动状态，1996 年，董文楚曾提出了相应雷诺数的计算公式[61]：

$$Re=\frac{\psi\rho v d_{\mathrm{c}}}{6\mu(1-\varepsilon_0)} \tag{5.27}$$

式中：$Re$ 为水流在粒状材料孔隙内的雷诺数；$\psi$ 为滤料的形状系数，对于石英砂滤料，此形状系数在 0.820~0.885 之间取值；$\rho$ 为水的密度，$\mathrm{kg/m^3}$；$v$ 为过滤罐内平均过滤速度，m/s；$\mu$ 为过滤罐内水流的动力黏度，Pa·s；$d_{\mathrm{c}}$ 为滤料的当量直径，mm；$\varepsilon_0$ 为滤料的孔隙率。

当 $Re<0.5$ 时，可判别为层流流态；当 $1<Re<10^4$ 时，流态判别为层流向紊流转化的阶段；当 $Re>10^4$ 时，流态则判别为紊流。

针对过滤罐滤料层区域的基本特征，这里主要考虑石英砂滤料颗粒的形状及其孔隙率等关键影响因素，因此采用式(5.27)计算雷诺数并进行流态判断。经过不同工况的分析计算，确定模拟中的过滤过程为湍流流态，故采用工程上广泛应用的 $k-\varepsilon$ 模型。$k-\varepsilon$ 模型是针对湍流发展非常充分的湍流流动模型，也是一种针对高 $Re$ 的湍流计算模型，在标准 $k-\varepsilon$ 模型中，$k$ 和 $\varepsilon$ 是两个基本未知量，与之相对应的输运方程为[62]：

$$\frac{\partial(\rho k)}{\partial t}+\frac{\partial(\rho k u_i)}{\partial x_i}=\frac{\partial}{\partial x_i}\left[\left(\mu+\frac{\mu_t}{\sigma_k}\right)\frac{\partial k}{\partial x_i}\right]+G_k+G_{\mathrm{b}}-\rho\varepsilon-Y_{\mathrm{M}}+S_k \tag{5.28}$$

$$\frac{\partial(\rho\varepsilon)}{\partial t}+\frac{\partial(\rho\varepsilon u_i)}{\partial x_j}=\frac{\partial}{\partial x_j}\left[\left(\mu+\frac{\mu_t}{\sigma_\varepsilon}\right)\frac{\partial\varepsilon}{\partial x_j}\right]+C_{1\varepsilon}\frac{\varepsilon}{k}(G_k+G_{\mathrm{b}}G_{3\varepsilon})-C_{2\varepsilon}\rho\frac{\varepsilon^2}{k}+S_\varepsilon \tag{5.29}$$

式中：$G_k$ 为由于平均速度梯度引起的湍动能 $k$ 的产生项；$G_{\mathrm{b}}$ 为由于浮力引起的湍动能 $k$ 的产生项；$Y_{\mathrm{M}}$ 为可压湍流中脉动扩张的贡献；$S_k$、$S_\varepsilon$ 为自定义的源项；$C_{1\varepsilon}$、$C_{2\varepsilon}$ 和 $C_{3\varepsilon}$ 为经验常数；$\sigma_k$ 和 $\sigma_\varepsilon$ 分别为与湍动能 $k$ 和耗散率 $\varepsilon$ 对应的普朗特数。

(a)“条缝式”布水

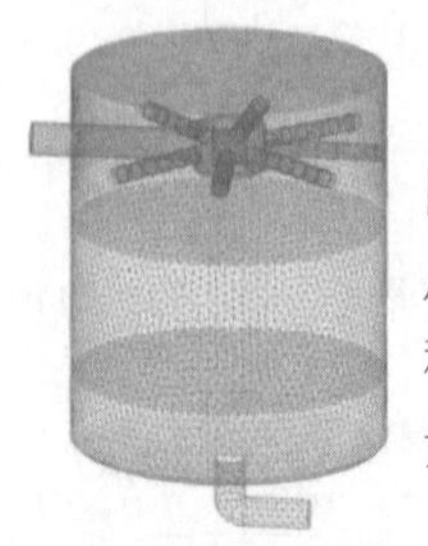

(b)“筛管式”布水

图 5.6　不同布水结构过滤罐网格剖分

(3) 网格划分。

利用 Gambit 建立前述模型并生成其非结构化网格，包括进水口、布水单元、配水空间、滤料层、集水空间和出水口，“条缝式”和“筛管式”两种布水结构的网格划分如图 5.6 所示，网格初始数量分别为 566316 个和 405142 个。

(4) 数值计算。

① 基本假设。

布水均匀性的衡量主要与过滤罐布水单元及其

布水后过滤过程中滤料层内的流场特征有关，因此依照前述物理模型建立，在此三维数值模拟中，对压力式过滤罐复杂原型做合理简化，并就聚合物驱采出污水过滤流动作出相应假设：

a. 压力式过滤罐内部采用前述的简化结构。

b. 在分离过程中，聚合物驱采出污水的密度变化不大，因此将聚合物驱采出污水视为不可压缩流体。

c. 假定滤料层各向同性。

d. 在流动、过滤过程中，假定水质温度恒定。

② 边界条件。

对于所研究的物理模型壁面边界考虑黏性的影响，壁面为静止状态；来水给定入口速度，出口边界采用自由出口；滤料层和垫料层构成的滤床区域按多孔介质处理，孔隙率根据滤料和垫料的技术参数进行取值，具体的边界条件设置见表 5. 2。

**表 5. 2　边界条件设置**

| 类　别 | 设　置 | 类　别 | 设　置 |
| --- | --- | --- | --- |
| 入口边界定义 | Velocity inlet | 壁面边界定义 | Stand wall |
| 出口边界定义 | Outflow | 滤床区域定义 | Porous zone |

③ 求解过程。

根据过滤理论，过滤过程的计算属于液、固两相分离过程，混合流体在过滤罐内受到重力的作用，因此在本章计算中考虑重力对流体的影响。同时，液、固两相之间存在相互的运动，因此计算方式为非定常计算。另外，考虑到油田聚合物驱采出污水中的离散粒子的体积分数小于 10%，对多相流模型选择 DPM(Discrete Phase Model)模型，相应的参数包含了体积力(Implicit Body Force)和相对滑移(Slip Velocity)。如前所述，湍流模型选择 $k$-$\varepsilon$ 模型的标准形式，压力—速度耦合的求解采用压力耦合方程的半隐式方法，即 SIMPLE 算法，对于 Pressure 项的空间离散选择 Body Force Weighted，残差均设为 0. 001，各变量的松弛因子选择为“默认”。

④ 计算基础参数。

在布水均匀性特征描述的模拟计算中，根据油田采出水处理设计规范[63]及大庆油田生产运行实践，直径为 4m 规格、不同粒料(石英砂、核桃壳)的单台压力式过滤器的处理量通常可以分布在 50~200m$^3$/h，过滤入口压力平均在 0. 12MPa 左右，出口压力平均在 0. 06MPa 左右，相当于稳定运行的过滤压差在 0. 06MPa 以内。因此，在布水特征模拟计算中，对于上述两种布水模式的过滤器，均选择较低和较高两种处理量($Q_1$、$Q_2$)，水质及其特性参数则依据实际测试结果进行选取和取值，具体计算参数见表 5. 3。

**表 5. 3　计算基础参数设置**

| 参　数 | “条缝式”布水过滤罐 | “筛管式”布水过滤罐 |
| --- | --- | --- |
| 含聚浓度，mg/L | 150 | 150 |
| 黏度(35℃)，mPa·s | 1. 0 | 1. 0 |

续表

| 参　　数 | | “条缝式”布水过滤罐 | “筛管式”布水过滤罐 |
|---|---|---|---|
| 悬浮物含量，mg/L | | 45 | 45 |
| 含油量，mg/L | | 45 | 45 |
| 悬浮物粒径中值，μm | | 25 | 25 |
| 油珠粒径中值，μm | | 25 | 25 |
| 平均过滤压差，MPa | | 0.05 | 0.05 |
| 处理量，$m^3/h$ | $Q_1$ | 50 | 50 |
| | $Q_2$ | 200 | 200 |

在布水工艺优化的模拟计算中，同样选取直径为4m规格的石英砂过滤罐为研究对象，通过改变筛管的布设数量，建立相应的物理模型，过滤水质及其特性参数同样依据实际测试结果进行选取和取值，计算基础参数的设置见表5.4。

**表5.4　计算基础参数设置**

| 参　　数 | “筛管式”布水过滤罐 | 参　　数 | “筛管式”布水过滤罐 |
|---|---|---|---|
| 含聚浓度，mg/L | 150 | 含油量，mg/L | 45 |
| 黏度(35℃)，mPa·s | 1.0 | 处理量，$m^3/h$ | 100 |
| 悬浮物含量，mg/L | 45 | 筛管布设数量，个 | 5、6、7、8、9、10 |

## 5.2.2　布水均匀性特征描述

(1) 压力场分布。

压力式过滤罐内部的工作压力稳定性是衡量压力式过滤罐工作性能的重要指标，在模型中分别建立$z=0$纵剖面和由上到下的$y=1$、$y=2$和$y=3$三个横截面，以便更清晰地分析稳定工况下过滤罐内部压力场的分布情况，如图5.7、图5.8所示，能够清晰地观察到在不同处理量下，两种布水模式的过滤罐压力分布规律相似，即在入口处压降较小，当污水进入滤料层后压降明显增大，并且在进入过滤罐内的滤层时压降进一步升高，这是由于滤料在截污过程中产生了阻力，同时，$y=1$、$y=2$和$y=3$三个横截面的压降逐渐升高，不过以“条缝式”布水过滤罐的压降升高更为明显。另外，随着处理量的增大，两种布水模式

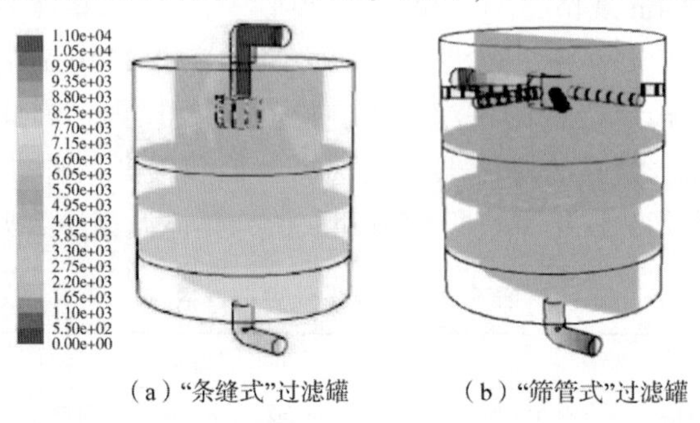


(a)“条缝式”过滤罐　　(b)“筛管式”过滤罐

图5.7　$50m^3/h$处理量下过滤罐内部压力场分布

过滤罐内部的压降均增大，但以“条缝式”布水过滤罐更为突出，表明“条缝式”布水模式过滤罐的内部运行稳定程度差。

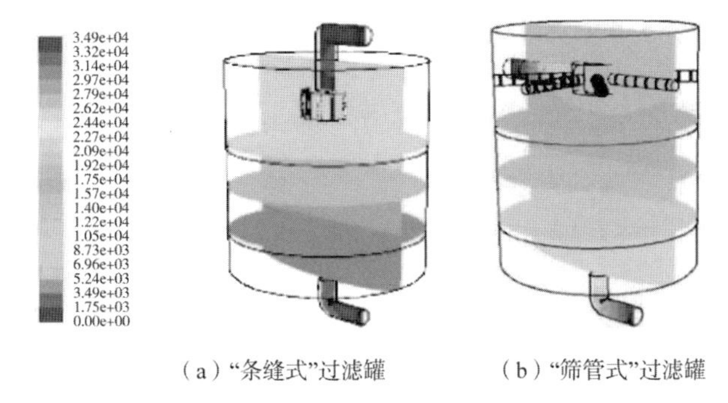

（a）“条缝式”过滤罐　　（b）“筛管式”过滤罐

图 5.8　200m³/h 处理量下过滤罐内部压力场分布

（2）压降特征。

为了更加可靠地描述过滤罐内部的压降分布，提取过滤罐的轴线（即 $z=0$）压降特征数据进行对比分析，两种布水模式过滤罐轴线压降特征曲线分别如图 5.9、图 5.10 所示。

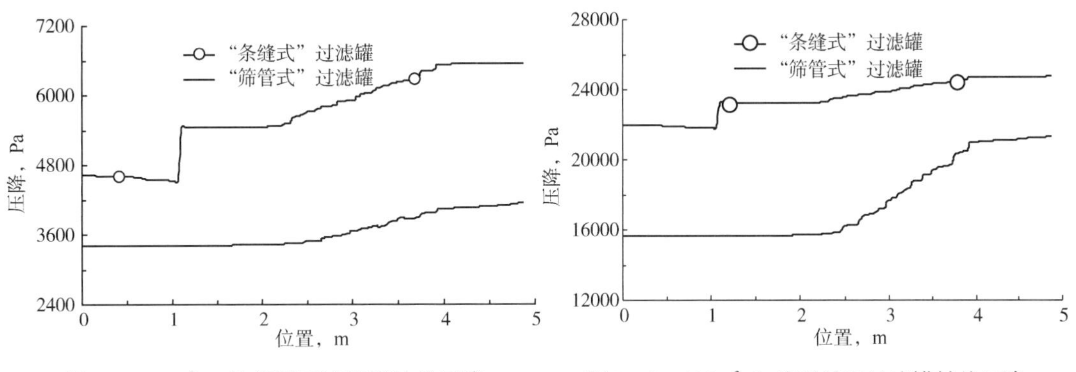

图 5.9　50m³/h 处理量下过滤罐轴线压降　　图 5.10　200m³/h 处理量下过滤罐轴线压降

从图 5.9 可以得知，在 50m³/h 的较低处理量下，整体看来，相比于“条缝式”布水过滤罐，“筛管式”布水过滤罐的轴线压降幅度较低，平均低出 38.37%。同时，进一步分析发现：在 0~1m 范围内，两种布水模式过滤罐的压降较为平稳；在 1~1.5m 范围内，该位置恰处于过滤罐的布水单元处，相对于“筛管式”过滤罐，“条缝式”过滤罐的压降表现出突增现象；在 2~4m 范围内，即滤料层位置处，两种布水模式过滤罐轴线压降均开始升高。

如图 5.10 所示，两种布水模式过滤罐的轴线压降在 200m³/h 的较高处理量下表现出与低处理量 50m³/h 下相似的变化特征，且相对于“条缝式”过滤罐，“筛管式”过滤罐轴线压降沿程始终较低，且平均压降低出 25.21%，这能够进一步证明“筛管式”布水过滤罐的运行稳定性。

综合分析可知，在两种不同处理量下，“筛管式”布水过滤罐均表现出良好的工作稳定性，其轴线平均压降较“条缝式”布水过滤罐低出 30.56%。

(3) 迹线特征。

为了更加直观地明确两种布水模式过滤罐的布水及其过滤罐内粒子的运动情况，选取高、低两种处理量下两种布水模式过滤罐内部部分粒子的迹线进行分析，如图 5.11、图 5.12 所示。

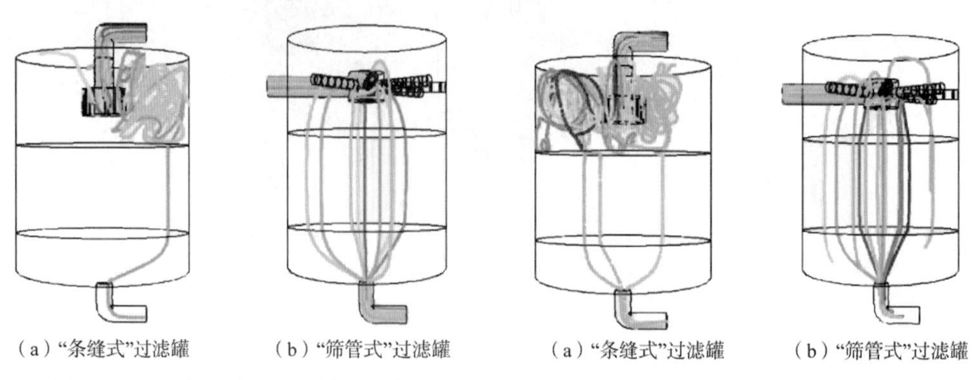

(a)“条缝式”过滤罐　(b)“筛管式”过滤罐　(a)“条缝式”过滤罐　(b)“筛管式”过滤罐

图 5.11　50m$^3$/h 处理量下粒子迹线　　图 5.12　200m$^3$/h 处理量下粒子迹线

从图 5.11、图 5.12 可以看出，两种布水模式过滤罐在不同的处理量下均表现出相似的粒子迹线特征，相比于迹线较为稳定的“筛管式”布水过滤罐而言，“条缝式”布水过滤罐存在较多的涡流现象，进而可能导致过滤罐的不稳定工况，同时，随着处理量的增加，粒子的分散效果表现得更为明显。

(4) 粒子分布及聚集特征。

在整体观察粒子迹线后，在过滤罐模型中建立滤料层横截面，局部描述等量粒子在滤料表层的分布及聚集情况，如图 5.13、图 5.14 所示，图 5.13 揭示了 50m$^3$/h 处理量下粒子在滤料层表面处的分布及聚集状况，可以看出，在较低的处理量下，在“条缝式”布水过滤罐内，滤料层表面存在大面积的“0 粒子区域”，并且其周围的粒子聚集行为较为明显，这可能会导致滤料堵塞和局部过滤压差过大等异常工况，对处理后的水质以及过滤罐的过滤性能存在潜在的危害；相比之下，“筛管式”布水过滤罐的滤料层表面虽然也存在“0 粒子区域”，但所占面积较小，粒子分布的均匀程度要明显优于“条缝式”布水过滤罐。

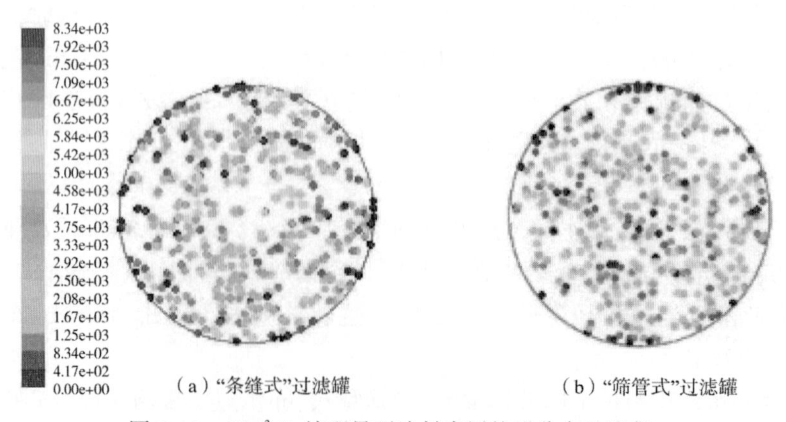


(a)“条缝式”过滤罐　(b)“筛管式”过滤罐

图 5.13　50m$^3$/h 处理量下滤料表层粒子分布及聚集

如图 5. 14 所示，在较高处理量下，两种布水模式过滤罐滤料层表面也同样存在“0 粒子区域”，与“筛管式”过滤罐相比，“条缝式”过滤罐的“0 粒子区域”所占面积仍然相对较大。同时，对比图 5. 13、图 5. 14 和计算结果还能够看出，随着处理量的增加，两种布水模式过滤罐中的粒子分布表现得更加均匀，“0 粒子区域”所占面积有减小趋势，这充分说明合理的运行参数能够为过滤工艺的高效运行及水质的处理效果提供保障。

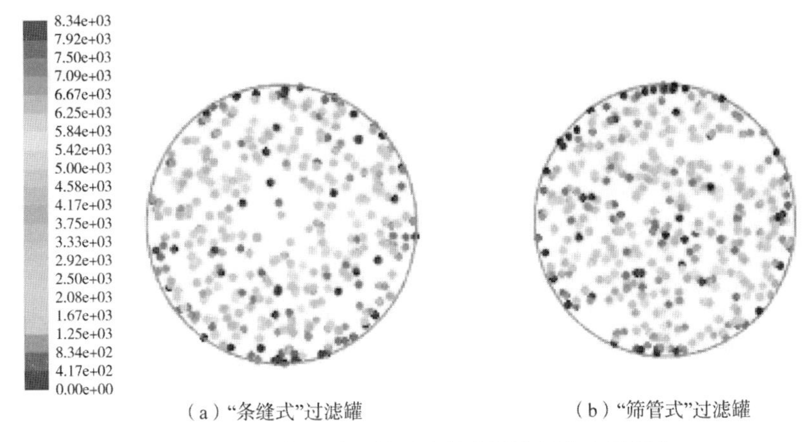


图 5. 14　200m³/h 处理量下滤料表层粒子分布及聚集

为了更加准确地对比两种布水模式过滤罐的布水均匀性能，进一步基于图像分析方法，利用 Image-Pro Plus 图像分析软件对粒子分布及聚集特征图像进行处理分析，计算了所提取粒子在滤层表面所占的面积，进而定量反映粒子在滤料层中分布均匀程度的相对大小，计算结果显示，在较低处理量 50m³/h 下，“条缝式”布水过滤罐内滤料层表面粒子所占面积为 24. 71%，“筛管式”布水过滤罐内滤料层表面粒子所占面积为 26. 90%；在较高处理量 200m³/h 下，“条缝式”布水过滤罐内滤料层表面粒子所占面积为 25. 62%，“筛管式”布水过滤罐内滤料层表面粒子所占面积为 30. 49%，揭示出与定性分析一致的结果。

### 5. 2. 3　布水工艺优化

从前面综合对比分析可知，由于更为完善的布水单元结构，“筛管式”布水过滤罐相比于“条缝式”布水过滤罐表现出更为均匀的布水性能。然而，目前在“筛管式”布水过滤罐的设计、制造中，其布水单元所配备筛管最优数量的确定仍然处于摸索中，往往依据经验性数值而定。因此，优化布水工艺、优化筛管布设数量，是大力推进“筛管式”布水过滤罐的前提。基于“筛管式”布水过滤罐的布水均匀性优势，以“筛管式”布水过滤罐为原型，改变筛管的布设数量，同前建立相应物理模型。同时，描述流动、过滤过程的控制方程与前述相同，在此不再赘述。

(1) 压力场分布。

为了更加准确地分析不同布水筛管数量下过滤罐内压力的稳定性，以过滤罐内最大的压力和某位置处的压力差作为压降，分析过滤罐内的压降波动情况。

① 布水单元压力场分布。

首先，对布水单元进行局部分析，布设不同数量筛管的布水单元压力场分布如图 5.15 所示。

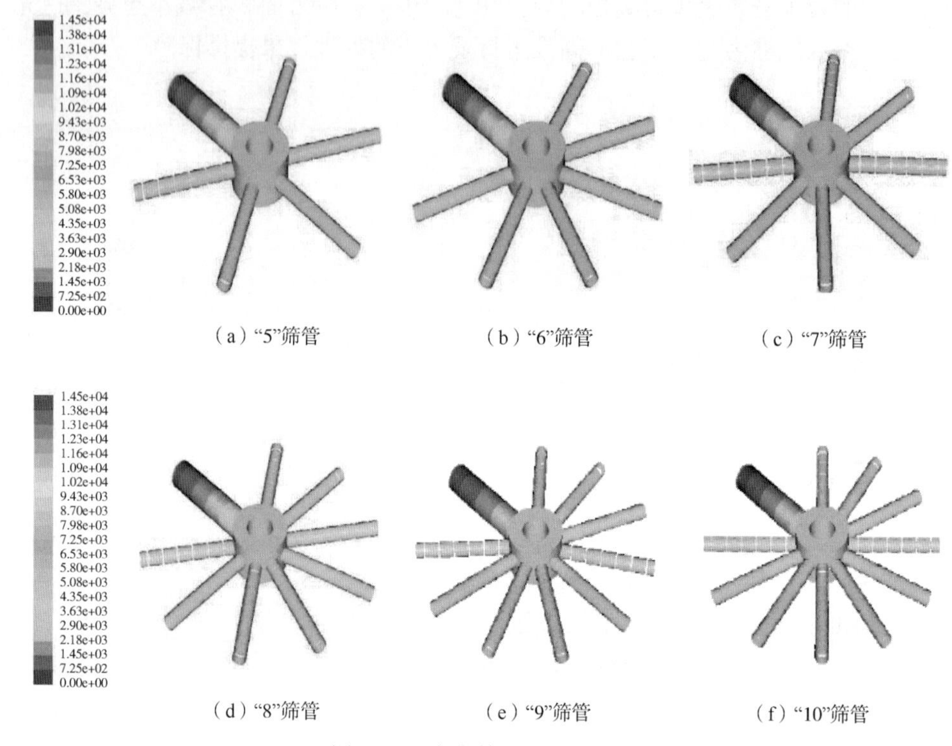


（a）“5”筛管　（b）“6”筛管　（c）“7”筛管

（d）“8”筛管　（e）“9”筛管　（f）“10”筛管

图 5.15　布水单元压力场分布

从图 5.15 可以看出，对于 6 种筛管数量的布水单元均呈现出相同的压降规律，即在入口处压降较低，在中央柱状集水区域由于体积突扩而导致压降较大，而在筛管内的压降分布较为稳定、均衡。

② 过滤罐内部压力场分布。

在模型中建立过滤罐纵截面，研究过滤罐内整体压降变化特征，从而全面分析布设不同数量筛管过滤罐内部流场的变化，如图 5.16 所示。

从图 5.16 可以看出，6 种筛管数量布水模式的过滤罐在进水口处压降均较低，随着筛管布设数量的增加，整体压降数值有减小且平稳的趋势，这一稳定的压降特征揭示了过滤罐运行的稳定程度。

(2) 压降特征。

为了进一步定量地分析压降特征分布，提取 6 种筛管数量布水模式下的过滤罐轴线(即 $z=0$)压降数据进行分析，压降特征如图 5.17 所示。

从图 5.17 可以看出，6 种筛管数量布水模式的过滤罐内轴线运行压降变化规律较为一致，在距离过滤罐顶部 0~2m 范围内，过滤罐内的压降平稳；在距离过滤罐顶部 2~4m 范围内，即在过滤罐的滤料层位置处，过滤罐内的压降平稳升高；在经历了滤料层位置后，压降继续升高但幅度相对降低。综合对比可知，“5”筛管和“6”筛管过滤罐的轴线压降值

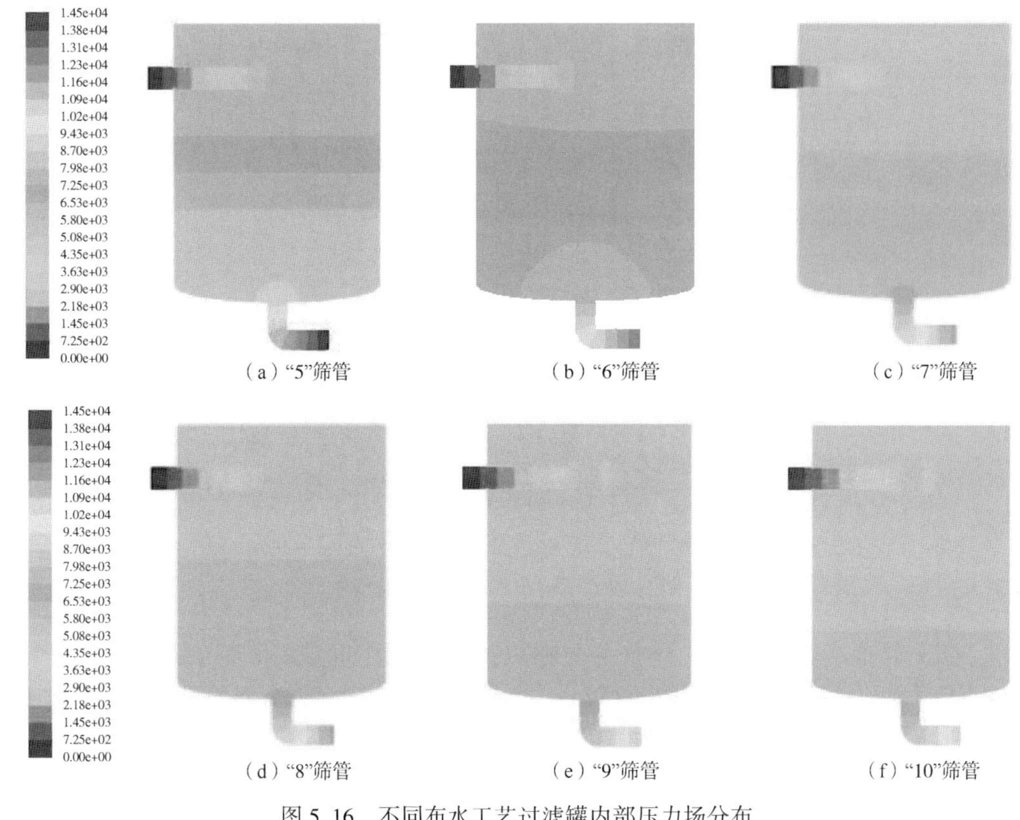


图 5.16　不同布水工艺过滤罐内部压力场分布

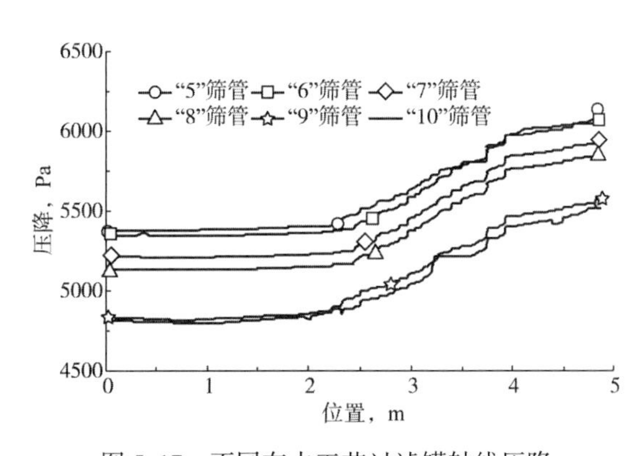


图 5.17　不同布水工艺过滤罐轴线压降

整体最大，最高压降值高于 6000Pa，"9"筛管和"10"筛管过滤罐的压降值则最小，且均接近于 5500Pa，表征了其过滤过程更为稳定。

(3) 迹线特征。

为了更加清晰地掌握布水均匀性效果，通过提取不同筛管数量布水模式的过滤罐中部分粒子的运动迹线，掌握粒子运动及在过滤罐内的分散情况，如图 5.18 所示。

从图 5.18 可以清晰地看到布设筛管数量对粒子分散程度的影响，即随着筛管数量的增加，粒子分布更加均匀且分散，在"5"筛管、"6"筛管、"7"筛管、"8"筛管数量的过滤

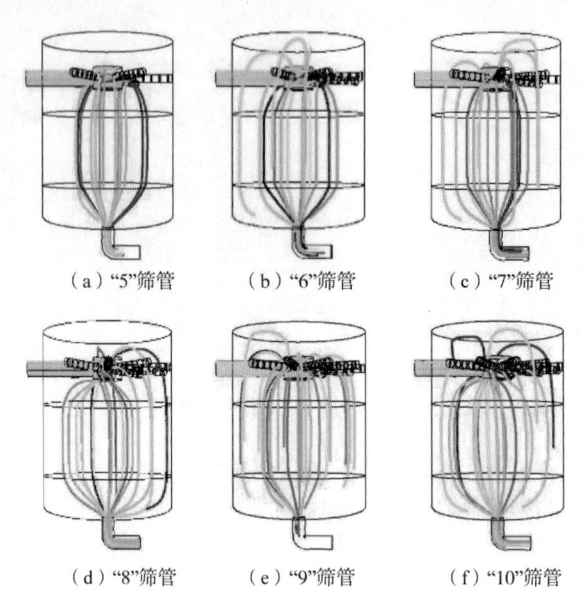

（a）“5”筛管　（b）“6”筛管　（c）“7”筛管

（d）“8”筛管　（e）“9”筛管　（f）“10”筛管

图 5.18　不同布水工艺粒子迹线

罐内，粒子分布不够分散，其分布主要在过滤罐内的中间或一侧区域，然而，“9”筛管、“10”筛管过滤罐内粒子迹线相对较为均匀且发散，二者迹线分布特征较为相似，揭示了此两种数量筛管布水的优越布水性能。

(4) 粒子分布及聚集特征。

在过滤罐模型中建立滤料层横截面，进一步观察等量粒子在滤料表层的分布及聚集情况，如图 5.19 所示。

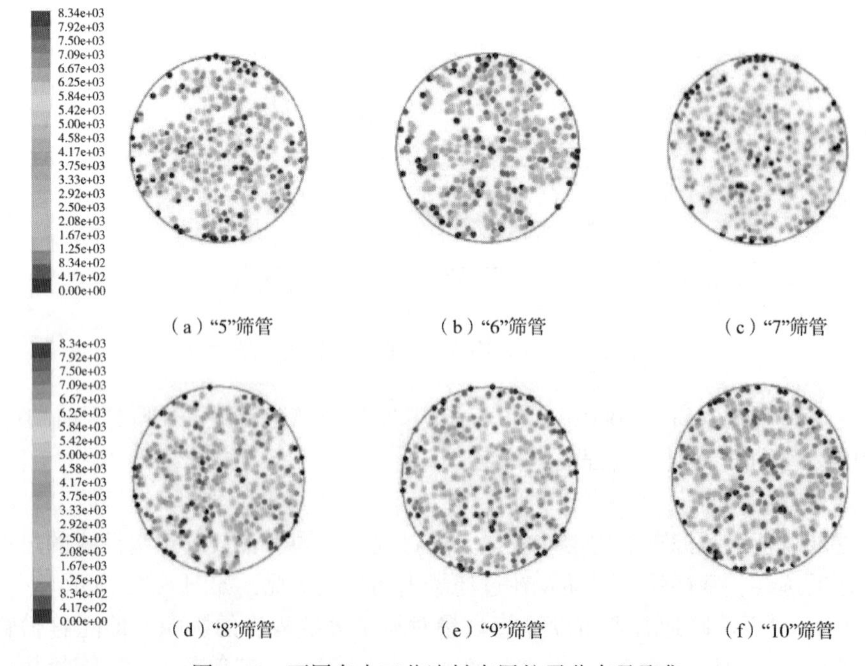


（a）“5”筛管　（b）“6”筛管　（c）“7”筛管

（d）“8”筛管　（e）“9”筛管　（f）“10”筛管

图 5.19　不同布水工艺滤料表层粒子分布及聚集

从图5.19可以看出，“5”筛管、“6”筛管、“7”筛管、“8”筛管过滤罐的滤料层均出现了较多的“0粒子区域”，“9”筛管、“10”筛管过滤罐的滤料层的“0粒子区域”则较少，即随着布水单元筛管数量的增加，过滤罐内粒子分布呈现出更加分散的趋势。

在以上分析的基础上，同样基于图像分析方法，利用Image-Pro Plus图像分析软件对不同布水工艺滤料表层的粒子分布及聚集特征图像进行处理分析，定量计算结果表明，在上述“5”筛管、“6”筛管、“7”筛管、“8”筛管、“9”筛管、“10”筛管数量过滤罐内，滤料表层粒子所占的横截面面积百分比分别为25.26%、26.10%、27.32%、27.63%、32.0%和33.39%，显然，定量计算表明，当筛管数量增加到“9”时，布水效果达到最大均匀程度。

综合分析过滤罐内压力场分布、过滤轴线压降特征、粒子迹线、滤料表层粒子分布及聚集行为表明，针对直径为4m规格的聚合物驱采出污水压力式过滤罐，“9”筛管布水模式过滤罐能够实现稳定而均匀的布水能力，选用“9”筛管可为聚合物驱采出污水过滤处理效果提供有效保证。

## 5.3 聚合物驱采出污水压力式过滤流场特征及过滤效果影响

过滤罐滤料层内的流场特征是污水过滤运行稳定性的基本再现，在取得均匀布水后，这种流场特征更直接地影响着滤料截污性能的充分发挥、水质的过滤处理效果，以及过滤罐反冲洗操作参数的制定与调整。因此，在过滤罐布水工艺优化的基础上，这里基于“筛管式”最优布水，从构建过滤罐均质滤料及级配滤料的思路出发，建立以滤料层和垫料层多种模式填设为主体的相应物理模型，数值模拟研究不同含聚浓度污水压力式过滤流场的分布规律，揭示聚合物驱采出污水水质过滤处理效果及其影响，并明确聚合物驱采出污水对于过滤层级配滤料填设模式的适配性。

### 5.3.1 模型建立及数值计算

通常来讲，滤料粒径越小，其截污能力越强、含污能力越高，不过，水头损失也就越大。这便促进了对过滤罐滤料层进行多方式组合，以及级配技术的发展与应用，同时也为合理级配模式的构建带来挑战。针对单层滤料(均质滤料层)和多层滤料(双层滤料层或三层滤料层)的设计应用，我国制定了国家标准《油田采出水处理设计规范》(GB 50428—2007)，推荐了各类过滤罐(器)相应滤料与垫料的填装规格及厚度，但当考虑处理水质特性的变化时，这种推荐性填设技术参数及其适应性仍须系统探究，以满足新形势下油田污水个性化处理工艺的构建。

(1) 物理模型。

结合《油田采出水处理设计规范》(GB 50428—2015)及大庆油田聚合物驱采出污水处理生产运行实践，以常见直径为4m的过滤罐为原型，如图5.20所示，构建均质滤料、双层级配滤料及三层级配滤料过滤罐简化物理模型，滤料、垫料的填设规格及厚度分别见表5.5、表5.6和表5.7，区别于前文布水工艺优化研究，考虑模拟分析的主要特征参数及计算收敛时长，这里以简化的二维模型代替三维模型，其中，可实现均匀布水的来水进入过滤罐，经由总厚度为1000mm的滤料层和700mm的垫料层，滤后出水从过滤罐底部集水口流出。

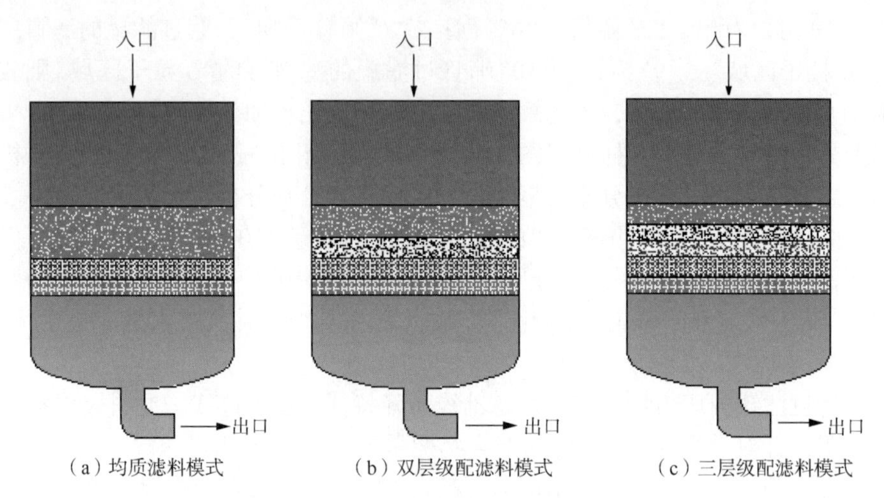

（a）均质滤料模式　（b）双层级配滤料模式　（c）三层级配滤料模式

图 5.20　不同滤料级配模式过滤罐物理模型

**表 5.5　均质滤料模式的填设技术参数**

| 序号 | 类别 | 粒径规格，mm | 填装厚度，mm |
|---|---|---|---|
| 1 | 滤料层 | 0.8 | 1000 |
| 2 | 垫料层 | 4 | 400 |
| 3 | 垫料层 | 8 | 300 |

**表 5.6　双层级配滤料模式的填设技术参数**

| 序号 | 类别 | 粒径规格，mm | 填装厚度，mm |
|---|---|---|---|
| 1 | 滤料层 | 0.8 | 600 |
| 2 | 滤料层 | 0.6 | 400 |
| 3 | 垫料层 | 4 | 400 |
| 4 | 垫料层 | 8 | 300 |

**表 5.7　三层级配滤料模式的填设技术参数**

| 序号 | 类别 | 粒径规格，mm | 填装厚度，mm |
|---|---|---|---|
| 1 | 滤料层 | 0.8 | 400 |
| 2 | 滤料层 | 0.6 | 300 |
| 3 | 滤料层 | 0.4 | 300 |
| 4 | 垫料层 | 4 | 400 |
| 5 | 垫料层 | 8 | 300 |

（2）数学模型。

在二维物理模型中，描述聚合物驱采出污水过滤过程的基本方法仍与第 3 章三维物理模型相同，因此，对于不同滤料级配模式下过滤过程的模拟，其使用湍流模型及包括质量守恒方程、动量守恒方程在内的控制方程均与第 3 章三维物理模型相似，详细过程不再赘述，具体形式如下：

$$\frac{\partial(\rho k)}{\partial t}+\frac{\partial(\rho k u_{\mathrm{i}})}{\partial x_{\mathrm{i}}}=\frac{\partial}{\partial x_{\mathrm{i}}}\left[\left(\mu+\frac{\mu_{\mathrm{t}}}{\sigma_{k}}\right)\frac{\partial k}{\partial x_{\mathrm{i}}}\right]+G_{k}+G_{\mathrm{b}}-\rho\varepsilon-Y_{\mathrm{M}}+S_{k} \tag{5.30}$$

$$\frac{\partial(\rho\varepsilon)}{\partial t}+\frac{\partial(\rho\varepsilon u_{\mathrm{i}})}{\partial x_{\mathrm{j}}}=\frac{\partial}{\partial x_{\mathrm{j}}}\left[\left(\mu+\frac{\mu_{\mathrm{t}}}{\sigma_{\varepsilon}}\right)\frac{\partial\varepsilon}{\partial x_{\mathrm{j}}}\right]+C_{1\varepsilon}\frac{\varepsilon}{k}(G_{k}+G_{\mathrm{b}}C_{3\varepsilon})-C_{2\varepsilon}\rho\frac{\varepsilon^{2}}{k}+S_{\varepsilon} \tag{5.31}$$

$$\frac{\partial(u)}{\partial x}+\frac{\partial(v)}{\partial y}=S_{\mathrm{m}} \tag{5.32}$$

$$\frac{\partial(\rho uu)}{\partial x}+\frac{\partial(\rho uv)}{\partial y}=\frac{\partial}{\partial x}\left(\mu\frac{\partial u}{\partial x}\right)+\frac{\partial}{\partial y}\left(\mu\frac{\partial u}{\partial y}\right)-\frac{\partial p}{\partial x}+S_{\mathrm{u}} \tag{5.33}$$

$$\frac{\partial(\rho vu)}{\partial x}+\frac{\partial(\rho vv)}{\partial y}=\frac{\partial}{\partial x}\left(\mu\frac{\partial v}{\partial x}\right)+\frac{\partial}{\partial y}\left(\mu\frac{\partial v}{\partial y}\right)-\frac{\partial p}{\partial y}+S_{\mathrm{v}} \tag{5.34}$$

式中：$u$ 为来水在 $x$ 方向的速度，m/s；$v$ 为来水在 $y$ 方向的速度，m/s；$S_{\mathrm{m}}$ 为源项，即从分散次生二级相或其他用户自定义源项中加入连续相中的质量；$S_{\mathrm{u}}$、$S_{\mathrm{v}}$ 为动量守恒方程的广义源项，对于黏性恒定的不可压缩流体，$S_{\mathrm{u}}=0$、$S_{\mathrm{v}}=-\rho g$；$G_k$ 为由平均速度梯度引起的湍动能 $k$ 的产生项；$G_{\mathrm{b}}$ 为由浮力引起的湍动能 $k$ 的产生项；$Y_{\mathrm{M}}$ 为可压湍流中脉动扩张的贡献；$S_k$、$S_\varepsilon$ 为自定义的源项；$C_{1\varepsilon}$、$C_{2\varepsilon}$ 和 $C_{3\varepsilon}$ 为经验常数。

（3）网格划分。

同前，利用 Gambit 生成不同滤料级配模式过滤罐物理模型的非结构化网格，基础网格划分初始数量为 31522 个，且由于对流场特征的模拟及过滤效果分析须更侧重并着眼于滤料层，因此，在网格划分过程中，对滤料层区域网格进行适度加密，以更充分地再现过滤流场的演变特征，如图 5.21 所示。

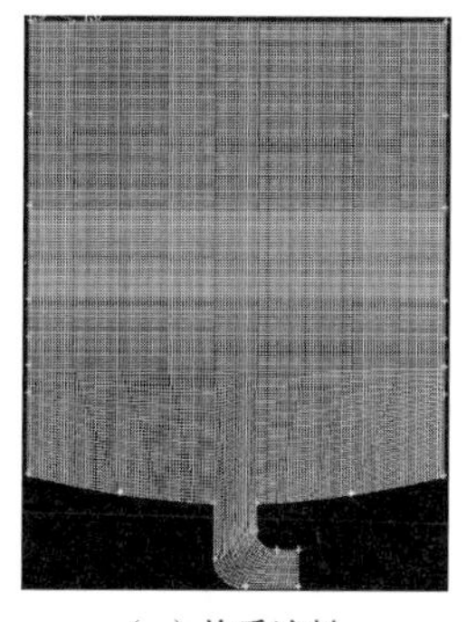
（a）均质滤料

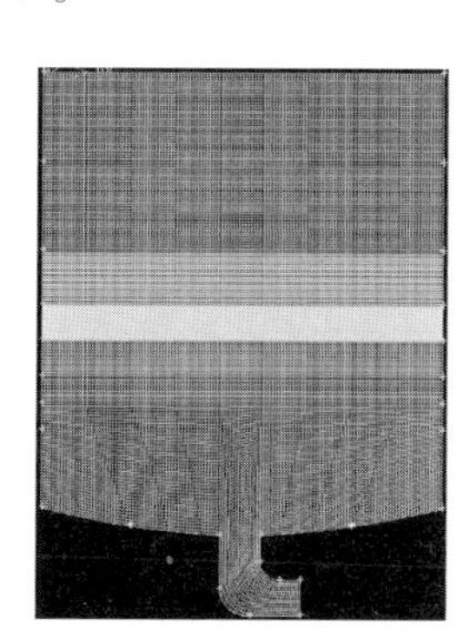
（b）双层级配滤料

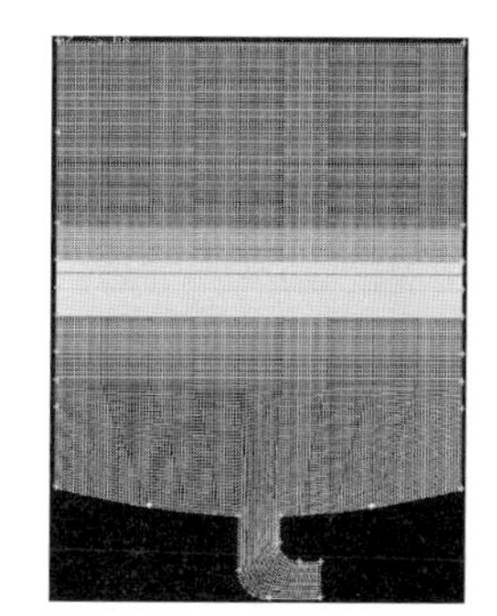
（c）三层级配滤料

图 5.21　不同滤料级配模式过滤罐网格剖分

（4）数值计算。

① 基本假设。

考虑模拟分析的主要特征参数及数值计算收敛时长问题，通过简化开展不同滤料级配模式下聚合物驱采出污水过滤二维数值模拟的同时，在数值计算中同样作出以下相应假设：

a. 从过滤罐上部流入的来水可实现在滤料层的均匀布水。

b. 在分离过程中，聚合物驱采出污水的密度变化不大，因此将聚合物驱采出污水视为不可压缩流体。

c. 假定滤料层各向同性。

d. 在流动、过滤过程中，假定聚合物驱采出污水水质温度恒定。

② 边界条件。

同前，在此二维数值模拟中，对于所研究的物理模型壁面边界考虑黏性影响，壁面为静止状态；来水给定入口速度，出口边界采用自由出口；级配滤料层和垫料层构成的滤床区域按多孔介质处理，孔隙率根据级配滤料和垫料的技术参数进行取值，具体的边界条件设置见表5.8。

**表5.8　边界条件设置及参数**

| 项　　目 | 设　　置 | 项　　目 | 设　　置 |
|---|---|---|---|
| 入口边界定义 | Velocity inlet | 壁面边界定义 | Stand wall |
| 出口边界定义 | Outflow | 滤床区域定义 | Porous zone |

③ 计算基础参数。

在处理量为100m$^3$/h的运行工况下，针对含聚浓度分别为150mg/L、515mg/L和820mg/L的聚合物驱采出污水，基于上述不同滤料级配模式进行了过滤流场演变特征及过滤处理效果的模拟计算，同时，为了对比分析，模拟了不含聚水驱污水的过滤过程，水质特性参数依据实际测试结果进行取值，具体模拟计算参数设置见表5.9。

**表5.9　计算参数设置表**

| 参　　数 | 计算取值 | | | |
|---|---|---|---|---|
| 含聚浓度，mg/L | 0 | 150 | 515 | 820 |
| 黏度(35℃)，mPa·s | 0.9 | 1.0 | 2.0 | 3.0 |
| 悬浮物含量，mg/L | 40 | 65 | 65 | 65 |
| 含油量，mg/L | 35 | 55 | 55 | 55 |
| 悬浮物粒径中值，μm | 30 | 25 | 25 | 25 |
| 油珠粒径中值，μm | 30 | 25 | 22 | 18 |
| 处理量，m$^3$/h | 100 | 100 | 100 | 100 |
| 平均过滤压差，MPa | 0.05 | | | |

求解过程同前，本章不再赘述。

### 5.3.2　聚合物驱采出污水过滤流场分布特征

从压力场分布特征、油珠粒子聚集分布特征及悬浮物粒子聚集分布特征出发，描述不同性质聚合物驱采出污水在均质滤料模式、双层级配滤料模式及三层级配滤料模式下过滤的流场演变特征，再现过滤层滤料填设模式及含聚浓度对污水过滤性能的影响。

(1) 压力场分布。

同样，考虑到压力的稳定性是衡量压力式过滤罐工作性能的重要指标，以聚合物驱采出污水过滤过程中罐内最大压力和罐内任一截面位置处平均压力的差值，也就是压降，作为表征过滤罐内压力场分布的特征参数，进而建立不同聚合物驱采出污水在不同级配滤料模式过滤罐中过滤的压降特征云图，再现过滤流场特征及过滤罐运行的稳定性。

① 水驱污水。

均质滤料模式、双层级配滤料模式及三层级配滤料模式下过滤不含聚水驱污水的压力场分布如图 5.22 所示，可以看出，尽管滤料层区域明显的压降增大特征呈现在不同滤料填设模式的过滤罐中，但与均质滤料填设模式相比，水驱污水在级配滤料填设模式过滤罐中过滤的压降减小，且在三层级配滤料模式下的压降更低，表现出滤料多层级配填设对提高流场稳定性的有效作用。同时，滤料层上、下区域的压降差异，尤其是上部区域的压力场分布，也反映出级配滤料模式下其配水空间更小的扰动，这必然会促进过滤流场的稳定，也适配于过滤罐布水优化工艺的应用。

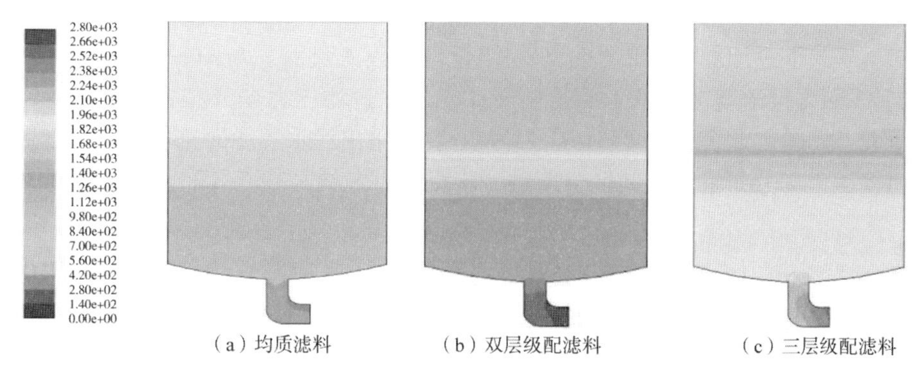


（a）均质滤料　（b）双层级配滤料　（c）三层级配滤料

图 5.22　水驱污水过滤压力场分布

② 聚合物驱采出污水(含聚浓度 150mg/L)。

均质滤料模式、双层级配滤料模式及三层级配滤料模式下过滤含聚浓度为 150mg/L 聚合物驱采出污水的压力场分布如图 5.23 所示，可以看出，相比于均质滤料填设模式，此聚合物驱采出污水在级配滤料填设模式过滤罐中过滤的压降减小，且在三层级配滤料模式下过滤的压降更小，揭示出滤料多层级配填设对提高聚合物驱采出污水过滤流场稳定性的

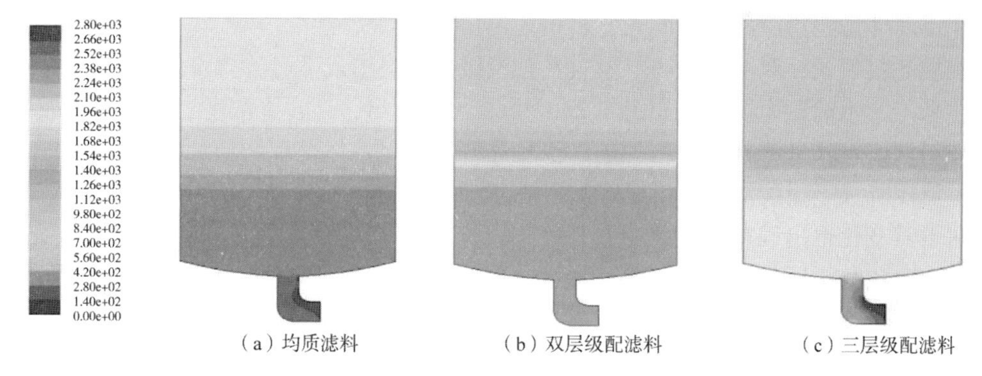


（a）均质滤料　（b）双层级配滤料　（c）三层级配滤料

图 5.23　聚合物驱采出污水(含聚浓度 150mg/L)过滤压力场分布

有效作用。对于不同滤料填设模式的过滤罐，其滤料层区域表现出明显的压降增大特征，且由于截污而出现“分层”现象，同时，在级配滤料模式下，滤料层上、下区域的压降规律及差异将有益于降低过滤罐配水和集水空间的扰动，进而贡献于过滤流场的稳定，也必然能够与所优化过滤罐布水工艺实现良好衔接。但与图 5.22 的水驱污水过滤压力场分布相比，此聚合物驱采出污水在不同滤料填设模式过滤罐中的压降在整体上均相对增大，且变化特征更为明显，压力场分布云图区分度提高，表明污水中含聚合物使过滤流场的稳定性能整体降低。

③ 聚合物驱采出污水(含聚浓度 515mg/L)。

均质滤料模式、双层级配滤料模式及三层级配滤料模式下过滤含聚浓度为 515mg/L 聚合物驱采出污水的压力场分布如图 5.24 所示，显然，不同滤料填设模式下过滤的压力场分布规律更为突出，从填设均质滤料过滤到填设级配滤料过滤，压降明显减小，滤料层区域呈现明显的压降增大特征，且有“分层”现象出现。不过，同样也可以看出，与均质滤料填设模式相比，此聚合物驱采出污水在级配滤料填设模式过滤罐中过滤的压降减小，且三层级配滤料模式下过滤的压降要小于双层级配滤料模式过滤。与图 5.22 的不含聚水驱污水、图 5.23 的含聚浓度 150mg/L 聚合物驱采出污水过滤压力场分布相比，过滤流场的压降整体增大，反映出此含聚浓度 515mg/L 聚合物驱采出污水过滤的流场稳定程度进一步下降，表现在压力场分布云图上其区分度进一步提高。

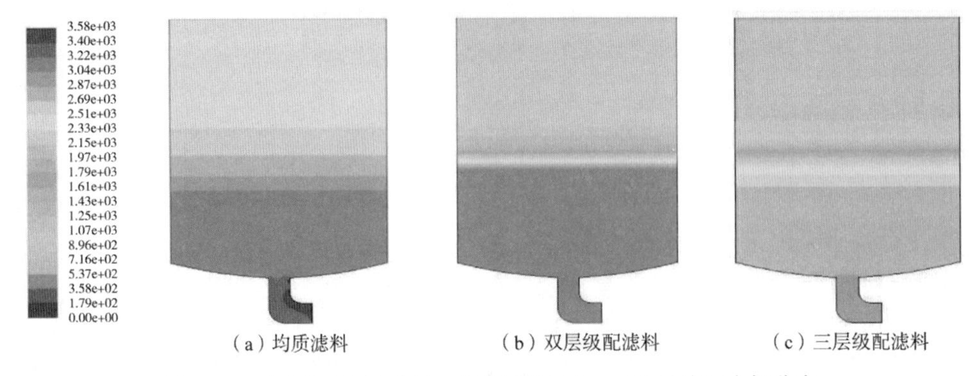


图 5.24 聚合物驱采出污水(含聚浓度 515mg/L)过滤压力场分布

④ 聚合物驱采出污水(含聚浓度 820mg/L)。

均质滤料模式、双层级配滤料模式及三层级配滤料模式下过滤含聚浓度为 820mg/L 聚合物驱采出污水的压力场分布如图 5.25 所示，可以看出，当含聚浓度上升到 820mg/L 时，不同滤料填设模式过滤罐中的压降进一步整体升高，但依然呈现均质滤料填设模式过滤罐中的过滤压降大于级配滤料填设模式的过滤压降，滤料层区域由于截污，压降在大幅增加的同时，其变化也出现“分层”现象。

综上对比分析压力场分布可知，污水含聚浓度增大，流场压降增大，过滤流场趋向不稳定特征，且在均质滤料填设模式下更为明显，危害聚合物驱采出污水的过滤性能；对于任一聚合物驱采出污水，滤料层填设从均质改变为级配模式时，过滤流场均向着稳定特征方向演变，保障聚合物驱采出污水的过滤性能。

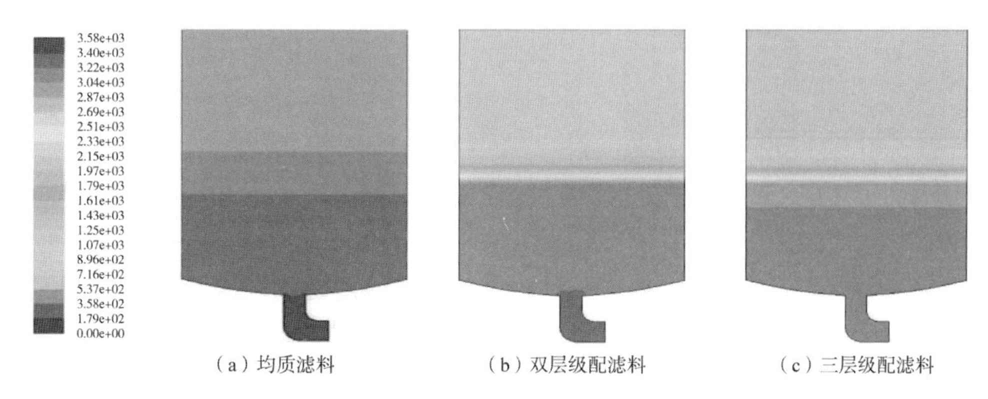


（a）均质滤料　（b）双层级配滤料　（c）三层级配滤料

图 5. 25　聚合物驱采出污水(含聚浓度 820mg/L)过滤压力场分布

(2) 油珠及悬浮物粒子聚集分布。

污水过滤的本质在于依靠水力学和界面化学作用而进行液—液、固—液分离，也就是截留其中的含油和悬浮物，过滤过程中这类粒子在滤床中的聚集、分布便是反映流场规律、揭示滤料截污性能的另一主要特征。因此，在数值计算过程中，对于不同的级配滤料模式过滤，均在某一性质污水过滤运行稳定后，提取过滤流场中的油珠粒子及悬浮物粒子，从而构建任一类粒子及其混合体的聚集分布特征云图，进一步再现过滤流场的演变特征。

① 水驱污水。

均质滤料模式、双层级配滤料模式及三层级配滤料模式过滤不含聚水驱污水运行稳定时的油珠、悬浮物粒子聚集分布分别如图 5. 26、图 5. 27 和图 5. 28 所示，对比分析粒子聚集分布特征可知，油珠粒子和悬浮物粒子在滤床中的聚集分布具有相似性，这也是对油田采出污水中乳化油和胶体悬浮物具有相互依存性认识的一种证实。当滤料层填设从均质改变为级配模式时，过滤流场中油珠粒子、悬浮物粒子及其混合体均向聚集分布均匀、聚集分布密度大的特征演变，未被滤床截留而积聚在过滤罐集水空间或残留在滤后出水中的油珠、悬浮物基本消失，表明过滤罐级配滤料填设促进流场稳定、提升滤层截污能力、改善污水过滤性能，且三层级配滤料模式表现出较双层级配滤料模式更为明显的这种粒子聚集分布演变特征。

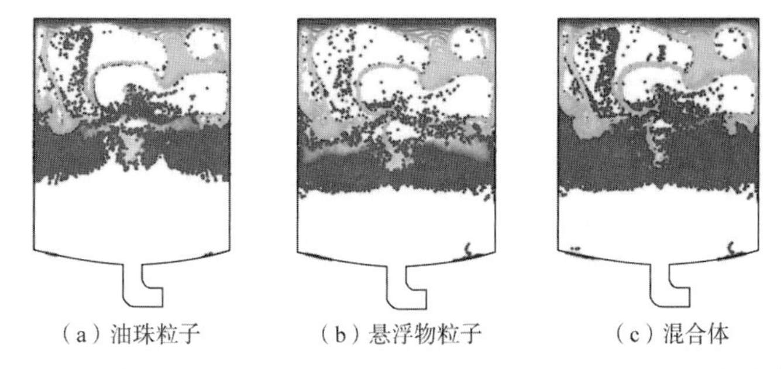

（a）油珠粒子　（b）悬浮物粒子　（c）混合体

图 5. 26　水驱污水均质滤料模式过滤时油珠及悬浮物粒子聚集分布

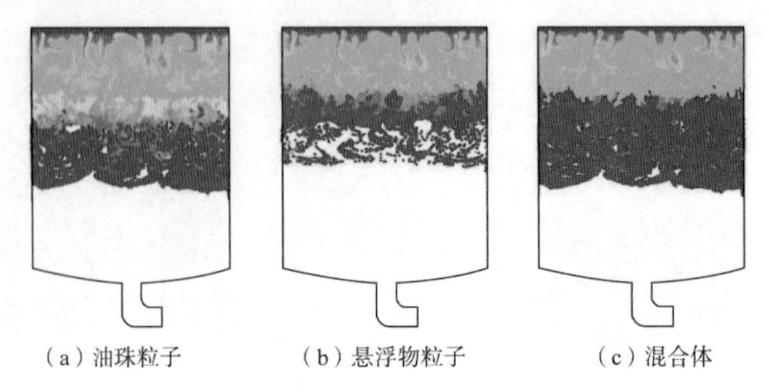


图 5.27　水驱污水双层级配滤料模式过滤时油珠及悬浮物粒子聚集分布

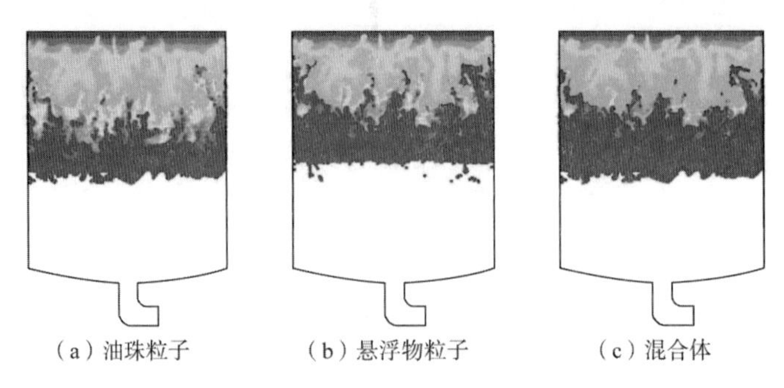


图 5.28　水驱污水三层级配滤料模式过滤时油珠及悬浮物粒子聚集分布

② 聚合物驱采出污水(含聚浓度 150mg/L)。

均质滤料模式、双层级配滤料模式及三层级配滤料模式过滤含聚浓度为 150mg/L 聚合物驱采出污水运行稳定时的油珠、悬浮物粒子聚集分布分别如图 5.29、图 5.30 和图 5.31 所示，从粒子聚集分布特征同样可以看出，油珠粒子和悬浮物粒子的聚集分布具有相似性，不同于均质滤料模式过滤时粒子聚集分布不均匀、滤床区域粒子聚集分布密度显小、粒子截留不彻底的特征，采用级配滤料模式过滤时，粒子聚集分布趋向均匀，滤床区域粒子聚集分布密度大幅增大，粒子不彻底的截留特征也基本消失，揭示出级配滤料填设模式在提升水质过滤流场稳定性、改善水质过滤性能方面的优势。

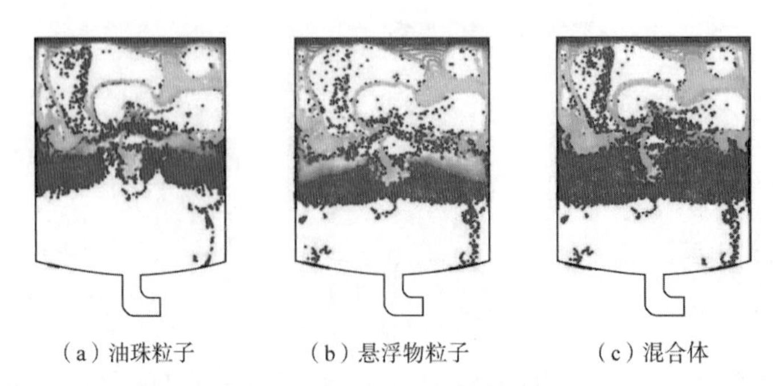


图 5.29　聚合物驱采出污水(含聚浓度 150mg/L)均质滤料模式过滤时油珠及悬浮物粒子聚集分布

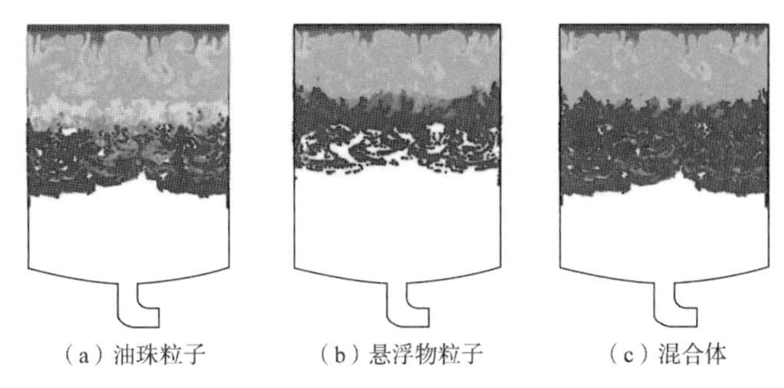


图 5.30　聚合物驱采出污水(含聚浓度 150mg/L)双层级配滤料模式过滤时油珠及悬浮物粒子聚集分布

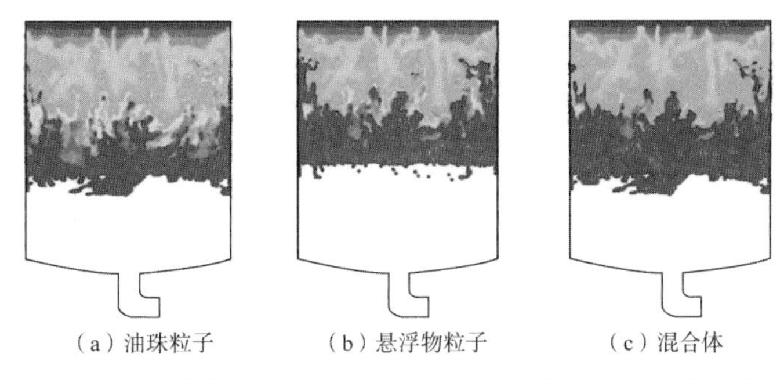


图 5.31　聚合物驱采出污水(含聚浓度 150mg/L)三层级配滤料模式过滤时油珠及悬浮物粒子聚集分布

不过，与不含聚水驱污水运行稳定时的油珠、悬浮物粒子聚集分布(图 5.26、图 5.27 和图 5.28)对比可知，二者的特征极为相似，这表明此 150mg/L 的低含聚浓度尚不会对污水过滤过程中油珠、悬浮物粒子的聚集分布及其截留带来显著影响。

③ 聚合物驱采出污水(含聚浓度 515mg/L)。

均质滤料模式、双层级配滤料模式及三层级配滤料模式过滤含聚浓度为 515mg/L 聚合物驱采出污水运行稳定时的油珠、悬浮物粒子聚集分布分别如图 5.32、图 5.33 和图 5.34 所示，可以看出，此含聚浓度下，除了油珠粒子和悬浮物粒子的聚集分布具有相似性、油珠粒子和悬浮物粒子及其混合体在级配滤料填设模式过滤罐中向聚集分布均匀、聚集分布密度大而演变等特征之外，两类粒子的聚集分布空间向着滤床下部区域相对延伸，且以油珠粒子更为明显，这主要在于黏性含聚水质对乳化油更强的携带作用，以及水质中乳化油珠在垫料层的黏附机制。同时，可见少量未被滤床截留而分散、积聚于过滤罐集水空间的油珠、悬浮物粒子，且以悬浮物粒子更为明显，这表明，一方面污水中含聚浓度的上升冲击过滤流场的稳定性、降低粒料的截污性能，进而必然影响到滤后出水水质，另一方面，悬浮物的有效去除是实现聚合物驱采出污水过滤达标处理的关键。

④ 聚合物驱采出污水(含聚浓度 820mg/L)。

均质滤料模式、双层级配滤料模式及三层级配滤料模式过滤含聚浓度为 820mg/L 聚合物驱采出污水运行稳定时的油珠、悬浮物粒子聚集分布分别如图 5.35、图 5.36 和图 5.37 所示，从粒子聚集分布特征可以看出，对于含聚浓度达到 820mg/L 的聚合物驱采出污水，过滤过程中油珠、悬浮物粒子的聚集分布呈现显著变化，尽管油珠粒子和悬浮物粒子的聚

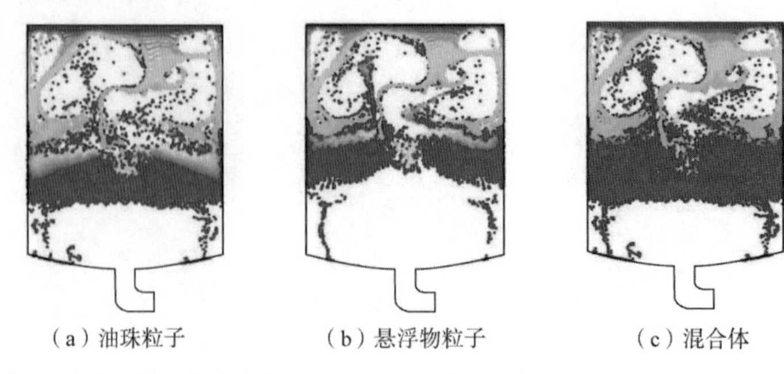

（a）油珠粒子　（b）悬浮物粒子　（c）混合体

图 5.32　聚合物驱采出污水(含聚浓度 515mg/L)均质滤料模式过滤时油珠及悬浮物粒子聚集分布

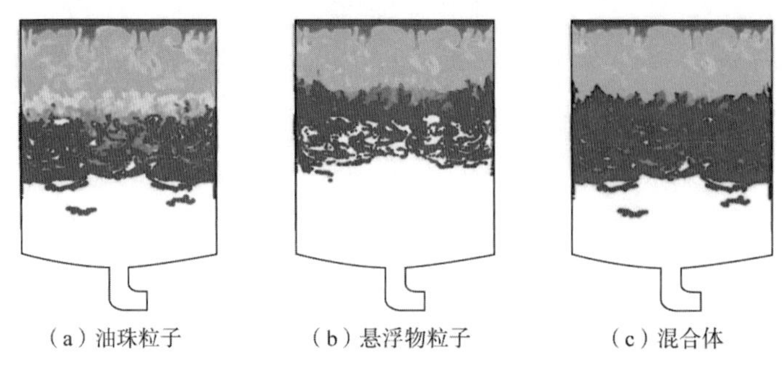

（a）油珠粒子　（b）悬浮物粒子　（c）混合体

图 5.33　聚合物驱采出污水(含聚浓度 515mg/L)双层级配滤料模式过滤时油珠及悬浮物粒子聚集分布

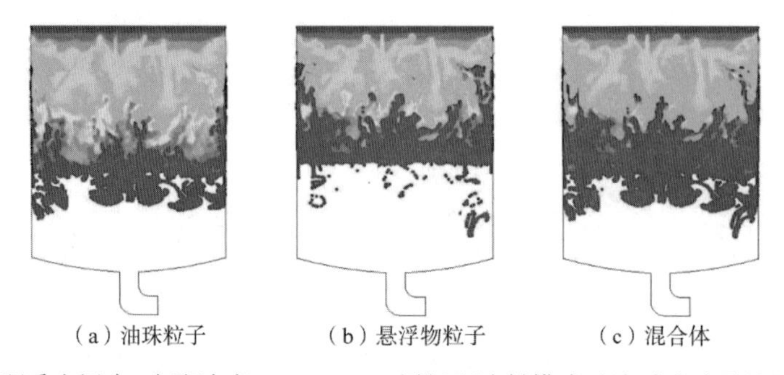

（a）油珠粒子　（b）悬浮物粒子　（c）混合体

图 5.34　聚合物驱采出污水(含聚浓度 515mg/L)三层级配滤料模式过滤时油珠及悬浮物粒子聚集分布

集分布依然具有相似性、油珠粒子和悬浮物粒子及其混合体在级配滤料填设模式过滤罐中的聚集分布均匀性相对提高、聚集分布密度相对增大，但在不同滤料填设模式下可观的粒子杂乱特征、可观的未被截留粒子数量均不可忽视，这也揭示出即便较之于均质滤料模式，级配滤料模式在促进流场稳定、提升滤层截污能力、改善污水过滤性能方面更具优势，但对其运行技术参数的优化仍是关键。

不同性质聚合物驱采出污水在过滤层滤料不同填设模式下过滤时的油珠粒子聚集分布特征及悬浮物粒子聚集分布特征揭示出：含聚浓度增大，油珠及悬浮物粒子聚集分布均匀性下降、在滤床区域的聚集分布密度减小，过滤流场的稳定性下降，滤料的截污性能变差，而选择过滤层滤料级配可在一定程度上促进聚合物驱采出污水过滤流场的稳定、提升滤层的截污能力、改善聚合物驱采出污水的过滤性能。

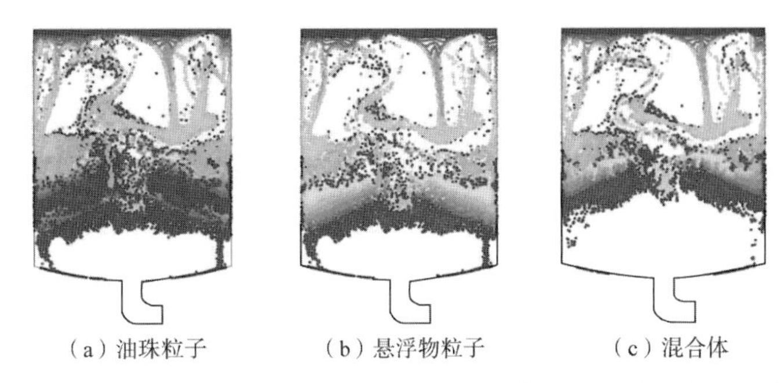


图 5.35　聚合物驱采出污水(含聚浓度 820mg/L)均质滤料模式过滤时油珠及悬浮物粒子聚集分布

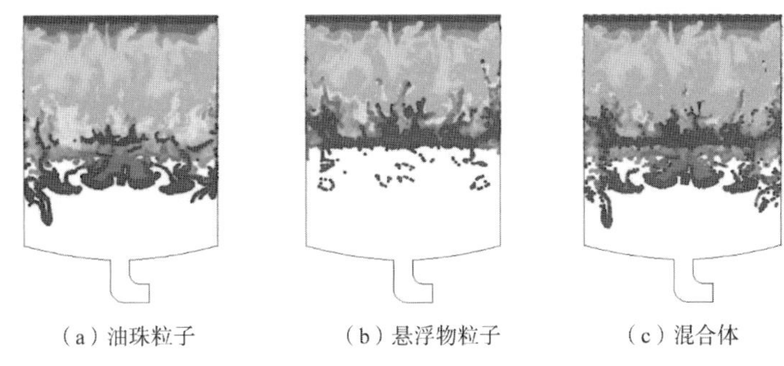


图 5.36　聚合物驱采出污水(含聚浓度 820mg/L)双层级配滤料模式过滤时油珠及悬浮物粒子聚集分布

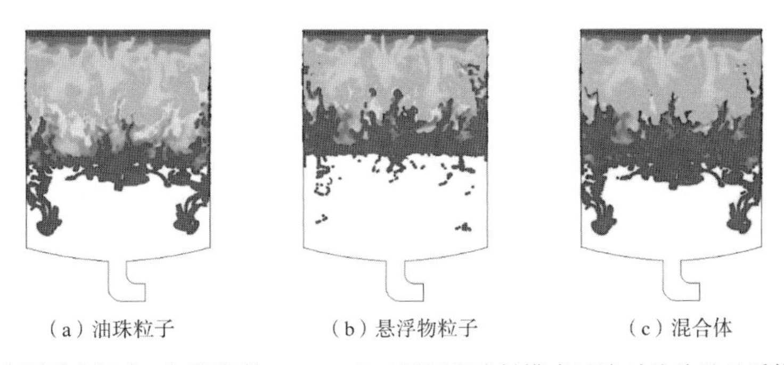


图 5.37　聚合物驱采出污水(含聚浓度 820mg/L)三层级配滤料模式过滤时油珠及悬浮物粒子聚集分布

## 5.3.3　聚合物驱采出污水过滤处理效果

在对过滤罐滤料层不同填设模式下聚合物驱采出污水过滤流场分布特征及规律描述的基础上，根据数值计算结果定量过滤出水水质的含油及悬浮物指标，衡量聚合物驱采出污水过滤处理效果。过滤流场任一区域位置处的含油及悬浮物含量可利用数值计算追踪所得该区域位置处油珠粒子与悬浮物粒子的体积分数：

$$c_p = 1000\rho V_f \tag{5.35}$$

式中：$c_p$ 为过滤流场任一区域位置处的油珠粒子(或悬浮物粒子)的浓度，mg/L；$\rho$ 为油珠粒子(或悬浮物粒子)的密度，kg/m$^3$；$V_f$ 为过滤流场任一区域位置处油珠粒子(或悬浮物粒子)的体积分数。

其中，对于不同级配滤料模式过滤不同性质聚合物驱采出污水的出水水质含油及悬浮物指标确定，运行稳定后，在距离过滤罐罐底0.6m，也就是过滤罐模型滤床以下0.5m的集水空间位置取截面，追踪提取其径向上粒子分布体积分数，作为过滤处理出水的特性参数，建立含油量及悬浮物含量在此过滤罐径向上的分布特征，衡量聚合物驱采出污水过滤处理效果，并评价出水水质的稳定性。

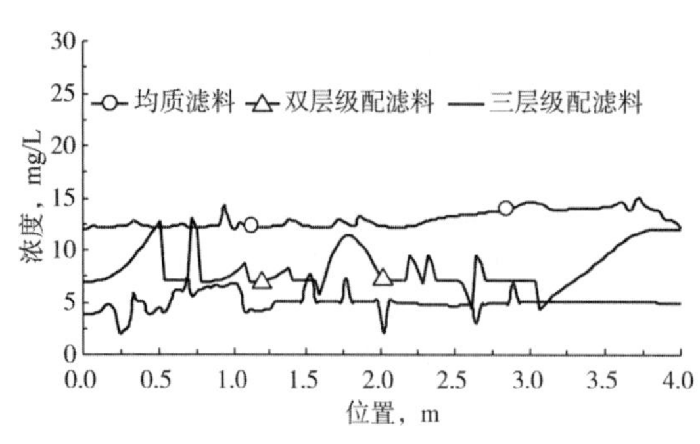


图5.38 滤料填设模式对水驱污水（含聚浓度0mg/L）过滤出水含油浓度的影响

(1) 过滤出水水质含油量。

① 水驱污水。

不含聚水驱污水过滤出水水质含油量特征如图5.38所示，可以看出，过滤罐均质滤料填设模式下，过滤出水截面水质的含油浓度为分布在12.0~16.0mg/L，出水平均含油浓度为12.96mg/L；过滤罐双层级配滤料填设模式下，过滤出水截面水质的含油浓度集中分布在7.0~10.0mg/L，出水平均含油浓度为8.30mg/L；过滤罐三层级配滤料填设模式下，过滤出水截面水质的含油浓度分布在4.0~6.5mg/L，出水平均含油浓度为5.01mg/L。

径向上的水质含油量变化特征反映出，除了靠近过滤罐罐壁区域，不含聚水驱污水在三种滤料填设模式下过滤的出水水质均具有均一性和稳定性，且在级配滤料填设模式下水质得到改善。

② 聚合物驱采出污水(含聚浓度150mg/L)。

含聚浓度为150mg/L聚合物驱采出污水过滤出水水质含油量特征如图5.39所示，可以看出，过滤罐均质滤料填设模式下，过滤出水截面水质的含油浓度分布在12.0~18.0mg/L，出水平均含油浓度为14.26mg/L；过滤罐双层级配滤料填设模式下，过滤出水截面水质的含油浓度分布在9.5~12.5mg/L，出水平均含油浓度为10.49mg/L；过滤罐三层级配滤料填设模式下，过滤出水截面水质的含油浓度集中分布在4.0~7.0mg/L，出水平均含油浓度为5.45mg/L。

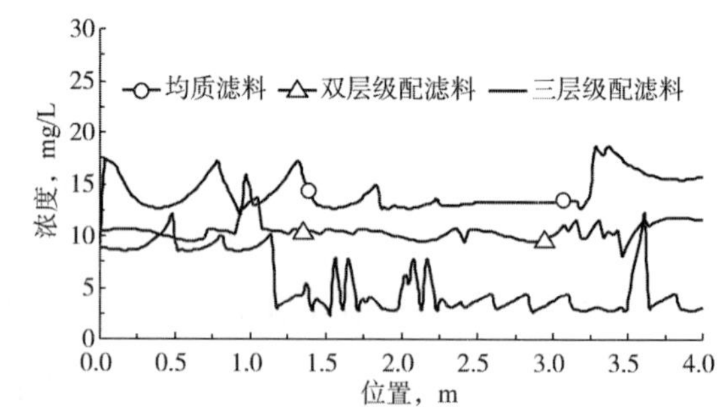


图5.39 滤料填设模式对聚合物驱采出污水（含聚浓度150mg/L）过滤出水含油浓度的影响

同样，径向上的水质含油量变化特征反映出，除了靠近过滤罐罐壁区域，该含聚浓度污水在三种滤料填设模式下过滤的出水水质均具有均一性和稳定性，且在级配滤料填设模式下水质控制指标得到进一步改善，处理效果提高。

③ 聚合物驱采出污水（含聚浓度515mg/L）。

含聚浓度为515mg/L聚合物驱采出污水过滤出水水质含油量特征如图5.40所示，可以看出，随着含聚浓度的上升，出水水质含油浓度显著增大。过滤罐均质滤料填设模式下，过滤出水截面水质的含油浓度分布在12.5～37.0mg/L，波动范围大，出水平均含油浓度为24.65mg/L；过滤罐双层级配滤料填设模式下，过滤出水截面水质的含油浓度波动也较大，分布在9.0～30.0mg/L，出水平均含油浓度为21.56mg/L；过滤罐三层级配滤料填设模式下，过滤出水截面水质含油浓度的波动也大幅显现，变化范围在4.5～37.0mg/L，出水平均含油浓度为19.34mg/L。

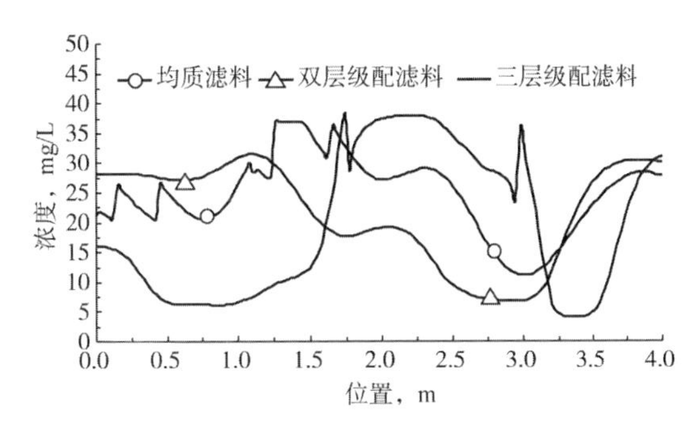


图5.40 滤料填设模式对聚合物驱采出污水（含聚浓度515mg/L）过滤出水含油浓度的影响

显然，尽管含聚浓度上升带来水质特性的变化使过滤罐出水整体截面上的含油浓度在滤料层不同填设模式下均呈现不均一、不稳定特征，但出水水质平均含油量控制指标在级配滤料填设模式下仍得到了明显的改善，处理效果提高。

④ 聚合物驱采出污水（含聚浓度820mg/L）。

含聚浓度为820mg/L聚合物驱采出污水过滤出水水质含油量特征如图5.41所示，可以看出，随着含聚浓度的继续上升，出水水质含油浓度进一步增大，过滤罐出水整体截面上含油浓度的不均一性和不稳定性进一步提高。过滤罐均质滤料填设模式下，过滤出水截面水质的含油浓度分布在22.0～36.0mg/L，出水平均含油浓度为28.28mg/L；过滤罐双层级配滤料填设模式下，过滤出水截面水质的含油浓度分布在8.0～38.0mg/L，波动范围大，出水平均含油浓度为21.28mg/L；过滤罐三层级配滤料填设模式下，过滤出水截面水质的含油浓度变化范围在3.0～36.0mg/L，变化区间仍较大，出水平均含油浓度为20.06mg/L。不过，与均质滤料过滤相比，该含聚浓度污水在级配滤料填设模式下过滤时，出水水质的平均含油量控制指标也可得到明显改善。

（2）过滤出水水质悬浮物含量。

① 水驱污水。

不含聚水驱污水过滤出水水质悬浮物含量特征如图5.42所示，可以看出，过滤罐均质滤料填设模式下，过滤出水截面水质的含悬浮物浓度分布在12.5～16.8mg/L，出水平均含悬浮物浓度为15.03mg/L；过滤罐双层级配滤料填设模式下，过滤出水截面水质的含悬浮物浓度集中分布在8.5～11.0mg/L，出水平均含悬浮物浓度为8.95mg/L；过滤罐三层级配滤料填设模式下，过滤出水截面水质的含悬浮物浓度集中分布在3.0～6.5mg/L，出水平均含悬浮物浓度为4.93mg/L。径向上的水质悬浮物含量变化特征反映出，除了靠近过滤罐罐壁区域，不含聚水驱污水在三种滤料填设模式下过滤的出水水质均具有均一性和稳定性，且在级配滤料填设模式下水质得到进一步大幅改善，处理效果提高。

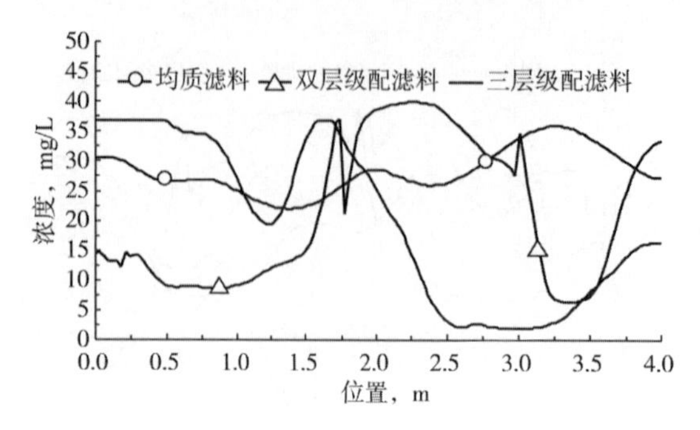


图 5.41　滤料填设模式对聚合物驱采出污水（含聚浓度 820mg/L）过滤出水含油浓度的影响

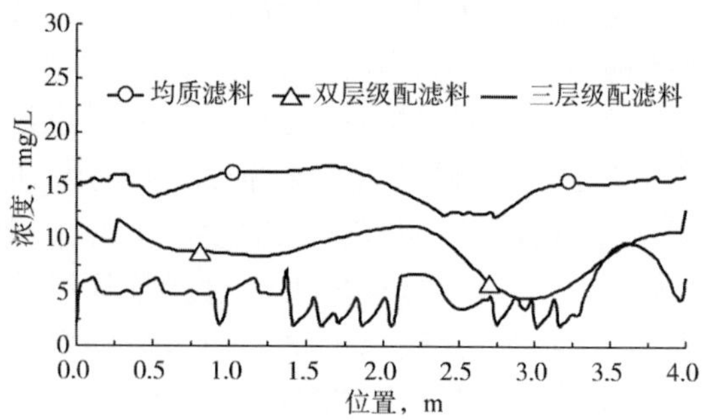


图 5.42　滤料填设模式对水驱污水过滤出水含悬浮物浓度的影响

② 聚合物驱采出污水（含聚浓度 150mg/L）。

含聚浓度为 150mg/L 聚合物驱采出污水过滤出水水质悬浮物含量特征如图 5.43 所示，可以看出，过滤罐均质滤料填设模式下，过滤出水截面水质的含悬浮物浓度分布在 17.0~23.0mg/L，出水平均含悬浮物浓度为 15.03mg/L；过滤罐双层级配滤料填设模式下，过滤出水截面水质的含悬浮物浓度集中分布在 9.0~13.0mg/L，出水平均含悬浮物浓度为 11.19mg/L；过滤罐三层级配滤料填设模式下，过滤出水截面水质的含悬浮物浓度集中分布在 4.0~7.0mg/L，出水平均含悬浮物浓度为 5.83mg/L。水质控制指标在级配滤料填设模式下得到显著改善，同时，径向上的水质悬浮物含量变化特征反映出，在均质滤料填设模式下，该含聚浓度污水的过滤出水水质不均一性突出。

③ 聚合物驱采出污水（含聚浓度 515mg/L）。

含聚浓度为 515mg/L 聚合物驱采出污水过滤出水水质悬浮物含量特征如图 5.44 所示，可以看出，随着含聚浓度的上升，尽管水质悬浮物控制指标在级配滤料填设模式下得到明显改善，但出水水质含悬浮物浓度仍显著增大。过滤罐均质滤料填设模式下，过滤出水截面水质的含悬浮物浓度分布在 12.0~37.0mg/L，波动范围大，出水平均含悬浮物浓度为 27.46mg/L；过滤罐双层级配滤料填设模式下，过滤出水截面水质的含悬浮物浓度集中分布在 13.0~26.0mg/L，出水平均含悬浮物浓度为 23.22mg/L，除靠近过滤罐罐壁区域水质的均一性差外，出水整体截面上水质含悬浮物均一、稳定；过滤罐三层级配滤料填设模式

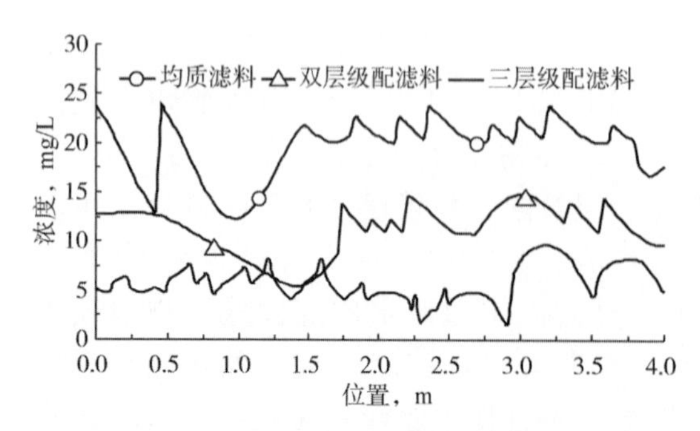


图 5.43　滤料填设模式对聚合物驱采出污水（含聚浓度 150mg/L）过滤出水含悬浮物浓度的影响

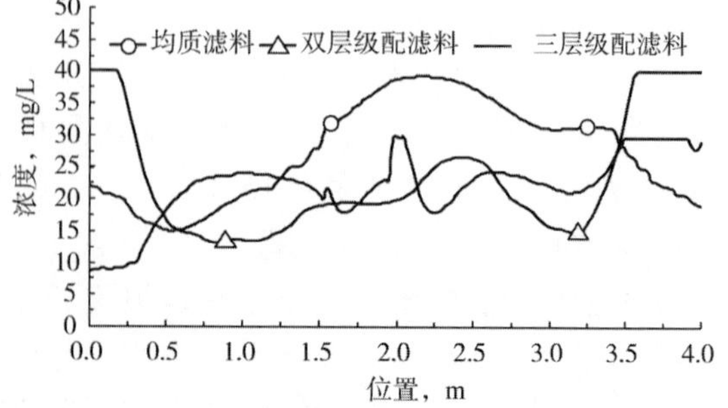


图 5.44　滤料填设模式对聚合物驱采出污水（含聚浓度 515mg/L）过滤出水含悬浮物浓度的影响

下，过滤出水截面水质的含悬浮物浓度集中分布在12.5~23.0mg/L，出水平均含悬浮物浓度为21.99mg/L，同样，除了靠近过滤罐罐壁区域水质具有较差的均一性外，在出水整体截面上水质中的含悬浮物相对均一、稳定。

④ 聚合物驱采出污水（含聚浓度820mg/L）。

含聚浓度为820mg/L聚合物驱采出污水过滤出水水质悬浮物含量特征如图5.45所示，可以看出，随着含聚浓度的继续上升，出水水质含悬浮物浓度进一步增大，除了靠近过滤罐罐壁的区域，在过滤罐出水整体截面上，水质含悬浮物浓度的不均一性和不稳定性显现。过滤罐均质滤料填设模式下，过滤出水截面水质的含悬浮物浓度分布在20.0~37.0mg/L，出水平均含悬浮物浓度为31.92mg/L；过滤罐双层级配滤料填设模式下，过滤出水截面水质的含悬浮物浓度分布在10.0~40.0mg/L，变化区间较大，出水平均含悬浮物浓度为23.78mg/L；过滤罐三层级配滤料填设模式下，过滤出水截面水质的含悬浮物浓度分布在12.0~40.0mg/L，变化区间同样较大，平均含悬浮物浓度为22.28mg/L。然而，与均质滤料过滤相比，该含聚浓度污水在级配滤料填设模式下过滤时，出水水质的悬浮物平均含量控制指标得到了明显改善，处理效果提高。

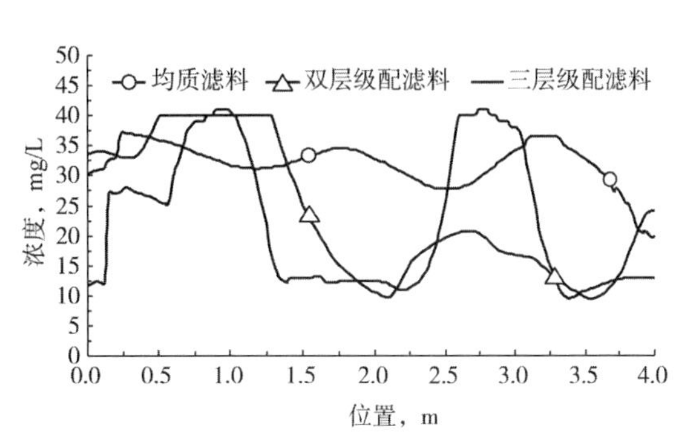

图5.45 滤料填设模式对聚合物驱采出污水（含聚浓度820mg/L）过滤出水含悬浮物浓度的影响

（3）除油率和悬浮物去除率。

为了进一步定量分析滤料层不同填设模式下聚合物驱采出污水的过滤处理效果，基于过滤过程的数值模拟结果，计算聚合物驱采出污水的除油率和悬浮物去除率：

$$\eta = \frac{nc_0 - 1000\rho \sum_{i=1}^{n} V_{f_i}}{nc_0} \tag{5.36}$$

式中：$\eta$为油珠粒子（或悬浮物粒子）的去除率；$\rho$为油珠粒子（或悬浮物粒子）的密度，kg/m$^3$；$V_{f_i}$为近过滤罐出水口截面径向任一位置处油珠粒子（或悬浮物粒子）的体积分数；$i$为近过滤罐出水口截面径向上油珠粒子（或悬浮物粒子）的个数。

其中，与过滤出水水质指标的确定一样，在除油率和悬浮物去除率计算中，对近过滤罐出水口截面同样取在距离过滤罐罐底0.6m，也就是过滤罐模型滤床以下0.5m的集水空间位置。

不同滤料填设模式过滤不同性质聚合物驱采出污水的除油率和悬浮物去除率计算结果见表5.10和图5.46。分析可知，不含聚水驱污水在均质滤料模式、双层级配滤料模式及三层级配滤料模式下过滤的除油率和悬浮物去除率分别为71.19%、81.54%、88.87%和66.59%、80.11%、89.04%；当污水中含聚浓度为150mg/L时，三种滤料填设模式下的除油率和悬浮物去除率分别较不含聚水驱污水下降2.89%、4.87%、1.00%和10.13%、

4.99%、2.00%，降低程度并不显著；当污水中含聚浓度上升到515mg/L时，三种滤料填设模式下的除油率和悬浮物去除率分别较不含聚水驱污水降低25.97%、29.45%、31.87%和27.61%、31.72%、37.78%，含聚浓度增大对水质过滤处理效果的影响凸显；当污水中含聚浓度继续上升至820mg/L时，这种降低程度继续增大，分别为34.05%、28.82%、33.45%和37.53%、32.97%、38.56%。

**表5.10　聚合物驱采出污水过滤处理效果**

| 滤料填设模式 | 含聚浓度0mg/L | | 含聚浓度150mg/L | | 含聚浓度515mg/L | | 含聚浓度820mg/L | |
|---|---|---|---|---|---|---|---|---|
| | 除油率,% | 悬浮物去除率,% | 除油率,% | 悬浮物去除率,% | 除油率,% | 悬浮物去除率,% | 除油率,% | 悬浮物去除率,% |
| 均质 | 71.19 | 66.59 | 68.30 | 56.46 | 45.22 | 38.98 | 37.14 | 29.06 |
| 双层级配 | 81.54 | 80.11 | 76.67 | 75.12 | 52.09 | 48.39 | 52.72 | 47.14 |
| 三层级配 | 88.87 | 89.04 | 87.87 | 87.04 | 57.00 | 51.26 | 55.42 | 50.48 |

对于不同含聚浓度的污水，级配滤料模式过滤的除油率和悬浮物去除率均提高，其中，双层级配滤料模式较均质滤料模式分别平均提高20.98%和34.93%，三层级配滤料模式较均质滤料模式分别平均提高32.19%和48.27%。不过，在模拟的含聚浓度条件下，双层级配滤料模式下的除油率和悬浮物去除率即可维持在50%以上，使过滤后水质的含油、悬浮物含量指标均控制在20mg/L左右，除油率甚至能更高，这满足对采出污水沉降后进行普通处理的基本要求，也符合油田过滤工艺实际运行特征。同时，这种对聚合物驱采出污水压力式过滤流场特征及过滤效果的认识，也为聚合物驱采出污水深度处理及其技术界限的构建提供了途径和思路。

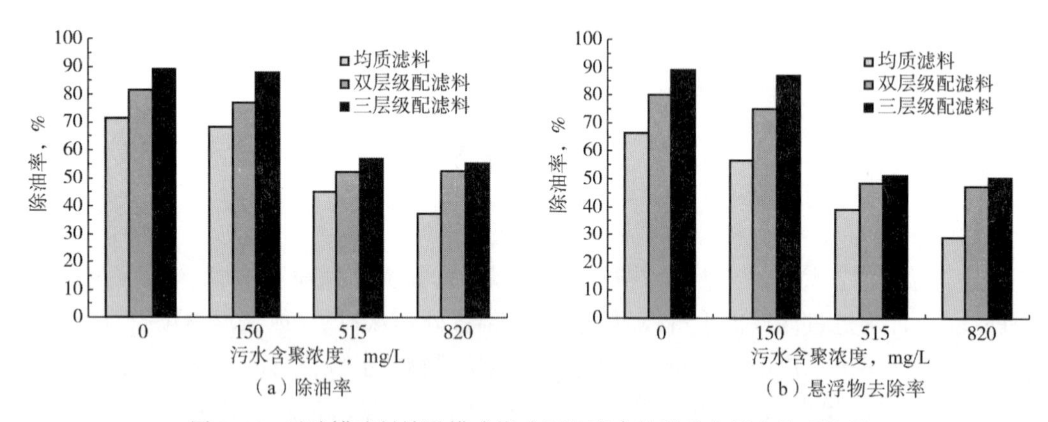


图5.46　过滤罐滤料填设模式影响下的聚合物驱采出污水处理效果

## 5.4　本章小结

（1）建立了考虑滤料污染板结的聚合物驱采出污水过滤过程数学模型，并给出了其定解条件和求解方法，为聚合物驱采出污水过滤运行参数优化、新型滤料级配模式设计构建及处理效果综合评价提供了基础和依据。

（2）采用数值模拟描述了油田常用压力式过滤罐布水单元的布水特征，相比于“条缝式”布水模式，“筛管式”布水更为均匀，在来水不同处理量下的过滤轴线压降较“条缝式”布水平均低出 30.56%，有益于保证稳定的过滤性能，优化确定适合于直径为 4m 规格的“筛管式”布水模式过滤罐的筛管布设数量为“9”。

（3）随着污水中含聚浓度增大，过滤流场压降增大，油珠及悬浮物粒子分布均匀性下降，过滤流场趋向不稳定特征，且滤料的截污性能随之变差，在均质滤料过滤聚合物驱采出污水中，除油率和悬浮物去除率从含聚浓度为 150mg/L 时的 68.30%和 56.46%下降到含聚浓度为 820mg/L 时的 37.14%和 29.06%。滤料层填设从均质模式改变为级配模式时，不同聚合物驱采出污水的过滤流场均向着稳定特征方向演变，过滤层的截污能力提升，对污水的过滤性能得到改善。

（4）认为双层级配滤料模式即适配于聚合物驱采出污水的过滤处理，污水中含聚浓度增大至 820mg/L 时，双层级配滤料模式下的除油率和悬浮物去除率较均质滤料模式分别提高 15.58%和 18.08%，滤后出水水质的含油、悬浮物含量指标均能控制在 20mg/L 左右，满足聚合物驱采出污水普通处理的技术要求，但考虑深度处理技术界限的滤料级配模式、过滤级数及其运行参数仍需要进一步构建和优化。

# 6　聚合物驱采出污水深度过滤工艺模式与技术界限优化

根据过滤层滤料填设模式对聚合物驱采出污水过滤流场稳定性、过滤层截污能力及过滤处理效果的影响，以探索聚合物驱采出污水处理提效及其作为潜在深度水源的途径为目标，从过滤罐滤料层级配填设出发，综合油珠、悬浮物粒子聚集分布特征及过滤后水质的含油、悬浮物指标控制，同时考虑聚合物驱采出污水过滤运行稳定性对滤料层孔隙率的依赖，优化构建适用于聚合物驱采出污水经普通处理工艺后再次进行深度过滤的工艺模式，并考虑水质含聚浓度、滤料层级配、过滤级数、过滤速度及水质控制指标优化确定相应的运行技术界限与关系，为油田化学驱三次采油开发应对清水资源宝贵和深度污水量不足这一矛盾提供一种方法和依据。

## 6.1　聚合物驱采出污水深度过滤工艺模式

前文中通过过滤流场分布、演变特征及过滤处理效果综合揭示了过滤层滤料多层级配对聚合物驱采出污水的适配性，因此，对于聚合物驱采出污水深度过滤工艺模式的评价与优化，仍基于其对滤层中油珠粒子、悬浮物粒子聚集分布影响及对水质过滤处理效果改善的特征进行研究讨论。

### 6.1.1　模型建立及数值计算

(1) 模型建立。

在普通处理工艺后设计两级过滤模式，同时，鉴于前文研究已证实滤料层级配填设在稳定过滤流场和改善过滤性能方面具有优势，因此，两级过滤工艺模式中的一级过滤罐和二级过滤罐过滤层滤料填设均采用级配方式，并以双层级配和三层级配的组合进行设计。

同样，以常见直径为4m的过滤罐为原型，其简化物理模型的建立与第5章聚合物驱采出污水压力式过滤流场特征及过滤效果模拟部分相同，滤料、垫料的填设规格及厚度见表6.1，对于各过滤工艺模式，可实现均匀布水的普通处理后来水先进入一级过滤罐，经由总厚度为1000mm的滤料层和700mm的垫料层，其底部集水口出水通过$\phi$377mm的管路汇入二级过滤罐，作为二级过滤罐的来水，在二级过滤罐中同样实现均匀布水，并也经由总厚度为1000mm的滤料层和700mm的垫料层，之后，底部集水口出水便作为相应过滤工艺运行模式下的滤后水质。

对于不同深度过滤工艺模式下聚合物驱采出污水过滤过程的模拟，所使用数学模型涉及湍流模型及控制方程，其具体形式与第5章聚合物驱采出污水压力式过滤流场特征及过滤效果模拟部分相同，在此不再赘述。

表 6.1 聚合物驱采出污水深度过滤工艺运行模式设计

| 工艺模式 | | 一级过滤罐 | | | 二级过滤罐 | | |
|---|---|---|---|---|---|---|---|
| 过滤级数 | 滤料层级配 | 类别 | 粒径规格<br>mm | 填装厚度<br>mm | 类别 | 粒径规格<br>mm | 填装厚度<br>mm |
| 两级 | 双层级配滤料、双层级配滤料 | 滤料层 | 0.8 | 600 | 滤料层 | 0.8 | 600 |
| | | 滤料层 | 0.6 | 400 | 滤料层 | 0.6 | 400 |
| | | 垫料层 | 4 | 400 | 垫料层 | 4 | 400 |
| | | 垫料层 | 8 | 300 | 垫料层 | 8 | 300 |
| 两级 | 双层级配滤料、三层级配滤料 | 滤料层 | 0.8 | 600 | 滤料层 | 0.8 | 400 |
| | | 滤料层 | 0.6 | 400 | 滤料层 | 0.6 | 300 |
| | | | | | 滤料层 | 0.4 | 300 |
| | | 垫料层 | 4 | 400 | 垫料层 | 4 | 400 |
| | | 垫料层 | 8 | 300 | 垫料层 | 8 | 300 |
| 两级 | 三层级配滤料、三层级配滤料 | 滤料层 | 0.8 | 400 | 滤料层 | 0.8 | 400 |
| | | 滤料层 | 0.6 | 300 | 滤料层 | 0.6 | 300 |
| | | 滤料层 | 0.4 | 300 | 滤料层 | 0.4 | 300 |
| | | 垫料层 | 4 | 400 | 垫料层 | 4 | 400 |
| | | 垫料层 | 8 | 300 | 垫料层 | 8 | 300 |

（2）数值计算。

在过滤工艺模式优化中，均以含聚浓度 150mg/L、处理量 $100m^3/h$ 的运行工况进行模拟，一级过滤来水的含油量、悬浮物含量参数依据第 5 章普通过滤处理模拟结果及大庆油田聚合物驱采出污水站各节点水质控制指标进行取值，二级过滤来水水质特性参数则在计算中据一级过滤后的实际情况进行取值，具体模拟计算参数设置见 6.2。

表 6.2 过滤工艺模式优化计算参数设置表

| 参　　数 | 优化计算取值 | 参　　数 | 优化计算取值 |
|---|---|---|---|
| 含聚浓度，mg/L | 150 | 一级过滤来水悬浮物粒径中值，μm | 5 |
| 黏度(35℃)，mPa·s | 1.0 | 一级过滤来水油珠粒径中值，μm | 5 |
| 一级过滤来水悬浮物含量，mg/L | 20 | 平均过滤压差，MPa | 0.05 |
| 一级过滤来水含油量，mg/L | 20 | 处理量，$m^3/h$ | 100 |

数值计算过程中的模型网格划分、相关基本假设及边界条件均与第 5 章聚合物驱采出污水压力式过滤流场特征及过滤效果模拟部分一致。

### 6.1.2 深度过滤工艺模式对滤层中粒子聚集分布的影响

在过滤过程中，聚合物驱采出污水中的油珠粒子、悬浮物粒子受流场分布、演变规律及滤料截污性能的影响而在滤床中呈一定特征聚集、分布。因此，在数值计算过程中，对于不同的过滤工艺模式，均在聚合物驱采出污水过滤运行稳定后，提取过滤流场中的油珠粒子及悬浮物粒子，建立两种粒子的聚集分布特征云图，再现不同过滤工艺模式下过滤流场的分布与演变特征。

（1）“双层级配滤料+双层级配滤料”两级过滤模式。

“双层级配滤料+双层级配滤料”两级过滤模式过滤聚合物驱采出污水运行稳定时的油珠、悬浮物粒子聚集分布如图6.1所示。

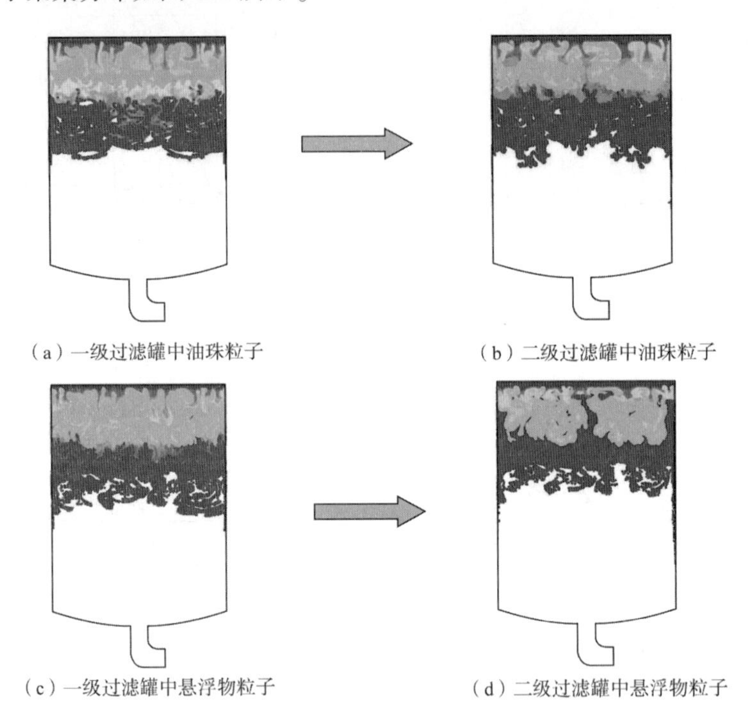

（a）一级过滤罐中油珠粒子　（b）二级过滤罐中油珠粒子

（c）一级过滤罐中悬浮物粒子　（d）二级过滤罐中悬浮物粒子

图6.1 “双层级配滤料+双层级配滤料”工艺模式过滤时油珠及悬浮物粒子聚集分布

从粒子聚集分布特征可以看出，此工艺模式下，两种粒子分别在一级过滤罐和二级过滤罐中的聚集分布均匀性与聚集分布密度相当，表明增加相同滤料填设模式的二级过滤仍可进一步发挥截污作用，提升污水过滤性能，同时，也揭示出此工艺模式下整体过滤流场稳定、滤层截污能力均衡。当然，依然由于采出污水中乳化油和胶体悬浮物的相互依存性，任一级过滤罐滤床中油珠粒子和悬浮物粒子的聚集分布特征也具有相似性。

（2）“双层级配滤料+三层级配滤料”两级过滤模式。

“双层级配滤料+三层级配滤料”两级过滤模式过滤聚合物驱采出污水运行稳定时的油珠、悬浮物粒子聚集分布如图6.2所示。

从粒子聚集分布特征可以看出，此工艺模式下，与双层级配滤料的一级过滤罐中粒子聚集分布特征相比，在三层级配滤料的二级过滤罐中，滤床中油珠粒子及悬浮物粒子均向更大分布密度的聚集特征演变，且呈现明显的“分层”现象，表明二级过滤在充分依靠水力作用和界面作用进一步实现液-液、固-液分离的潜力，小粒径粒子能被所级配填设更低孔隙率的滤料层进一步截留，这尤其在悬浮物粒子的聚集分布特征中体现得更为明显，从而必然使污水的过滤性能得到改善。

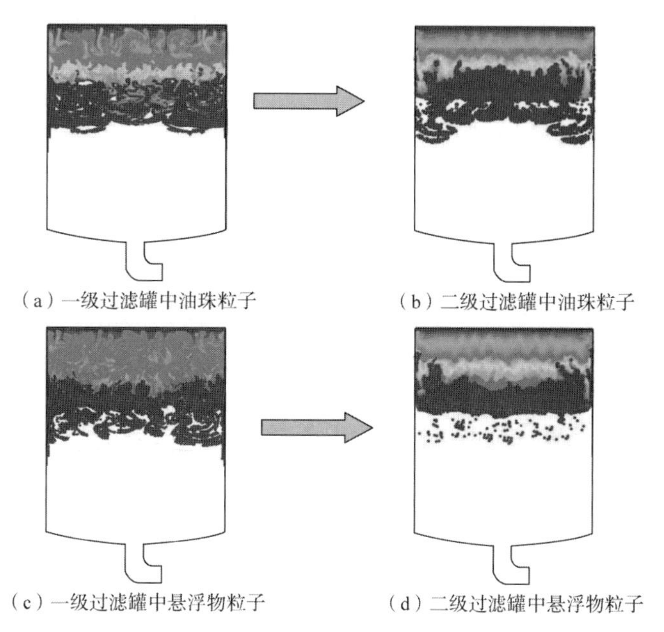

（a）一级过滤罐中油珠粒子　（b）二级过滤罐中油珠粒子

（c）一级过滤罐中悬浮物粒子　（d）二级过滤罐中悬浮物粒子

图 6.2　“双层级配滤料+三层级配滤料”工艺模式过滤时油珠及悬浮物粒子聚集分布

（3）“三层级配滤料+三层级配滤料”两级过滤模式。

“三层级配滤料+三层级配滤料”两级过滤模式过滤聚合物驱采出污水运行稳定时的油珠、悬浮物粒子聚集分布如图 6.3 所示。

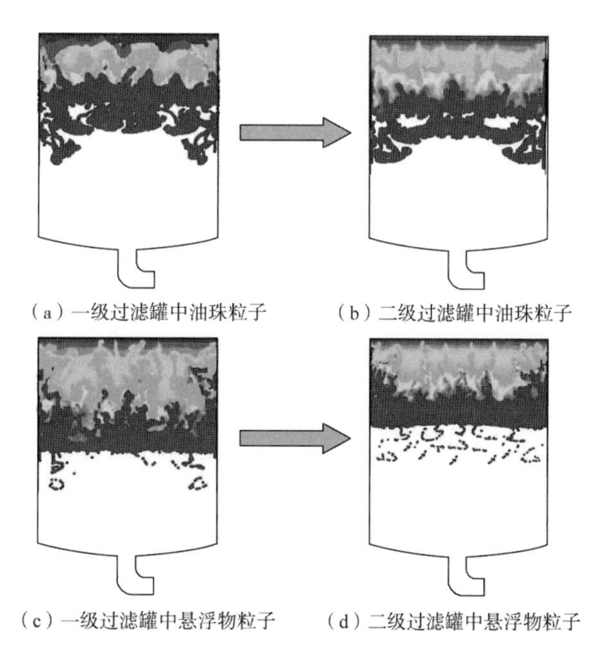

（a）一级过滤罐中油珠粒子　（b）二级过滤罐中油珠粒子

（c）一级过滤罐中悬浮物粒子　（d）二级过滤罐中悬浮物粒子

图 6.3　“三层级配滤料+三层级配滤料”工艺模式过滤时油珠及悬浮物粒子聚集分布

从粒子聚集分布特征可以看出，此工艺模式下，由于每一级过滤罐的滤料填设模式相同，油珠粒子、悬浮物粒子分别在一级过滤罐和二级过滤罐中的聚集分布特征相当，均有“分层”现象呈现，另外，特别是二级过滤罐，其更低孔隙率滤料层部位分布有在前面两种工艺模式双层级配滤料过滤罐中鲜见的低聚集密度分散粒子，表明此两级过滤模式发挥更彻底而有效的粒子截留与水质净化。

### 6.1.3 深度过滤工艺模式对水质过滤处理效果的影响

相同于第5章聚合物驱采出污水压力式过滤流场特征及过滤效果模拟部分对过滤流场任一区域位置处含油及悬浮物含量的追踪统计与计算方法，对于不同深度过滤工艺模式，也可利用数值计算结果定量深度过滤后水质的含油及悬浮物含量指标。在运行稳定后，分别在距离一级过滤罐、二级过滤罐罐底0.6m，也就是一级过滤罐、二级过滤罐模型滤床以下0.5m的集水空间位置取截面，追踪提取其径向上油珠粒子、悬浮物粒子分布体积分数，作为相应滤后出水的特性参数，进而建立含油量及悬浮物含量在不同过滤工艺模式一级过滤罐、二级过滤罐径向上的分布特征，综合水质稳定性及含油、悬浮物去除率来评价过滤处理效果。

(1) 过滤出水水质含油量。

① “双层级配滤料+双层级配滤料”两级过滤模式。

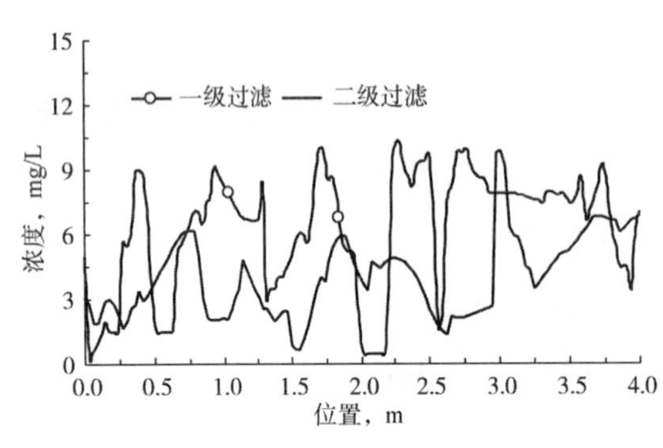


图6.4 “双层级配滤料+双层级配滤料”工艺模式过滤出水含油浓度

聚合物驱采出污水在“双层级配滤料+双层级配滤料”两级过滤模式下深度过滤出水的水质含油量特征如图6.4所示，可以看出，相比于一级过滤出水截面水质含油浓度分布在1.0~10.3mg/L的较宽范围，二级过滤出水截面水质含油浓度分布相对较为集中，水质均一性和稳定性更高，含油浓度在1.0~6.0mg/L，出水平均含油浓度下降到4.02mg/L。

② “双层级配滤料+三层级配滤料”两级过滤模式。

聚合物驱采出污水在“双层级配滤料+三层级配滤料”两级过滤模式下深度过滤出水的水质含油量特征如图6.5所示，可以看出，二级过滤出水截面水质的均一性进一步提高，径向上靠近过滤罐罐壁区域也未呈现水质不稳定的特征，二级过滤出水截面水质的含油浓度集中分布在0.1~5.0mg/L，滤后水平均含油浓度达到2.44mg/L。

③ “三层级配滤料+三层级配滤料”两级过滤模式。

聚合物驱采出污水在“三层级配滤料+三层级配滤料”两级过滤模式下深度过滤出水的水质含油量特征如图6.6所示，径向上的水质含油量变化特征反映出一级及二级过滤出水水质的均一性与稳定性均进一步提高，在三层级配滤料过滤罐一级过滤后，出水截面水质含油浓度集中分布在2.0~7.5mg/L，在三层级配滤料过滤罐二级过滤后，出水截面水质含油浓度集中分布在0.1~5.0mg/L，滤后水平均含油浓度进一步下降到2.14mg/L，与“双层级配滤料+三层级配滤料”两级过滤模式出水水质相近。

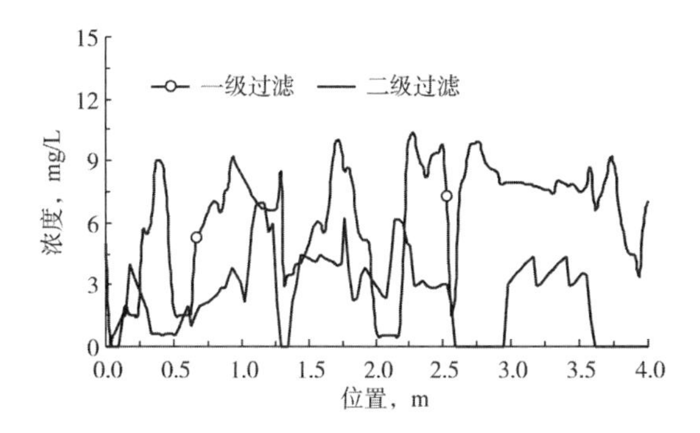


图 6.5 “双层级配滤料+三层级配滤料”工艺模式过滤出水含油浓度

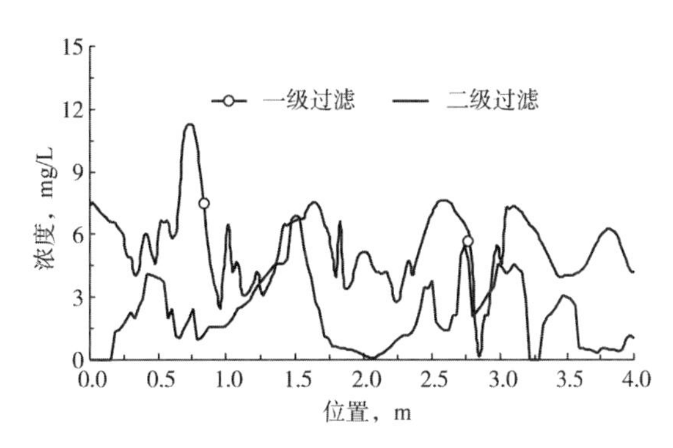


图 6.6 “三层级配滤料+三层级配滤料”工艺模式过滤出水含油浓度

(2) 过滤出水水质悬浮物含量。

① “双层级配滤料+双层级配滤料”两级过滤模式。

聚合物驱采出污水在“双层级配滤料+双层级配滤料”两级过滤模式下深度过滤出水的水质悬浮物含量特征如图 6.7 所示，同样可以看出，二级过滤出水截面水质的均一性和稳定性较一级过滤有所提高，出水截面水质含悬浮物浓度的分布从一级过滤后的 2.0~11.0mg/L 集中到 1.5~6.5mg/L，此工艺模式过滤后出水平均含悬浮物浓度为 4.23mg/L。

② “双层级配滤料+三层级配滤料”两级过滤模式。

聚合物驱采出污水在“双层级配滤料+三层级配滤料”两级过滤模式下深度过滤出水的水质悬浮物含量特征如图 6.8 所示，显然，二级过滤采用三层级配滤料时，水质悬浮物的去除程度得到提升，以悬浮物含量为“痕迹”的追踪统计点增多，这也与相应过滤层中油珠、悬浮物粒子的聚集分布特征及其“分层”现象相吻合。经一级过滤后，二级过滤出水截面水质的含悬浮物浓度分布集中在 0~5.5mg/L，出水平均含悬浮物浓度为 2.58mg/L。

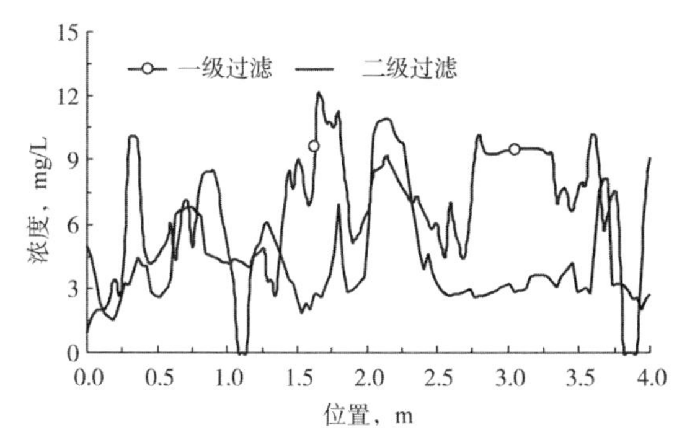


图 6.7 “双层级配滤料+双层级配滤料”工艺模式过滤出水含悬浮物浓度

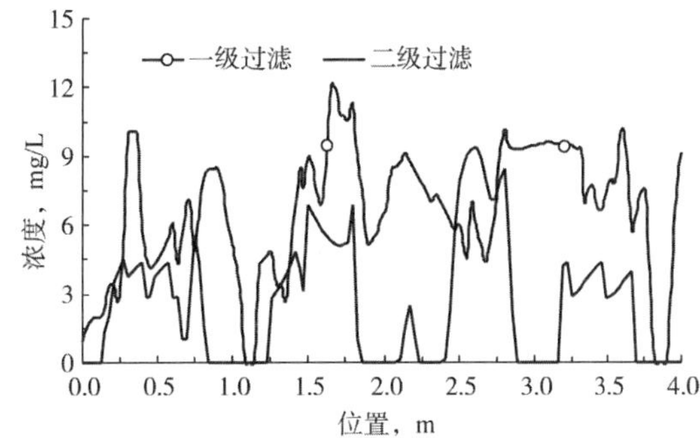


图 6.8 “双层级配滤料+三层级配滤料”工艺模式过滤出水含悬浮物浓度

③ “三层级配滤料+三层级配滤料”两级过滤模式。

聚合物驱采出污水在“三层级配滤料+三层级配滤料”两级过滤模式下深度过滤出水的水质悬浮物含量特征如图 6.9 所示，分析可知，悬浮物去除过程和效果在该过滤工艺模式下进一步得到改善，其中，一级过滤出水截面水质的含悬浮物浓度主要分布在2.0~9.0mg/L，之后的二级过滤中，过滤罐径向出水水质的均一性与稳定性得到明显提高，出水截面水质的含悬浮物浓度集中分布在0~5.0mg/L，此两级工艺模式过滤后出水平均含悬浮物浓度减小到2.43mg/L，与“双层级配滤料+三层级配滤料”两级过滤模式出水水质相近。

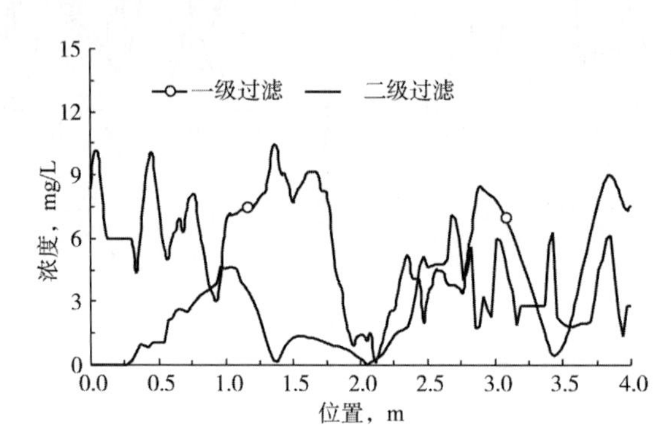


图6.9 “三层级配滤料+三层级配滤料”工艺模式过滤出水含悬浮物浓度

（3）除油率和悬浮物去除率。

为了进一步定量分析不同过滤工艺模式下聚合物驱采出污水的过滤处理效果，同样相同于第5章的方法，基于各工艺模式过滤过程的数值模拟结果，计算聚合物驱采出污水的除油率和悬浮物去除率，结果见表6.3。

**表6.3 不同过滤工艺模式对聚合物驱采出污水过滤处理效果的影响**

| 工艺模式 | 除油率,% | | | 悬浮物去除率,% | | |
|---|---|---|---|---|---|---|
| | 一级 | 二级 | 综合 | 一级 | 二级 | 综合 |
| “双层级配滤料+双层级配滤料”两级过滤 | 68.68 | 11.20 | 79.88 | 67.06 | 11.95 | 79.01 |
| “双层级配滤料+三层级配滤料”两级过滤 | 68.68 | 19.10 | 87.78 | 67.06 | 20.05 | 87.11 |
| “三层级配滤料+双层级配滤料”两级过滤 | 72.53 | 16.75 | 89.28 | 71.52 | 16.36 | 87.88 |

由分析结果可知，针对一级过滤来聚合物驱采出污水的含油量和悬浮物含量，“双层级配滤料+双层级配滤料”工艺模式两级过滤的节点除油率和悬浮物去除率分别为68.68%、67.06%和11.20%、11.95%；“双层级配滤料+三层级配滤料”工艺模式两级过滤的节点除油率和悬浮物去除率分别为68.68%、67.06%和19.10%、20.05%；“三层级配滤料+三层级配滤料”工艺模式两级过滤的节点除油率和悬浮物去除率分别为72.53%、71.52%和16.75%、16.36%。

显然，在三种工艺模式相比之下，“双层级配滤料+三层级配滤料”工艺模式既具有较“双层级配滤料+双层级配滤料”工艺模式高出10%以上的除油率和悬浮物去除率，使聚合物驱采出污水的综合除油率和悬浮物去除率达到85%以上，也可使深度过滤后水质含油、悬浮物含量指标均控制在5mg/L以内，因此，这对于经普通处理后聚合物驱采出污水的进一步深度处理，是一种潜在的可利用过滤工艺模式。

## 6.2 聚合物驱采出污水深度过滤技术界限优化

在优化构建了适用于聚合物驱采出污水经普通处理工艺后再次进行深度处理的"双层级配滤料+三层级配滤料"过滤工艺模式后，重点考虑水质含聚浓度、过滤速度及水质控制指标，进一步研究优化聚合物驱采出污水深度过滤技术界限。

在过滤工艺运行技术界限优化中，模型等条件与前文中深度过滤工艺模式构建部分相同，考虑对于不同含聚浓度的污水，其两级过滤模式下的过滤速度优化是关键，结合《油田采出水处理设计规范》(GB 50428—2015)对"石英砂"及"石英砂+磁铁矿"滤料过滤罐工作参数选择的建议，一级过滤滤速优化范围选择在0~8m/h，二级过滤滤速优化范围选择在0~4m/h，经两级深度过滤后水质含油及悬浮物含量指标预期均控制在5mg/L以内。于是，设置具体的模拟计算参数见表6.4，其中，水质含聚浓度依据实际测试结果进行选值，一级过滤来水的含油量、悬浮物含量参数同样依据第5章普通过滤处理模拟结果及大庆油田聚合物驱采出污水站各节点水质控制指标进行确定取值，二级过滤来水水质特性参数则据一级过滤后的实际情况进行取值。

表6.4 过滤技术界限优化计算参数设置表

| 参数 | | 优化计算取值 | | | | | |
|---|---|---|---|---|---|---|---|
| 含聚浓度，mg/L | | 150 | 300 | 515 | 700 | 820 | 1000 |
| 黏度(35℃)，mPa·s | | 1.0 | 1.2 | 2.0 | 2.5 | 3.0 | 3.8 |
| 一级过滤来水悬浮物含量，mg/L | | 20 | 20 | 20 | 20 | 20 | 20 |
| 一级过滤来水含油量，mg/L | | 20 | 20 | 20 | 20 | 20 | 20 |
| 一级过滤来水悬浮物粒径中值，μm | | 5 | 5 | 5 | 5 | 5 | 5 |
| 一级过滤来水油珠粒径中值，μm | | 5 | 5 | 4 | 4 | 3 | 3 |
| 平均过滤压差，MPa | | 0.05 | | | | | |
| 一级过滤滤速，m/h | | 0~8 | | | | | |
| 二级过滤滤速，m/h | | 0~4 | | | | | |
| 滤后水质控制指标 | 悬浮物含量，mg/L | ≤5 | | | | | |
| | 含油量，mg/L | ≤5 | | | | | |

与水驱污水过滤一样，滤后水质指标的控制是聚合物驱采出污水过滤工艺参数制定选取的主要着眼点，但同时，含聚浓度又影响过滤工艺参数的合理制定。因此，构建含聚浓度与过滤速度这一关键性工艺运行参数的匹配关系，优化建立聚合物驱采出污水深度过滤技术界限，可提高所建立聚合物驱采出污水深度过滤工艺模式的适用性，并促进其工程设计与发展应用。在数值计算过程中，对于不同含聚浓度的污水，均在其过滤运行稳定后，通过提取过滤流场中的油珠粒子及悬浮物粒子，建立两种粒子的聚集分布特征云图，再现并比较过滤流场的分布与演变特征，同时，通过在过滤罐集水空间截面(距离过滤罐罐底0.6m，也就是过滤罐模型滤床以下0.5m位置)追踪提取径向上粒子的分布体积分数，建立不同含聚浓度污水滤后含油量及悬浮物含量的变化特征，进而分析含聚浓度对过滤工艺参数的影响。

### 6.2.1 含聚合物浓度对深度过滤过程油珠及悬浮物粒子聚集分布影响

对于不同含聚浓度污水深度过滤，这里主要给出模拟优化过程中适配工艺运行参数时，也就是滤后出水满足深度处理水质控制指标条件时的滤层粒子聚集分布特征云图。

(1) 含聚浓度 150mg/L。

含聚浓度为 150mg/L 污水在一级滤速 8m/h、二级滤速 4m/h 时的过滤层油珠、悬浮物粒子聚集分布如图 6.10 所示。

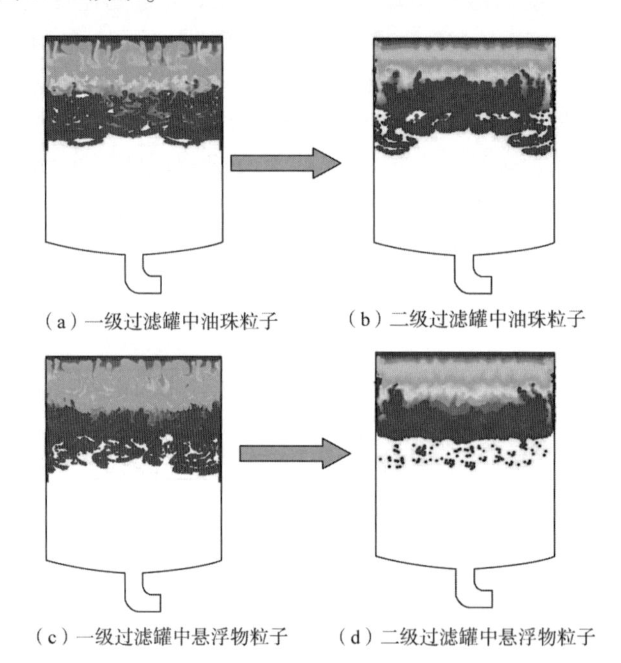


图 6.10 一级滤速 8m/h、二级滤速 4m/h 深度过滤滤层粒子聚集分布(含聚浓度 150mg/L)

从粒子聚集分布特征可以看出，除了表现出同前滤料填设模式对粒子聚集分布的影响外，一级过滤罐在 8m/h 的运行参数下，油珠、悬浮物粒子均在滤层聚集分布均匀，揭示出稳定的流场特征和截污性能，二级过滤罐在 4m/h 的运行参数下，两种粒子在滤层聚集分布均匀的同时，其聚集分布密度演变为增大特征，且低孔隙率滤料层表现出有效的截污能力。

(2) 含聚浓度 300mg/L。

含聚浓度为 300mg/L 污水在一级滤速 8m/h、二级滤速 3m/h 时的过滤层油珠、悬浮物粒子聚集分布如图 6.11 所示。

从粒子聚集分布特征可以看出，在此工艺运行参数下，一级过滤和二级过滤均表现出稳定的流场特征和截污性能，油珠、悬浮物粒子在滤层的聚集分布均匀性和聚集分布密度与含聚浓度 150mg/L 污水在其适配工艺运行参数下深度过滤时相当。

(3) 含聚浓度 515mg/L。

含聚浓度为 515mg/L 污水在一级滤速 7m/h、二级滤速 3m/h 时的过滤层油珠、悬浮物粒子聚集分布如图 6.12 所示。

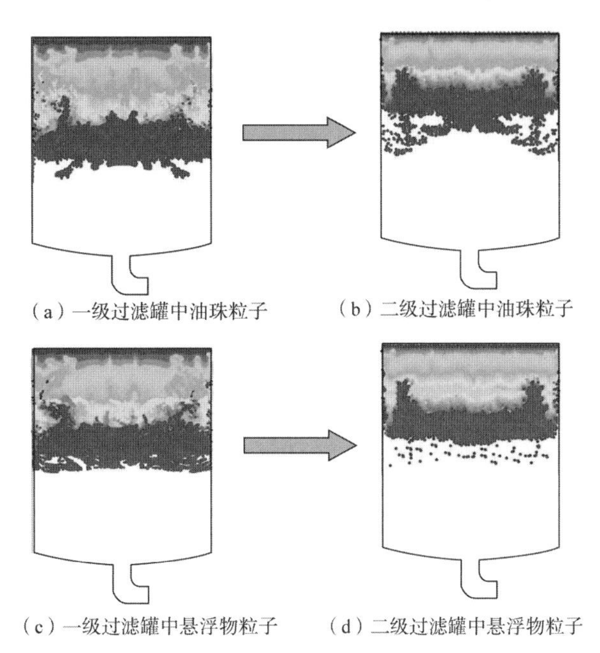

（a）一级过滤罐中油珠粒子　（b）二级过滤罐中油珠粒子

（c）一级过滤罐中悬浮物粒子　（d）二级过滤罐中悬浮物粒子

图 6.11　一级滤速 8m/h、二级滤速 3m/h 深度过滤滤层粒子聚集分布(含聚浓度 300mg/L)

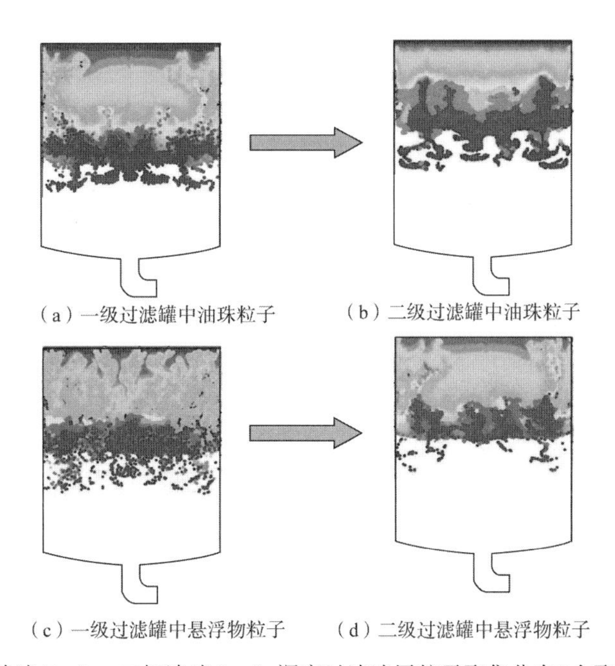

（a）一级过滤罐中油珠粒子　（b）二级过滤罐中油珠粒子

（c）一级过滤罐中悬浮物粒子　（d）二级过滤罐中悬浮物粒子

图 6.12　一级滤速 7m/h、二级滤速 3m/h 深度过滤滤层粒子聚集分布(含聚浓度 515mg/L)

从粒子聚集分布特征可以看出，含聚浓度增大后，即便在适配工艺运行参数下油珠、悬浮物粒子在滤层的聚集分布表现出过滤罐均匀、稳定、有效的截污特征，但其对粒子的截留延伸到了垫料层区域，表明在过滤工艺运行获得深度处理水质控制指标时滤床的污染增长。

(4) 含聚浓度 700mg/L。

含聚浓度为 700mg/L 污水在一级滤速 5m/h、二级滤速 3m/h 时的过滤层油珠、悬浮物粒子聚集分布如图 6.13 所示。

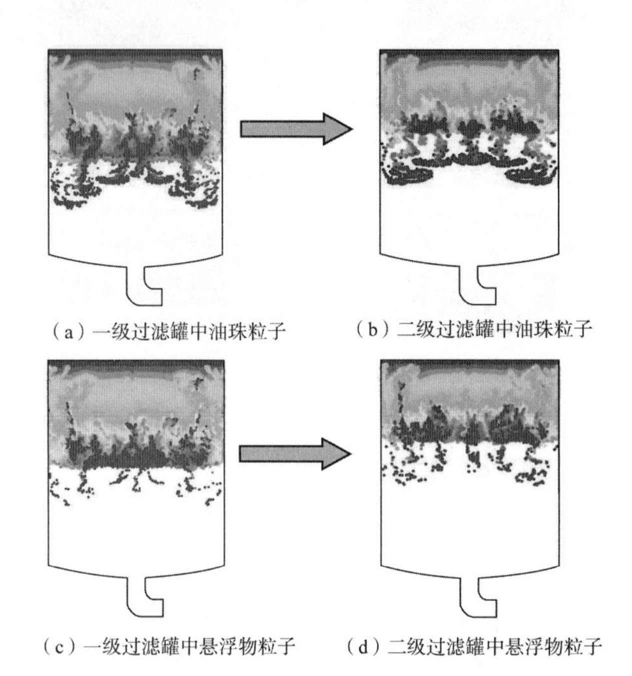

(a) 一级过滤罐中油珠粒子　(b) 二级过滤罐中油珠粒子

(c) 一级过滤罐中悬浮物粒子　(d) 二级过滤罐中悬浮物粒子

图 6.13　一级滤速 5m/h、二级滤速 3m/h 深度过滤滤层粒子聚集分布(含聚浓度 700mg/L)

从粒子聚集分布特征可以看出，过滤速度降低使该含聚浓度污水滤后水质满足控制指标时，粒子的聚集分布呈现与含聚浓度 515mg/L 污水过滤相似的特征，过滤罐中的截污区域向垫料层延伸。

(5) 含聚浓度 820mg/L。

含聚浓度为 820mg/L 污水在一级滤速 4m/h、二级滤速 2m/h 时的过滤层油珠、悬浮物粒子聚集分布如图 6.14 所示。

显然，随着污水含聚浓度的继续增大，在进一步降低滤速的适配工艺运行参数下，虽然粒子聚集分布再现过滤工艺较为均匀、稳定的流场特征与截污性能，但尤其在一级过滤过程中，截污区域向滤床垫料层大幅延伸，当然，二级过滤过程中，低孔隙率滤料层同样表现出有效的截污能力，必然改善污水的过滤性能。

(6) 含聚浓度 1000mg/L。

含聚浓度为 1000mg/L 污水在一级滤速 2m/h、二级滤速 1m/h 时的过滤层油珠、悬浮物粒子聚集分布如图 6.15 所示。

从粒子聚集分布特征可以看出，随着污水含聚浓度的进一步增大，一级过滤罐和二级过滤罐的截污区域均大面积拓展，油珠、悬浮物粒子的聚集分布从低孔隙率滤料层大量延伸至垫料层，当然，此运行相应的适配过滤速度已低至 2m/h 和 1m/h。

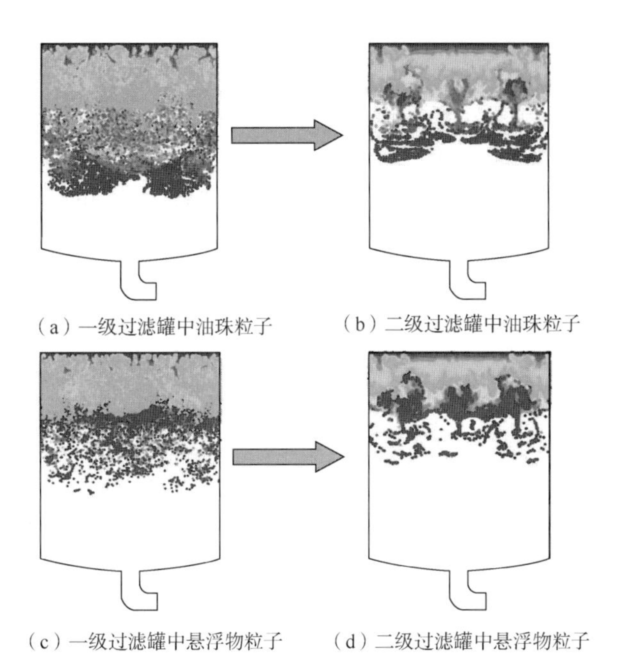

（a）一级过滤罐中油珠粒子　（b）二级过滤罐中油珠粒子

（c）一级过滤罐中悬浮物粒子　（d）二级过滤罐中悬浮物粒子

图 6.14　一级滤速 4m/h、二级滤速 2m/h 深度过滤滤层粒子聚集分布(含聚浓度 820mg/L)

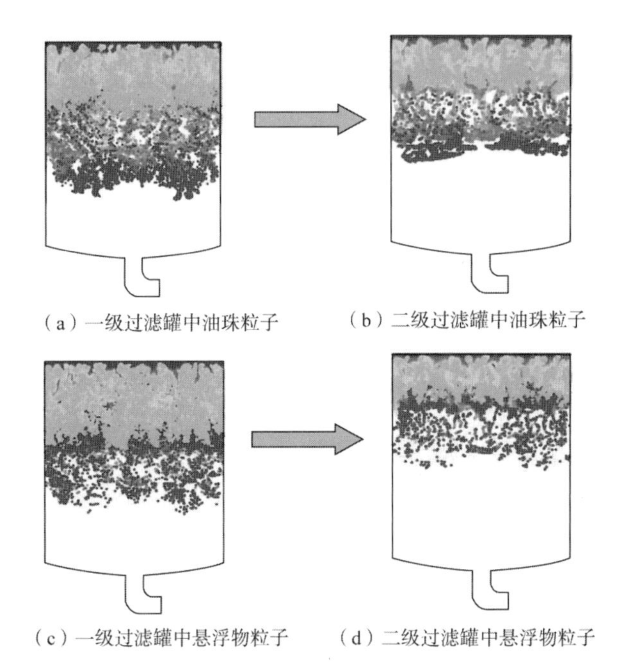

（a）一级过滤罐中油珠粒子　（b）二级过滤罐中油珠粒子

（c）一级过滤罐中悬浮物粒子　（d）二级过滤罐中悬浮物粒子

图 6.15　一级滤速 2m/h、二级滤速 1m/h 深度过滤滤层粒子聚集分布(含聚浓度 1000mg/L)

### 6.2.2　含聚合物浓度对深度过滤出水水质特性影响

给出各模拟优化方案的滤后水质含油、含悬浮物特性，对比分析污水含聚浓度对深度过滤工艺运行参数及滤后水质的影响。

(1) 含聚浓度150mg/L。

模拟方案下，含聚浓度150mg/L污水深度过滤工艺运行参数对出水水质的影响见表6.5和图6.16，可以看出，该含聚浓度150mg/L污水在一级过滤速度8m/h、二级过滤速度4m/h的滤后出水含油量、悬浮物含量分别为2.44mg/L和2.57mg/L，均低于5mg/L的深度处理控制指标要求。

此适配工艺运行参数下，对于含油量、悬浮物含量为普通处理技术界限的含聚浓度150mg/L来水，一级过滤出水截面水质含油浓度和含悬浮物浓度均集中分布在2~8mg/L，二级过滤出水截面水质含油浓度和含悬浮物浓度均集中分布在0~4mg/L。

表6.5 聚合物驱采出污水(含聚浓度150mg/L)深度过滤速度对出水水质影响

| 一级过滤 | | | | | 二级过滤 | | | | |
|---|---|---|---|---|---|---|---|---|---|
| 过滤速度<br>m/h | 来水 | | 出水 | | 过滤速度<br>m/h | 来水 | | 出水 | |
| | 含油量<br>mg/L | 悬浮物<br>含量，mg/L | 含油量<br>mg/L | 悬浮物<br>含量，mg/L | | 含油量<br>mg/L | 悬浮物<br>含量，mg/L | 含油量<br>mg/L | 悬浮物<br>含量，mg/L |
| 8 | 20 | 20 | 6.26 | 6.58 | 4 | 6.26 | 6.58 | 2.44 | 2.57 |

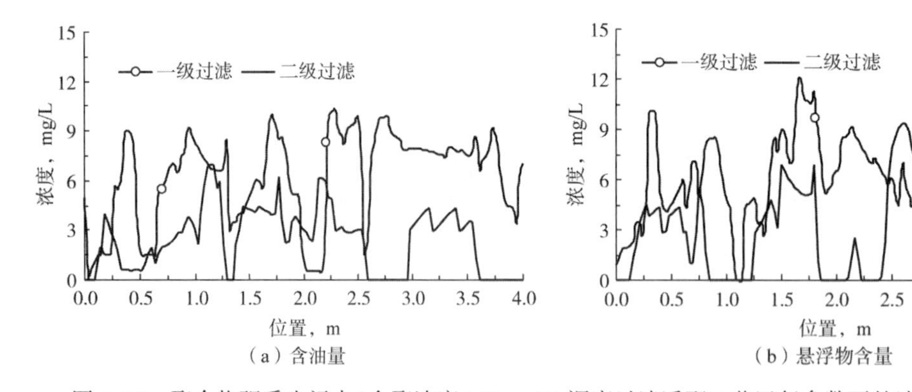


图6.16 聚合物驱采出污水(含聚浓度150mg/L)深度过滤适配工艺运行参数下的滤后水质特性

(2) 含聚浓度300mg/L。

模拟方案下，含聚浓度300mg/L污水深度过滤工艺运行参数对出水水质的影响见表6.6和图6.17，可以看出，对于含聚浓度300mg/L的污水，在一级过滤速度8m/h、二级过滤速度降低到3m/h时，其滤后出水的含油量、悬浮物含量分别能达到3.79mg/L和4.12mg/L，低于5mg/L的深度处理控制指标要求。相应地，在此适配工艺运行参数下，对于含油量、悬浮物含量为普通处理技术界限的该含聚浓度污水来水，一级过滤出水截面水质含油浓度和含悬浮物浓度均集中分布在4~10mg/L，二级过滤出水截面水质含油浓度和含悬浮物浓度则分别集中分布在1~5mg/L和0~4mg/L。

(3) 含聚浓度515mg/L。

模拟方案下，含聚浓度515mg/L污水深度过滤工艺运行参数对出水水质的影响见表6.7和图6.18，可以看出，对于含聚浓度515mg/L的污水，在一级过滤速度7m/h、二级过滤速度3m/h的匹配运行下，其滤后出水的含油量、悬浮物含量分别能达到3.97mg/L和4.18mg/L，低于5mg/L的深度处理控制指标要求。

**表 6.6 聚合物驱采出污水(含聚浓度 300mg/L)深度过滤速度对出水水质影响**

| 一级过滤 | | | | | 二级过滤 | | | | |
|---|---|---|---|---|---|---|---|---|---|
| 过滤速度 m/h | 来水 | | 出水 | | 过滤速度 m/h | 来水 | | 出水 | |
| | 含油量 mg/L | 悬浮物含量，mg/L | 含油量 mg/L | 悬浮物含量，mg/L | | 含油量 mg/L | 悬浮物含量，mg/L | 含油量 mg/L | 悬浮物含量，mg/L |
| 8 | 20 | 20 | 7.65 | 8.06 | 4 | 7.65 | 8.06 | 4.98 | 5.06 |
| 8 | 20 | 20 | 7.65 | 8.06 | 3 | 7.65 | 8.06 | 3.79 | 4.12 |

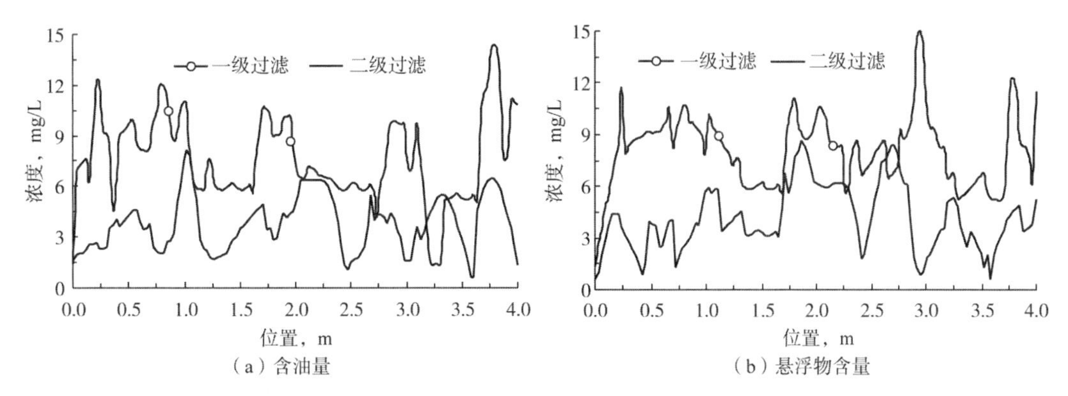


图 6.17 聚合物驱采出污水(含聚浓度 300mg/L)深度过滤工艺适配运行参数下的滤后水质特性

**表 6.7 聚合物驱采出污水(含聚浓度 515mg/L)深度过滤速度对出水水质影响**

| 一级过滤 | | | | | 二级过滤 | | | | |
|---|---|---|---|---|---|---|---|---|---|
| 过滤速度 m/h | 来水 | | 出水 | | 过滤速度 m/h | 来水 | | 出水 | |
| | 含油量 mg/L | 悬浮物含量，mg/L | 含油量 mg/L | 悬浮物含量，mg/L | | 含油量 mg/L | 悬浮物含量，mg/L | 含油量 mg/L | 悬浮物含量，mg/L |
| 8 | 20 | 20 | 8.57 | 9.09 | 3 | 8.57 | 9.09 | 5.33 | 5.61 |
| 8 | 20 | 20 | 8.57 | 9.09 | 2 | 8.57 | 9.09 | 4.80 | 5.02 |
| 7 | 20 | 20 | 7.69 | 8.10 | 4 | 7.69 | 8.10 | 4.88 | 5.07 |
| 7 | 20 | 20 | 7.69 | 8.10 | 3 | 7.69 | 8.10 | 3.97 | 4.18 |

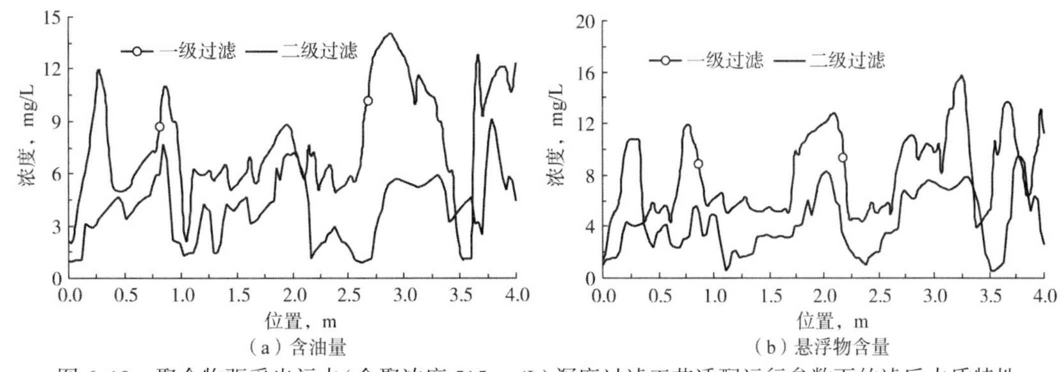


图 6.18 聚合物驱采出污水(含聚浓度 515mg/L)深度过滤工艺适配运行参数下的滤后水质特性

在此优化的适配工艺运行参数下，对于含油量、悬浮物含量为普通处理技术界限的该含聚浓度污水来水，一级过滤出水截面水质含油浓度和含悬浮物浓度分别集中分布在3~11mg/L和2.5~10mg/L，二级过滤出水截面水质含油浓度和含悬浮物浓度则分别集中分布在1~5.5mg/L和0~4.5mg/L。

（4）含聚浓度700mg/L。

模拟方案下，含聚浓度700mg/L污水深度过滤工艺运行参数对出水水质的影响见表6.8和图6.19，可以看出，对于含聚浓度700mg/L的污水，在一级过滤速度降低到5m/h、二级过滤速度3m/h的匹配运行下，其滤后出水的含油量、悬浮物含量分别能达到4.04mg/L和4.30mg/L，低于5mg/L的深度处理控制指标要求。

**表6.8 聚合物驱采出污水(含聚浓度700mg/L)深度过滤速度对出水水质影响**

| 一级过滤 | | | | | 二级过滤 | | | | |
|---|---|---|---|---|---|---|---|---|---|
| 过滤速度 m/h | 来水 | | 出水 | | 过滤速度 m/h | 来水 | | 出水 | |
| | 含油量 mg/L | 悬浮物含量，mg/L | 含油量 mg/L | 悬浮物含量，mg/L | | 含油量 mg/L | 悬浮物含量，mg/L | 含油量 mg/L | 悬浮物含量，mg/L |
| 7 | 20 | 20 | 9.61 | 10.42 | 3 | 9.61 | 10.42 | 6.90 | 7.19 |
| 7 | 20 | 20 | 9.61 | 10.42 | 2 | 9.61 | 10.42 | 6.28 | 6.61 |
| 6 | 20 | 20 | 8.53 | 9.31 | 4 | 8.53 | 9.31 | 6.32 | 6.70 |
| 6 | 20 | 20 | 8.53 | 9.31 | 3 | 8.53 | 9.31 | 5.66 | 5.91 |
| 6 | 20 | 20 | 8.53 | 9.31 | 2 | 8.53 | 9.31 | 4.86 | 5.15 |
| 5 | 20 | 20 | 7.60 | 8.25 | 4 | 7.60 | 8.25 | 4.70 | 5.01 |
| 5 | 20 | 20 | 7.60 | 8.25 | 3 | 7.60 | 8.25 | 4.04 | 4.30 |

在此优化的适配工艺运行参数下，对于含油量、悬浮物含量为普通处理技术界限的该含聚浓度污水来水，一级过滤出水截面水质含油浓度和含悬浮物浓度分别集中分布在3~12mg/L和2.5~11mg/L，二级过滤出水截面水质含油浓度和含悬浮物浓度则分别集中分布在1~6mg/L和0~5mg/L。

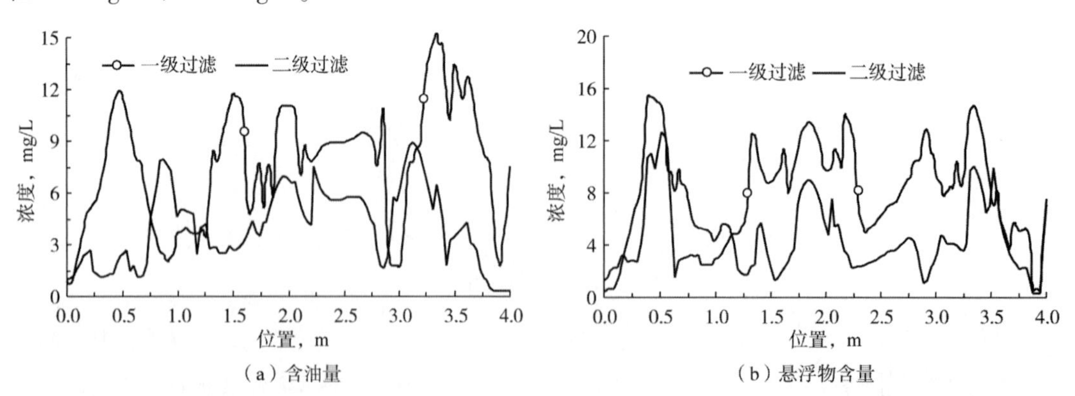


图6.19 聚合物驱采出污水(含聚浓度700mg/L)深度过滤工艺适配运行参数下的滤后水质特性

（5）含聚浓度820mg/L。

模拟方案下，含聚浓度820mg/L污水深度过滤工艺运行参数对出水水质的影响见表6.9和图6.20，可以看出，对于含聚浓度820mg/L的污水，在一级过滤速度降低到4m/h、二级过滤速度降低到 2m/h 的匹配运行下，其滤后出水的含油量、悬浮物含量分别能达到 4. 15mg/L 和 4. 37mg/L，低于 5mg/L 的深度处理控制指标要求。

表 6.9 聚合物驱采出污水(含聚浓度 820mg/L)深度过滤速度对出水水质影响

| 一级过滤 | | | | | 二级过滤 | | | | |
|---|---|---|---|---|---|---|---|---|---|
| 过滤速度 m/h | 来水 | | 出水 | | 过滤速度 m/h | 来水 | | 出水 | |
| | 含油量 mg/L | 悬浮物含量，mg/L | 含油量 mg/L | 悬浮物含量，mg/L | | 含油量 mg/L | 悬浮物含量，mg/L | 含油量 mg/L | 悬浮物含量，mg/L |
| 5 | 20 | 20 | 8. 65 | 9. 23 | 3 | 8. 65 | 9. 23 | 5. 70 | 5. 86 |
| 5 | 20 | 20 | 8. 65 | 9. 23 | 2 | 8. 65 | 9. 23 | 5. 02 | 5. 33 |
| 4 | 20 | 20 | 7. 78 | 8. 14 | 4 | 7. 78 | 8. 14 | 5. 51 | 5. 66 |
| 4 | 20 | 20 | 7. 78 | 8. 14 | 3 | 7. 78 | 8. 14 | 4. 82 | 5. 07 |
| 4 | 20 | 20 | 7. 78 | 8. 14 | 2 | 7. 78 | 8. 14 | 4. 15 | 4. 37 |

在此优化的适配工艺运行参数下，对于含油量、悬浮物含量为普通处理技术界限的该含聚浓度污水来水，一级过滤出水截面水质含油浓度和含悬浮物浓度分别集中分布在 3~12mg/L 和 3~11mg/L，二级过滤出水截面水质含油浓度和含悬浮物浓度则分别集中分布在 1~6mg/L 和 0~5. 5mg/L。

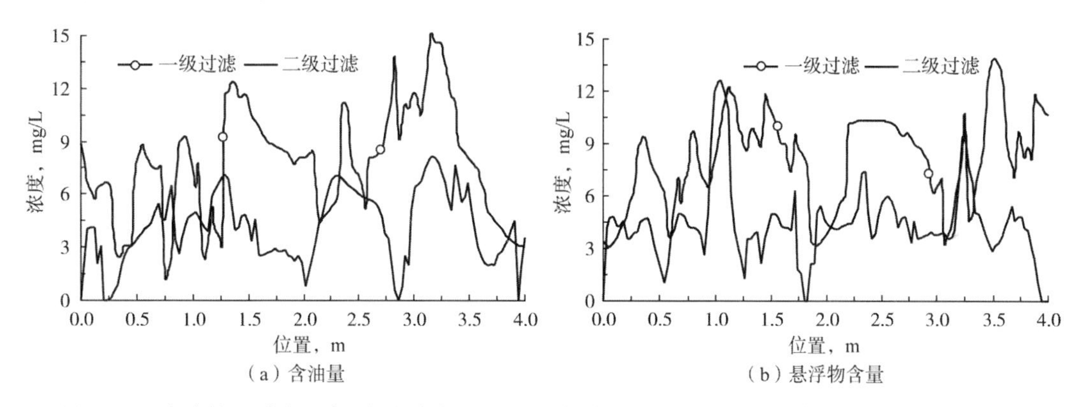


图 6. 20 聚合物驱采出污水(含聚浓度 820mg/L)深度过滤工艺适配运行参数下的滤后水质特性

(6) 含聚浓度 1000mg/L。

模拟方案下，含聚浓度 1000mg/L 污水深度过滤工艺运行参数对出水水质的影响见表 6. 10和图 6. 21，可以看出，对于含聚浓度 1000mg/L 的污水，在一级过滤速度降低至 2m/h、二级过滤速度降低至 1m/h 的匹配运行下，其滤后出水的含油量、悬浮物含量分别能达到 4. 75mg/L 和 4. 93mg/L，低于 5mg/L 的深度处理控制指标要求。同时，在此优化的适配工艺运行参数下，对于含油量、悬浮物含量为普通处理技术界限的该含聚浓度污水来水，一级过滤出水截面水质含油浓度和含悬浮物浓度分别分布在 4~13mg/L 和 2~12mg/L，波动大，二级过滤出水截面水质含油浓度和含悬浮物浓度则分别分布在 2~8. 5mg/L 和 1~7mg/L，波动也较大。

当然，尽管模拟结果表明此优化过滤工艺运行参数可使含聚浓度为 1000mg/L 的污水满足深度处理指标要求，但对于 1~2m/h 的过滤速度，相应处理量或难以适应工程实际，正如油珠、悬浮物粒子聚集分布特征所揭示的，包括滤后水质、滤料污染及运行稳定性等在内的问题决定了聚合物驱采出污水深度过滤工艺需要考虑含聚浓度变化来构建、设计合理的滤速参数，以及其在一级、二级过滤中的匹配关系，而高聚合物驱采出污水则并不适宜进行深度处理。

**表 6.10　聚合物驱采出污水(含聚浓度 1000mg/L)深度过滤速度对出水水质影响**

| 一级过滤 | | | | | 二级过滤 | | | | |
|---|---|---|---|---|---|---|---|---|---|
| 过滤速度 m/h | 来水 | | 出水 | | 过滤速度 m/h | 来水 | | 出水 | |
| | 含油量 mg/L | 悬浮物含量，mg/L | 含油量 mg/L | 悬浮物含量，mg/L | | 含油量 mg/L | 悬浮物含量，mg/L | 含油量 mg/L | 悬浮物含量，mg/L |
| 4 | 20 | 20 | 9.52 | 10.25 | 2 | 9.52 | 10.25 | 6.55 | 7.18 |
| 3 | 20 | 20 | 8.66 | 9.31 | 3 | 8.66 | 9.31 | 6.39 | 7.01 |
| 3 | 20 | 20 | 8.66 | 9.31 | 2 | 8.66 | 9.31 | 5.78 | 6.25 |
| 2 | 20 | 20 | 7.87 | 8.43 | 2 | 7.87 | 8.43 | 5.25 | 5.46 |
| 2 | 20 | 20 | 7.87 | 8.43 | 1 | 7.87 | 8.43 | 4.75 | 4.93 |

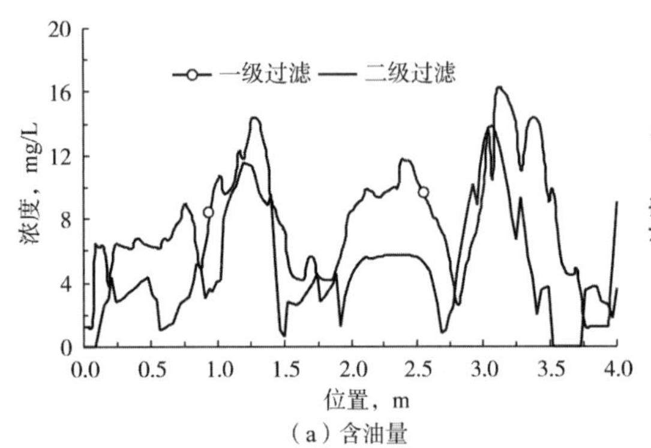

（a）含油量

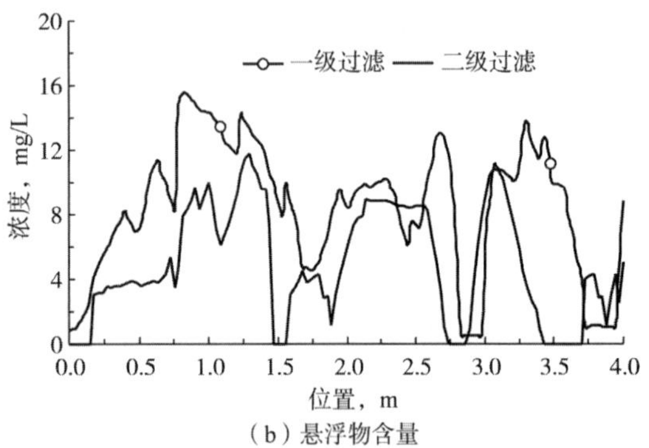

（b）悬浮物含量

图 6.21　聚合物驱采出污水(含聚浓度 1000mg/L)深度过滤工艺适配运行参数下的滤后水质特性

综上分析对比可知，普通处理后，对聚合物驱采出污水进行深度过滤达到其含油、悬浮物含量均控制在 5mg/L 以内的深度水质指标要求是可行的，但污水中含聚浓度的上升会给其深度过滤处理带来难度，针对含聚浓度特性及其变化构建合理的工艺运行参数，是保障深度处理水质及工艺运行稳定性的关键。

### 6.2.3　聚合物驱采出污水深度过滤模拟实验

在数值模拟研究的基础上，针对聚合物驱采出污水深度过滤工艺，设计搭建室内模拟实验装置，并通过实验验证数值模拟结果，特别是就悬浮物粒径中值这一在数值模拟过程中难以体现的水质控制指标情况进行考察和分析。同时，结合所搭建聚合物驱采出污水深度过滤—反冲洗参数优化实验装置，构建聚合物驱采出污水过滤—反冲洗参数优化方法，为聚合物驱采出污水水质特性变化时的过滤与反冲洗参数优化设计提供科学手段。

(1) 深度过滤工艺模拟。

① 实验装置搭建。

以原水供应、过滤分离单元、净化水回收、反冲洗水供应、过滤—反冲洗工艺切换、过滤—反冲洗运行参数监测及数据采集与自动控制为主体，设计搭建如图 6.22 所示的聚

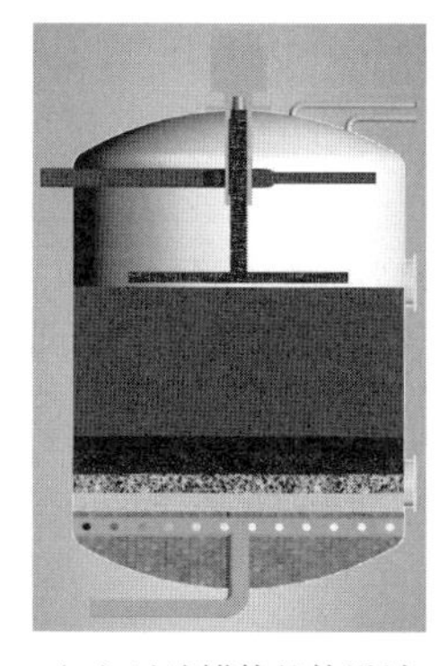

（a）过滤罐体整体设计

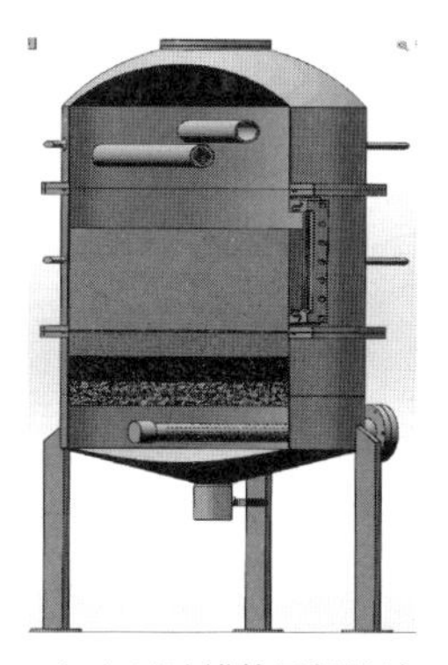

（b）过滤罐体局部设计

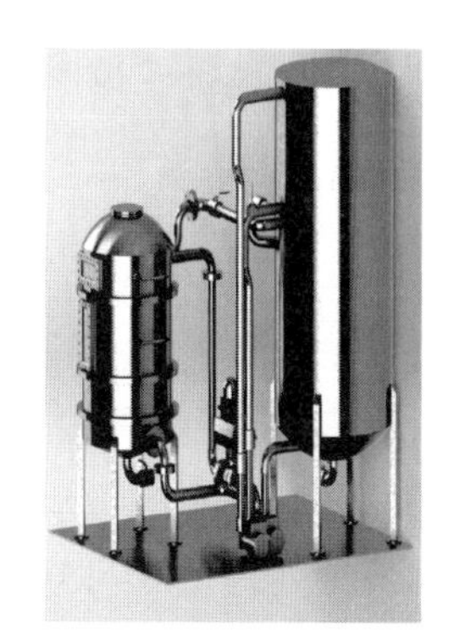

（c）过滤—反冲洗一体化工艺设计

（d）过滤—反冲洗运行参数监测

（e）装置实物

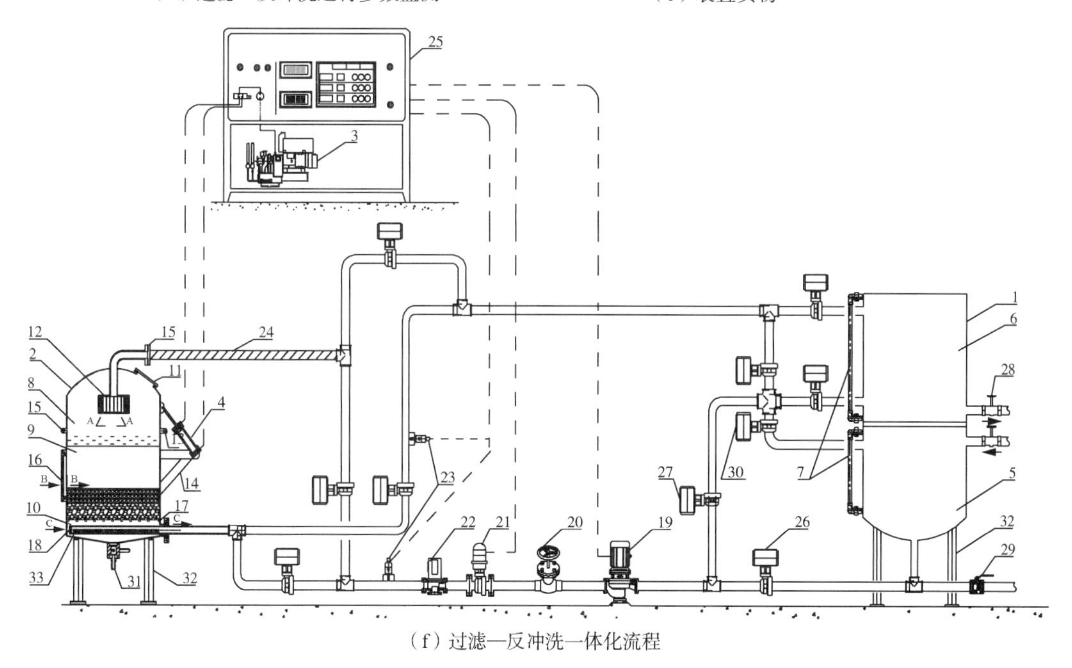


（f）过滤—反冲洗一体化流程

图 6.22　聚合物驱采出污水深度过滤—反冲洗参数优化实验装置

1—立式污水罐；2—下向流过滤罐；3—空气压缩泵；4—气缸开闭系统；5—原水室；6—净化水缓冲室；7—可视液位管；8—布水室；9—过滤室；10—集水室；11—人孔；12—布水器；13—圆柱销；14—固定悬臂；15—出口压力传感器；16—嵌入式可视化窗；17—格栅式支撑方钢；18—大阻力集水筛管；19—离心泵；20—水流调整阀；21—流量传感器；22—溢流阀；23—入口压力传感器；24—可伸缩式金属软管；25—自动控制柜；26—正向过滤来水阀；27—反冲洗来水阀；28—取样阀；29—排空阀；30—回水阀；31—排淤管；32—支撑脚；33—筛孔

合物驱采出污水深度过滤—反冲洗参数优化实验装置，图 6.22(a)、图 6.22(b)分别为过滤罐体的整体和局部设计，其由布水器、集水筛管、垫料层、滤料层、嵌入式可视化窗及取样阀等构成，图 6.22(c)、图 6.22(d)分别为过滤—反冲洗一体化工艺及过滤速度、过滤压力、反冲洗强度等运行参数的监测设计，图 6.22(e)、图 6.22(f)分别为装置实物和装置工艺流程。

装置中，立式污水罐总容积设计为 $50m^3$，其中原水室 $8m^3$，过滤罐有效直径为 2m，滤床区域高度为 1m，过滤罐布水器直径为 1m，过滤罐集水筛管规格为 DN40，污水管道规格为 DN25，设计处理量 $0\sim15m^3/h$，设计压力 1.0MPa。

② 模拟实验方案及过程。

在聚合物驱污水站现场采集不同含聚浓度的普通处理聚合物驱采出污水，并设计其深度过滤模拟实验方案：

方案 a：含聚浓度 146.2mg/L，一级过滤速度 9m/h，二级过滤速度 5m/h；

方案 b：含聚浓度 311.5mg/L，一级过滤速度 8m/h，二级过滤速度 3m/h；

方案 c：含聚浓度 311.5mg/L，一级过滤速度 8m/h，二级过滤速度 4m/h；

方案 d：含聚浓度 508.6mg/L，一级过滤速度 7m/h，二级过滤速度 3m/h；

方案 e：含聚浓度 508.6mg/L，一级过滤速度 8m/h，二级过滤速度 3m/h；

方案 f：含聚浓度 754.1mg/L，一级过滤速度 5m/h，二级过滤速度 3m/h；

方案 g：含聚浓度 754.1mg/L，一级过滤速度 6m/h，二级过滤速度 4m/h。

模拟实验中，过滤罐垫层由砾石层和磁铁矿层组成，滤料层由石英砂层和磁铁矿层级配组成，针对一级过滤和二级过滤仅更换滤料层。利用实验装置中立式污水罐的紧凑型组合设计及相应控制阀，分轮次模拟两级深度过滤，第一轮次一级过滤的原水为普通处理聚合物驱采出污水的现场采样，第二轮次二级过滤的原水为一级过滤出水，反冲洗用水为二级过滤出水，第一轮次一级过滤的滤料级配模式为“双层级配”，第二轮次二级过滤的滤料级配模式为“三层级配”，滤料层具体填设规格参数及不同方案相应的实验基础参数见表 6.11。

**表 6.11　聚合物驱采出污水深度过滤工艺模拟实验基础参数**

| 方案编号 | 基础参数 | | | | | | | | | | | |
|---|---|---|---|---|---|---|---|---|---|---|---|---|
| | 一级过滤 | | | | | | 二级过滤 | | | | | |
| | 来水水质 | | | 滤床填设 | | | 来水水质 | | | 滤床填设 | | |
| | 含油量 mg/L | 悬浮物含量 mg/L | 悬浮物粒径中值，μm | 垫料/滤料类别 | 规格 mm | 填设高度 mm | 含油量 mg/L | 悬浮物含量 mg/L | 悬浮物粒径中值，μm | 垫料/滤料类别 | 规格 mm | 填设高度 mm |
| a | 15.6 | 17.4 | 4.93 | 石英砂滤料 | 0.80 | 200 | 5.84 | 6.31 | 2.25 | 石英砂滤料 | 0.80 | 200 |
| b | 14.8 | 16.3 | 4.78 | | 0.50 | 300 | 6.93 | 7.02 | 2.43 | | 0.50 | 150 |
| c | 14.8 | 16.3 | 4.78 | | | | 7.04 | 7.15 | 3.01 | 磁铁矿滤料 | 0.35 | 150 |

续表

<table>
<tr><th rowspan="4">方案编号</th><th colspan="12">基础参数</th></tr>
<tr><th colspan="6">一级过滤</th><th colspan="6">二级过滤</th></tr>
<tr><th colspan="3">来水水质</th><th colspan="3">滤床填设</th><th colspan="3">来水水质</th><th colspan="3">滤床填设</th></tr>
<tr><th>含油量 mg/L</th><th>悬浮物含量 mg/L</th><th>悬浮物粒径中值，μm</th><th>垫料/滤料类别</th><th>规格 mm</th><th>填设高度 mm</th><th>含油量 mg/L</th><th>悬浮物含量 mg/L</th><th>悬浮物粒径中值，μm</th><th>垫料/滤料类别</th><th>规格 mm</th><th>填设高度 mm</th></tr>
<tr><td>d</td><td>16.2</td><td>18.1</td><td>4.67</td><td rowspan="2">磁铁矿垫料</td><td>1.20</td><td>50</td><td>7.54</td><td>8.36</td><td>3.06</td><td rowspan="2">磁铁矿垫料</td><td>1.20</td><td>50</td></tr>
<tr><td>e</td><td>16.2</td><td>18.1</td><td>4.67</td><td>3.00</td><td>100</td><td>9.61</td><td>10.25</td><td>3.52</td><td>3.00</td><td>100</td></tr>
<tr><td rowspan="2">f</td><td rowspan="2">15.7</td><td rowspan="2">17.6</td><td rowspan="2">4.84</td><td rowspan="3">砾石垫料</td><td>5.00</td><td>100</td><td rowspan="2">8.12</td><td rowspan="2">8.64</td><td rowspan="2">3.12</td><td rowspan="3">砾石垫料</td><td>5.00</td><td>100</td></tr>
<tr><td>12.0</td><td>100</td><td>12.0</td><td>100</td></tr>
<tr><td>g</td><td>15.7</td><td>17.6</td><td>4.84</td><td>20.0</td><td>150</td><td>9.86</td><td>10.77</td><td>3.70</td><td>20.0</td><td>150</td></tr>
</table>

在实验过程中，首先根据模拟轮次的需要填设、更换过滤罐滤料，然后供应已知水质特性的原水、开启流程，通过数据采集与自动控制系统设置过滤速度、控制过滤过程，期间通过取样阀采样，分析出水水质的含油、悬浮物含量及悬浮物粒径中值。另外，还可以在过滤结束后，切换过滤—反冲洗流程，进行不同强度的反冲洗操作，并利用更换滤料的时机采样分析滤料表面残余含油量，分析不同反冲洗强度对滤料再生质量的影响。

③ 实验结果及分析。

如图 6.23 所示为不同实验方案的结果，结果表明，当普通处理聚合物驱采出污水的含聚浓度为 146.2mg/L 时，在深度处理工艺一级过滤速度 9m/h、二级过滤速度 5m/h 的运行参数下，处理后水质含油量、悬浮物含量及悬浮物粒径中值在“5mg/L、5mg/L、2μm”的控制指标范围内；当普通处理聚合物驱采出污水的含聚浓度为 311.5mg/L 时，在深度处理工艺一级过滤速度 8m/h、二级过滤速度 3m/h 的运行参数下，处理后水质含油量、悬浮物含量及悬浮物粒径中值在“5mg/L、5mg/L、2μm”的控制指标范围内，但在深度处理工艺一级过滤速度 8m/h、二级过滤速度 4m/h 的运行参数下，则水质波动且超出“5mg/L、5mg/L、2μm”的控制指标范围；当普通处理聚合物驱采出污水的含聚浓度上升至 508.6mg/L 时，在深度处理工艺一级过滤速度 7m/h、二级过滤速度 3m/h 的运行参数下，处理后水质含油量、悬浮物含量及悬浮物粒径中值

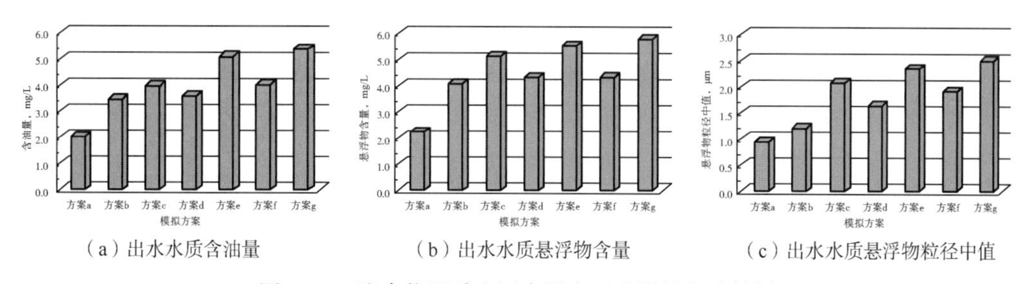


（a）出水水质含油量　（b）出水水质悬浮物含量　（c）出水水质悬浮物粒径中值

图 6.23　聚合物驱采出污水深度过滤模拟实验结果

在“5mg/L、5mg/L、2μm”的控制指标范围内，但在深度处理工艺一级过滤速度8m/h、二级过滤速度3m/h的运行参数下，水质波动且超出“5mg/L、5mg/L、2μm”的控制指标范围；当普通处理聚合物驱采出污水的含聚浓度继续上升至754.1mg/L时，在深度处理工艺一级过滤速度5m/h、二级过滤速度3m/h的运行参数下，处理后水质含油量、悬浮物含量及悬浮物粒径中值在“5mg/L、5mg/L、2μm”的控制指标范围内，但在深度处理工艺一级过滤速度6m/h、二级过滤速度4m/h的运行参数下，同样反映出水质波动且超出“5mg/L、5mg/L、2μm”的控制指标范围。

将以上出水水质满足控制指标的实验方案及结果与对应不同含聚浓度污水深度过滤数值模拟所确定的临界工艺运行参数及结果进行对比，发现出水水质含油量的平均相对偏差为8.16%，出水水质悬浮物含量的平均相对偏差为4.78%，显然，数值模拟结果与实验结果具有较好的吻合性，可以基于数值模拟和实验结果共同构建适合于聚合物驱采出污水深度处理的运行技术界限(图6.24)。另外，实验模拟在验证水质含油、悬浮物含量的基础上，进一步掌握了数值模拟过程未体现的悬浮物粒径中值这一水质控制指标。

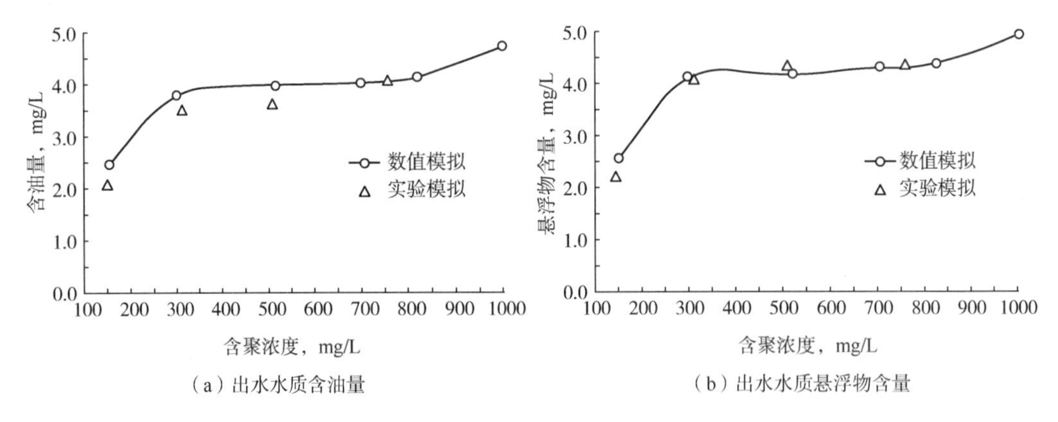


(a) 出水水质含油量　　(b) 出水水质悬浮物含量

图6.24　数值模拟结果与实验结果对比

(2) 过滤—反冲洗参数优化方法构建

基于上述深度过滤工艺模拟实验及前文对考虑滤料污染板结的聚合物驱采出污水过滤过程数学模型的建立，构建如下基于前述实验装置进行过滤—反冲洗参数优化的方法：

① 多介质级配滤床填设。

启动实验装置中的空气压缩泵，拆开污水管道与下向流过滤罐顶部连接法兰的螺栓，并拧动卸开下向流过滤罐布水室与过滤室相接的螺栓，然后基于气动开闭系统气缸的作用力开启下向流过滤罐的布水室，进而在过滤室中依次自下而上布填垫料层和多介质滤料层，通过高度标线区分分层滤床对应的布填厚度，之后，闭合下向流过滤罐的布水室，重新拧紧其与过滤室相接法兰的螺栓，以及下向流过滤罐顶部与污水管道连接法兰的螺栓，完成多介质级配滤床的填设。

② 级配过滤聚合物驱采出污水特性分级。

将来自立式污水罐原水室的不同含聚浓度污水以等流量 $Q$ 分别泵入某级配模式滤床的下向流过滤罐进行压力式过滤，同时监测过滤稳定时的压差 $\Delta p_i$，其中 $i=1, 2, 3, \cdots$,

$n$，已知污水的密度$\rho$、下向流过滤罐的直径$D$、滤床的深度$H$，于是结合水头损失计算方法，可得到：

$$\frac{\bar{\lambda}}{\sqrt{\bar{\phi}^5}}=\Delta p_i\frac{\pi^2 D^5}{8\rho HQ^2}$$

$$H=\sum_{j=1}^{m}h_j$$

式中：$h_j$为任一分层床的厚度；$m$为滤床填设层数。

定义滤滞系数$F_r$：

$$F_r=\frac{\bar{\lambda}}{\sqrt{\bar{\phi}^5}}$$

式中：$\bar{\lambda}$为平均摩阻系数；$\bar{\phi}$为滤层平均孔隙率。

建立滤滞系数与污水含聚浓度的关系，将滤滞系数每增加1倍时对应的含聚浓度作为污水分级的界限标准，也就是将滤滞系数的增加在1倍以内的聚合物驱采出污水划为同一级、将1倍以上的划为另一级，如此便完成对一系列不同含聚浓度污水的分级，获取具有代表性的有限优化序列。重复上述步骤，可取得聚合物驱采出污水特性在多介质其他级配模式下的分级，并提供有限而具代表性的优化序列。

③ 过滤运行参数的优化设计。

基于优化序列，将归属于某一特性级别的任一已知含聚浓度的聚合物驱采出污水汇入立式污水罐的原水室，切换为正向过滤流程，通过离心泵提供压力源且通过水流调整阀调节并控制不同的进水流量，使其进入下向流过滤罐开展某级配模式滤床下的压力式过滤实验，分别监测不同进水流量(也就是不同过滤速度)下，在过滤初期时的水头损失$h_f$与相应过滤后水质的含油$c_o$、悬浮物$c_{ss}$及粒径中值$D_{50}$。

水头损失$h_f$约束：

$$h_f\leqslant 30\text{m}$$

水质指标(含油量、悬浮物含量、粒径中值)约束：

$$c_o\leqslant 10\text{mg/L}$$

$$c_{ss}\leqslant 10\text{mg/L}$$

$$D_{50}\leqslant 4\mu\text{m}$$

同时，满足水头损失和水质指标约束条件时的流量对应的过滤速度，或同时满足水头损失和水质指标约束条件时的流量范围对应的过滤速度范围，即为该特性级别聚合物驱采出污水在相应多介质级配模式下过滤时的最优速度参数或速度范围参数。重复同样的方法，即可设计优化序列中另一特性级别聚合物驱采出污水在某多介质级配模式下的最佳过滤速度参数或过滤速度范围参数。

④ 反冲洗运行参数的优化设计。

在直径为 $D$ 的下向流过滤罐正向过滤流程下，对于优化序列中某一特性级别的聚合物驱采出污水，利用所优化设计的过滤速度或进水流量在滤层平均孔隙率为 $\overline{\phi}$ 的相应级配模式下进行正常过滤，同步记录累计过滤时间，监测过滤中、后期阶段水头损失 $h_f$ 的变化，建立以过滤时间为函数的水头损失 $h_f$ 变化曲线，将水头损失 $h_f$ 开始大于 30m 时的前期累计过滤时间设计为反冲洗周期；切换成反向冲洗流程，通过离心泵将立式污水罐净化水缓冲室中的深度处理水以 2 倍于过滤阶段进水流量的瞬时排量布于下向流过滤罐，通过集水室中的大阻力筛管，实施反冲洗操作，并开始计时，同时通过流量传感器和压力传感器分别监测瞬时排量 $Q$、累计水流量 $V$ 和反冲洗压力 $p$，至反冲洗压力 $p$ 降低至某一恒定值，结束反冲洗，记录反冲洗时间 $t$，按下式确定反冲洗强度 $q$：

$$q=\frac{V}{\pi D^2\overline{\phi}t}$$

其中，正向过滤后期阶段水头损失 $h_f$ 变化界限约束：

$$h_f>30\text{m}$$

反冲洗压力 $p$ 约束：

$$p=\text{常数}\ C$$

滤层平均孔隙率 $\overline{\phi}$：

$$\overline{\phi}=\frac{\sum_{j=1}^{m}\phi_j h_j}{H}$$

其中，任一介质滤层的孔隙率 $\phi_j=1-\frac{S_j\psi_j d_j}{6}$，$S_j$ 为该层滤料的比表面积，$d_j$ 和 $\psi_j$ 为该层滤料颗粒的直径与球状度。

优化得到优化序列中某一特性级别聚合物驱采出污水在对应多介质级配模式下实现高效过滤处理需要的反冲洗周期、反冲洗时间与反冲洗强度。重复同样的方法，即可设计优化序列中另一特性级别聚合物驱采出污水在某多介质级配模式下过滤处理时的最佳反冲洗参数。

在该优化方法中，还可以进行多介质过滤-反冲洗滤料层截污、去污能力及分层滤床稳定性的识别，具体来讲，在过滤参数优化设计中，通过嵌入式可视化窗进一步定性观测多介质滤料层的截污能力，在反冲洗参数优化设计中，通过嵌入式可视化窗定性观测多介质滤料层的去污能力，同时，直观再现反冲洗过程中滤层的膨胀情况、粗颗粒介质的下沉及细颗粒介质的上移行为，识别多介质分层滤床的稳定性。

对该方法已进行了实例应用，表 6. 12 为实验装置主体参数及相应多介质级配滤床填设参数，表 6. 13 为对优化实例中含聚浓度为 35～974mg/L 范围（35℃时的黏度范围为 1. 0～3. 6mPa · s）的污水特性分级。

表 6.12　实验装置主体参数及多介质级配滤床填设参数

<table>
<tr><th colspan="2" rowspan="2">装置参数</th><th colspan="7">滤料级配模式</th></tr>
<tr><th colspan="2">填设滤床</th><th>料别</th><th>直径</th><th>比表面积</th><th>球状度</th><th>厚度比</th></tr>
<tr><td>下向流过滤罐2的直径 $D$</td><td>2m</td><td rowspan="8">滤床的深度 $H$</td><td rowspan="3">滤料层 0.5m</td><td>石英砂</td><td>0.8mm</td><td>$65cm^2/cm^3$</td><td>0.75</td><td rowspan="3">4：3：3</td></tr>
<tr><td>原水室5的容积</td><td>$8m^3$</td><td>石英砂</td><td>0.5mm</td><td>$105cm^2/cm^3$</td><td>0.80</td></tr>
<tr><td>净化水缓冲室6的容积</td><td>$42m^3$</td><td>磁铁矿</td><td>0.35mm</td><td>$343cm^2/cm^3$</td><td>0.35</td></tr>
<tr><td>布水器12的直径</td><td>1m</td><td rowspan="5">垫料层 0.5m</td><td rowspan="2">磁铁矿</td><td>1.2mm</td><td>—</td><td>—</td><td rowspan="5">1：2：2：2：3</td></tr>
<tr><td>大阻力集水筛管18的管径</td><td>DN40mm</td><td>3.0mm</td><td>—</td><td>—</td></tr>
<tr><td>嵌入式可视化窗16的规格</td><td>0.6m×0.1m</td><td rowspan="3">砾石</td><td>5.0mm</td><td>—</td><td>—</td></tr>
<tr><td colspan="1" rowspan="2">额定压力</td><td rowspan="2">1.0MPa</td><td>12mm</td><td>—</td><td>—</td></tr>
<tr><td>20mm</td><td>—</td><td>—</td></tr>
</table>

表 6.13　应用实例中聚合物驱采出污水特性的分级

| 特性分级 | 滤滞系数 $F_r$ | 含聚浓度范围，mg/L |
|---|---|---|
| Ⅰ级 | $(1.30 \sim 1.33)\times10^8$ | 35～150 |
| Ⅱ级 | $(2.55 \sim 2.60)\times10^8$ | 150～448 |
| Ⅲ级 | $(3.88 \sim 4.00)\times10^8$ | 448～720 |
| Ⅳ级 | $(5.15 \sim 5.40)\times10^8$ | 720～974 |

同时，抽样分析了实例中这些不同开发区块采出水中的含聚相对分子质量，结果进一步证明了随着驱油过程中聚合物前缘的推进及采出环节的系列剪切降解过程，含聚相对分子质量已不是影响黏度特性及滤滞系数的主因，考虑来水含聚浓度的变化进行污水特性分级是充分而合理的。

于是，利用该构建的聚合物驱采出污水过滤—反冲洗参数优化方法，便得到表6.14所示的上述级配模式及相应分级水质的过滤—反冲洗参数优化设计结果，该结果即可指导应用于实际生产中聚合物驱采出污水过滤处理的运行方案制定或调整，提高过滤处理效果和过滤过程稳定性，尤其改善反冲洗效果而提高滤料再生质量，避免潜在的二次污染。

表 6.14　过滤—反冲洗参数实验优化设计结果

| 实验聚合物驱采出污水特性 | 过滤速度，m/h | 反冲洗时间，min | 反冲洗强度，$L/(m^2 \cdot s)$ | 反冲洗周期，h |
|---|---|---|---|---|
| Ⅰ级 | 5.6 | 12 | 12.63 | 44 |
| Ⅱ级 | 5.1 | 15 | 13.55 | 32 |
| Ⅲ级 | 4.7 | 18 | 14.28 | 25 |
| Ⅳ级 | 4.0 | 22 | 14.63 | 20 |

### 6.2.4 聚合物驱采出污水深度过滤技术界限关系图版

基于含聚浓度影响下满足水质控制指标的"双层级配滤料+三层级配滤料"工艺模式过滤过程优化计算及模拟实验结果，结合所模拟过滤罐原型的规格参数，建立以含聚浓度、过滤速度为主要特征变量的深度过滤运行技术界限关系图版，如图6.25所示。

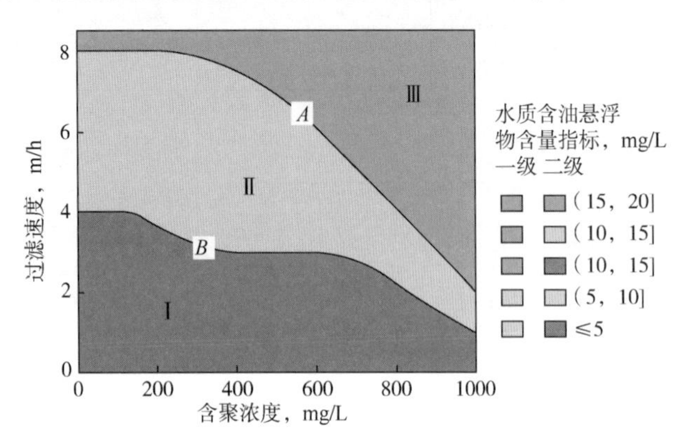


图6.25 聚合物驱采出污水深度过滤技术界限关系图版

对于含油、悬浮物含量均≤20mg/L的某含聚浓度污水，其深度一级过滤的滤速界限值对应于图版中Ⅱ区域和Ⅲ区域的分界线*A*上，深度二级过滤的滤速界限值则对应于图版中Ⅰ区域和Ⅱ区域的分界线*B*上，分界线*A*与分界线*B*上的滤速界限值相匹配后，一方面可实现两级深度过滤处理水质中含油、悬浮物含量均≤5mg/L的控制指标，另一方面能够获得最大的聚合物驱采出污水深度处理量。图版中Ⅱ区域即为聚合物驱采出污水深度处理一级过滤的稳定区，图版中Ⅰ区域即为聚合物驱采出污水深度处理二级过滤的稳定区，对于经普通处理后的某含聚浓度污水，在"双层级配滤料+三层级配滤料"工艺模式匹配一级过滤稳定区和二级过滤稳定区的滤速参数下，即可实现处理后水质满足深度水源的水质控制指标要求。图版中Ⅲ区域为聚合物驱采出污水深度处理一级及二级过滤不稳定区，图版中Ⅱ区域为聚合物驱采出污水深度处理二级过滤不稳定区，在这些区域对应的运行参数下，过滤系统协调性失衡、过滤性能下降、出水水质不能满足深度水源水质控制指标要求。

## 6.3 本章小结

(1) 对普通处理后的聚合物驱采出污水进行两级深度过滤可依靠水力、界面效应实现进一步截污，低浓度、小粒径油珠、悬浮物粒子能在两级过滤罐的不同孔隙率滤料层中被大幅截留、分离，再现稳定的过滤性能而获取深度处理水源。

(2) "双层级配滤料+三层级配滤料"的两级过滤模式可作为聚合物驱采出污水深度过滤工艺，使过滤后水质含油、含悬浮物含量均能满足低于5mg/L、悬浮物粒径中值小于2μm的控制指标要求，这为油田化学驱三次采油开发中应对清水资源宝贵和深度处理污水不足这一矛盾所致水量失衡的问题提供了可能和设计依据。

（3）能够满足水质控制指标的深度过滤滤速负相关于污水含聚浓度，适配的两级过滤速度分别从含聚浓度 150mg/L 时的 8m/h 和 4m/h 降低到含聚浓度 820mg/L 时的 4m/h 和 2m/h，考虑水质含聚浓度、过滤速度及净化水质控制指标，优化建立了聚合物驱采出污水深度过滤技术界限关系图版，为提高聚合物驱采出污水处理效率、提升聚合物驱采出污水处理指标、保障聚合物驱采出污水处理工艺的运行平稳和运行负荷提供了有益指导。

（4）尽管过滤流场中油珠、悬浮物粒子的聚集分布再现了两级深度过滤工艺较为均匀、稳定的流场特征及有效的截污性能，但随着污水中含聚浓度的上升，尤其是一级过滤对粒子的截留延伸到过滤器的垫料层区域，揭示出在过滤工艺运行获得深度处理水质控制指标时滤床的污染增长，对滤后水质产生潜在的二次污染，基于建立的聚合物驱采出污水过滤—反冲洗参数优化实验装置及优化方法可改善反冲洗效果而提高滤料再生质量。

# 7 聚合物驱采出污水过滤罐集水筛管沉积堵塞及控制方法

聚合物驱采出污水过滤罐顶部布水筛管和底部集水筛管在运行中易于产生沉积物，并发生不断的运移、聚集、附着和累积，这些沉积附着物直接导致反冲洗憋压，滤后水质波动、不达标，乃至过滤罐损坏。因此，通过开展聚合物驱采出污水过滤罐筛管沉积物形成机理及控制技术研究，明确聚合物驱采出污水过滤罐筛管沉积物的类别和组成，揭示沉积物的产生、影响因素和形成机理，从而研究制定相应的解决措施，达到延长过滤罐使用寿命和作为聚合物驱采出污水处理配套技术改善水质的目的。

## 7.1 筛管沉积物沉积特性

萨北开发区已建有适应四类水质的25座污水处理站，其中一般含油污水处理站(普通污水处理站)8座，含油污水深度处理站8座，聚合物污水处理站6座，地面污水处理站1座，三元污水试验站2座。共有各类过滤罐280座，其中石英砂过滤罐136座，核桃壳过滤罐85座，改性纤维球过滤罐24座，石英砂磁铁矿双滤料过滤罐35座。近年来，过滤罐反冲洗憋压情况经常发生，反冲洗效果变差，以某聚合物驱采出污水站为例，反冲洗时的压力最高达到0.7MPa，而反冲洗水量只有$200m^3/h$左右(反冲洗水泵参数$Q=720m^3/h$，$H=42m$)，反冲洗水量不到正常反冲洗水量的一半，不能保证反冲洗效果。同时，造成过滤罐损坏，增加维修和维护成本。

### 7.1.1 过滤罐运行及筛管沉积特性调查

跟踪部分“条缝式”布水结构过滤罐的内部改造施工发现，其底部集水筛管沉积物严重，部分“筛管式”布水结构过滤罐的顶部布水筛管也有大量的沉积物，黏附在内衬管上，填堵内衬管的筛孔，如图7.1所示，造成过流面积变小，通量减小，筛管整体出现堵塞，且部分筛管接头处有明显穿孔，导致大量滤料进入集水筛管，使堵塞更为严重和不可逆。

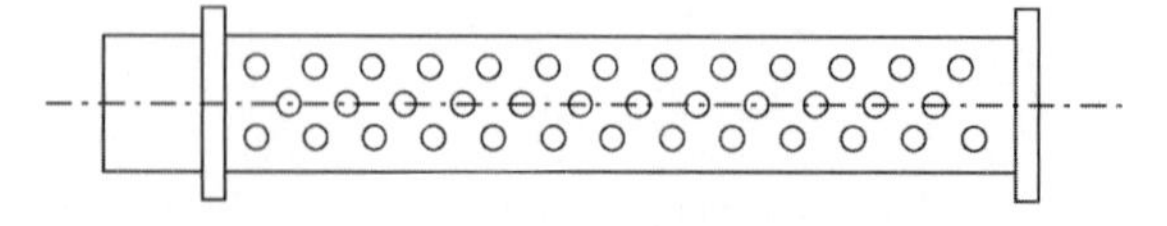

图7.1 筛管内衬管示意图

调查了萨北油田包括聚合物污水处理站和含聚合物的普通污水处理站在内的7座污水处理站的过滤罐运行情况，描述了过滤罐筛管的沉积、堵塞现象，预测了实际筛管的沉积物沉积附着速率。

(1) 筛管沉积、堵塞特征。

调查污水处理站的过滤罐筛管沉积、堵塞特征如图 7.2 所示，可以发现，在过滤罐运行中体现反冲洗强度不够、压力上升的同时，过滤罐内部反映出筛管腐蚀、沉积、堵塞严重，部分筛管接头处甚至出现腐蚀穿孔，导致大量滤料流失进入筛管威胁污水处理系统的正常生产运行，沉积物总体呈红褐色外观，质地较硬，沉积物相互之间及与筛管壁的黏结、黏附程度较强。

(a) 核桃壳过滤罐布水筛管

(b) 石英砂过滤罐集水筛管

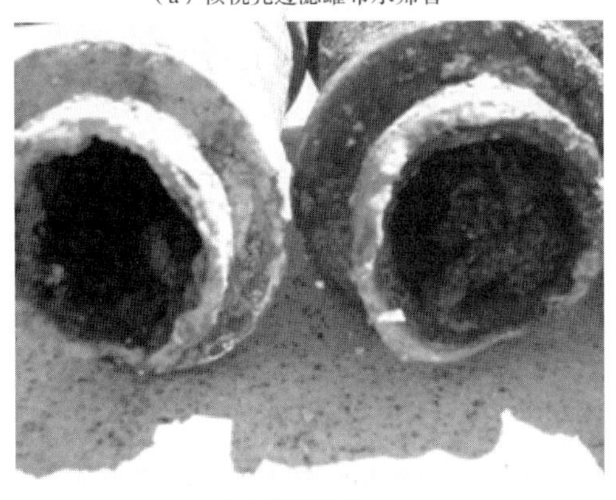

(c) 筛管接头

(d) 筛管外部筛网

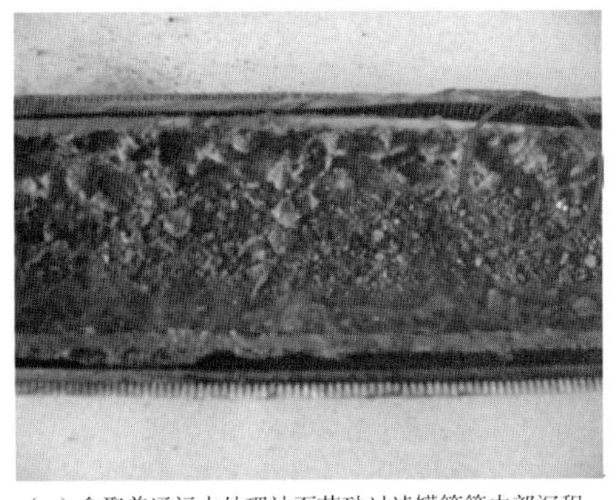

(e) 含聚普通污水处理站石英砂过滤罐筛管内部沉积

(f) 聚合物污水处理站石英砂过滤罐筛管内部沉积

图 7.2　过滤罐筛管沉积、堵塞特征

(2) 实际筛管的沉积速率预测。

过滤罐实际各类型筛管的外观特征如图7.3所示，按如下方法预测其沉积附着速率：

取污水站过滤罐沉积结垢状况较为严重的典型筛管1~2根，确定筛管的规格尺寸($D$、$L$)及使用年限$a$；沿轴向将筛管从中间切割为两部分，并采取切削、填补等手段，使沉积附着物在筛管内表面的沿程厚度一致；将沿轴线方向单位长度$n$的半圆周上的所有沉积附着物取出，并利用溢水法测量沉积附着物的体积$V_q$；求出整个筛管的所有沉积附着物体积$V_z$；预测出实际筛管的平均沉积附着速率$v$。

$$V_z=\frac{2LV_q}{n} \tag{7.1}$$

$$v=\frac{V_z}{\pi DLa} \tag{7.2}$$

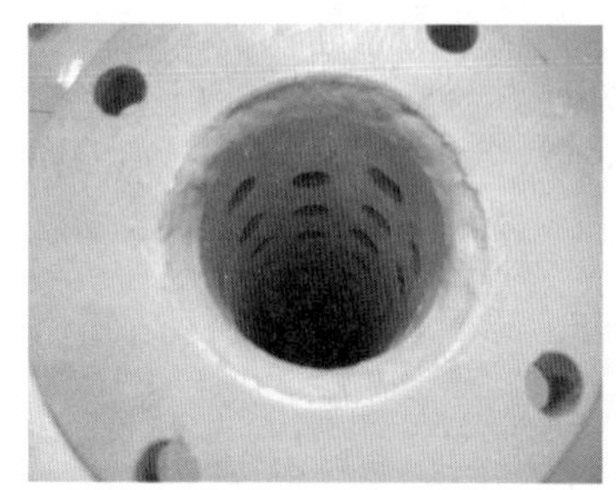

图7.3 各类型筛管的外观特征

按筛管服役8年计，预测了3座污水处理站典型过滤罐筛管的沉积附着速率，见表7.1，可以看出，所预测各污水处理站实际筛管的平均沉积附着速率均在1.5mm/a以上，按此推算，累积沉积量将在运行10年左右时积聚到原始筛管规格的50%以上，沉积附着量较大，“堵塞”不断显现、加重，直接影响过滤罐的正常运行。

**表7.1 实际筛管的沉积附着速率预测结果**

| 站　　别 | 平均沉积附着速率，mm/a | 站　　别 | 平均沉积附着速率，mm/a |
|---|---|---|---|
| 聚合物污水处理站A | 1.877 | 含聚普通污水处理站 | 1.534 |
| 聚合物污水处理站B | 1.603 | | |

## 7.1.2 筛管沉积物组成分析

刮取筛管不同部位的沉积附着物样品进行充分混合，利用扫描电子显微镜观察其微观形貌及架构，利用能谱分析方法定性表征沉积物中的元素组成，并通过X射线衍射(XRD)和化学分析测试手段量化沉积物的化学组成。

(1) 定性表征。

过滤罐筛管沉积物的微观架构显示(图7.4)，其以晶体、粉末状沉淀、球形或团状颗粒共存，根据典型垢质的形貌学特征[64]，并结合其外观性状，定性分析认为无论是含聚普通污水处理站过滤罐筛管沉积物，还是聚合物污水处理站过滤罐筛管沉积物，均属于含油、含聚腐蚀垢、碳酸盐垢、硅垢的混合聚集体。

（a）含聚普通污水站过滤罐筛管沉积物：放大100倍

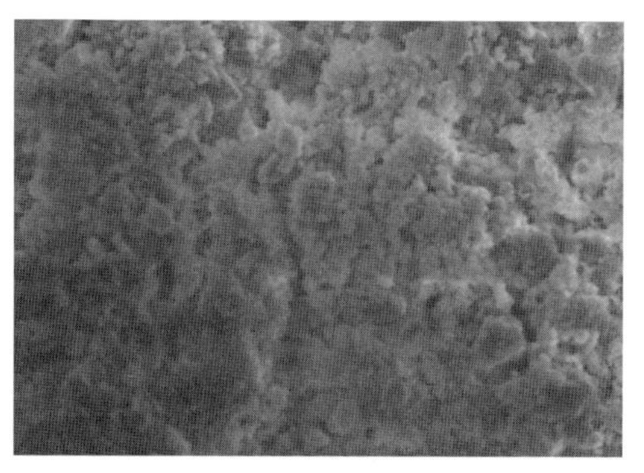

（b）含聚普通污水站过滤罐筛管沉积物：放大1000倍

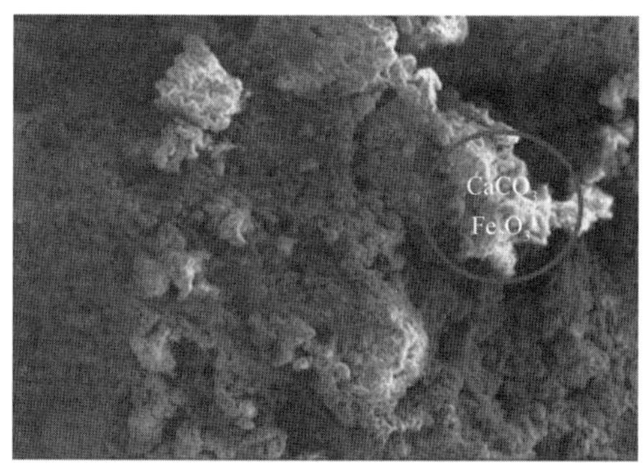

（c）聚合物污水站过滤罐筛管沉积物：放大100倍

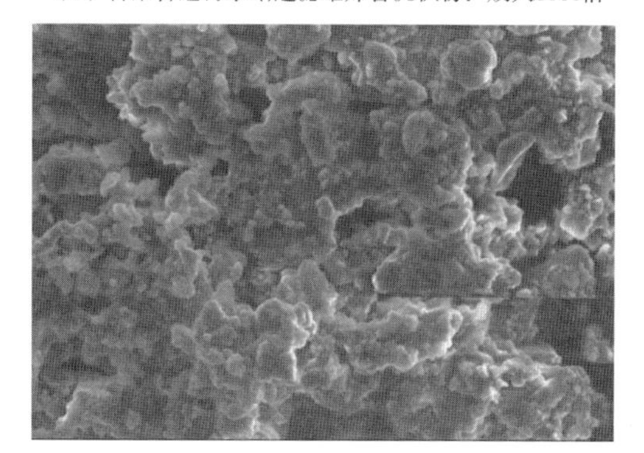

（d）聚合物污水站过滤罐筛管沉积物：放大1000倍

图 7.4 筛管沉积物微观形貌

能谱表征结果表明(图 7.5)，筛管沉积物中的金属元素类别包括 Fe、Al、Ca、Na 及 Ba 等，所占含量以 Fe 最多，非金属元素类别包括 O、C、S、Si 等。结合不同局部位置、电镜不同放大倍数下的微观形貌可知，这些元素可能构成 $Fe_2O_3$、$Al_2O_3$、$CaCO_3$、FeS、$SiO_2$、$BaCO_3$、$Na_2O$ 等化学组分，而依据化合物形成的基本性质，其中 $Al_2O_3$、$SiO_2$ 就是硅铝酸盐的成分(硅铝酸盐化学通式为：$xK_2O \cdot yAl_2O_3 \cdot zSiO_2 \cdot mH_2O$)。

(2) 定量分析。

筛管沉积物 XRD 表征及其组成定量分析结果见图 7.6、表 7.2 和表 7.3，可以看出，筛管沉积物的 XRD 表征结果和常规化学分析测试结果均与能谱表征结果有着较好的吻合性，无论是含聚普通污水处理站过滤罐筛管沉积物，还是聚合物污水处理站过滤罐筛管沉积物，其组成按百分含量高低，依次包含腐蚀垢(FeS、$Fe_2O_3$)、硅垢(硅铝酸盐、$SiO_2$)和碳酸垢($CaCO_3$、$MgCO_3$)，以腐蚀垢居多，占到了 50%以上，且腐蚀垢在聚合物污水处理站过滤罐筛管沉积物中的含量更高，同时，沉积物中含有 10%以上的由油类、聚合物降解产物及细菌残体等构成的混合有机质。

| 元素类别 | 重量百分数，% | 原子百分数，% |
|---|---|---|
| O | 35.02 | 44.47 |
| Fe | 30.23 | 11.00 |
| C | 21.96 | 37.16 |
| S | 3.07 | 1.94 |
| Al | 2.82 | 2.12 |
| Ba | 2.76 | 0.41 |
| Si | 2.56 | 1.85 |
| Ca | 0.93 | 0.47 |
| Na | 0.65 | 0.57 |
| 合计 | 100.00 | 100.00 |

Full Scale 790 cts Cursor:0.000 keV

（a）含聚普通污水站过滤罐筛管沉积物（1#）

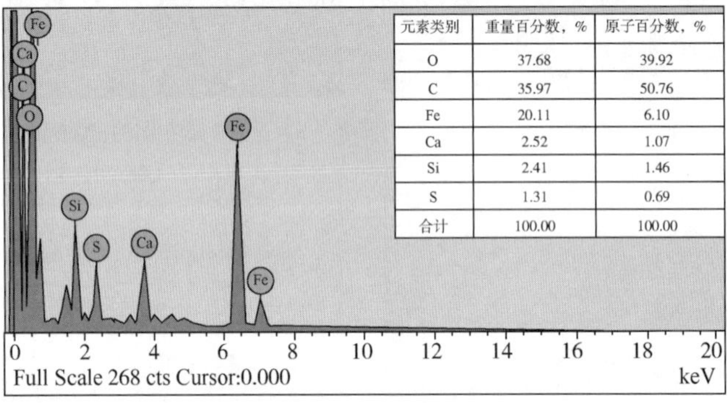


| 元素类别 | 重量百分数，% | 原子百分数，% |
|---|---|---|
| O | 37.68 | 39.92 |
| C | 35.97 | 50.76 |
| Fe | 20.11 | 6.10 |
| Ca | 2.52 | 1.07 |
| Si | 2.41 | 1.46 |
| S | 1.31 | 0.69 |
| 合计 | 100.00 | 100.00 |

（b）含聚普通污水站过滤罐筛管沉积物（2#）

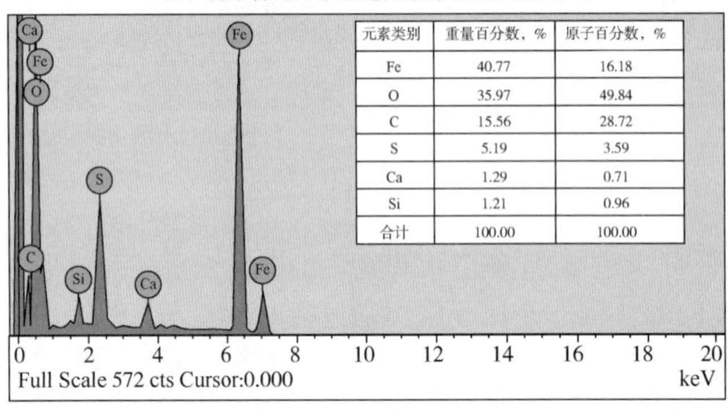


| 元素类别 | 重量百分数，% | 原子百分数，% |
|---|---|---|
| Fe | 40.77 | 16.18 |
| O | 35.97 | 49.84 |
| C | 15.56 | 28.72 |
| S | 5.19 | 3.59 |
| Ca | 1.29 | 0.71 |
| Si | 1.21 | 0.96 |
| 合计 | 100.00 | 100.00 |

（c）聚合物污水站过滤罐筛管沉积物（1#）

| 元素类别 | 重量百分数，% | 原子百分数，% |
|---|---|---|
| O | 38.68 | 46.63 |
| Fe | 31.52 | 10.89 |
| C | 25.14 | 40.36 |
| S | 1.73 | 1.04 |
| Ba | 1.42 | 0.20 |
| Ca | 0.79 | 0.38 |
| Si | 0.73 | 0.50 |
| 合计 | 100.00 | 100.00 |

Full Scale 682 cts Cursor:0.000 keV

（d）聚合物污水站过滤罐筛管沉积物（2#）

图 7.5　筛管沉积物能谱表征

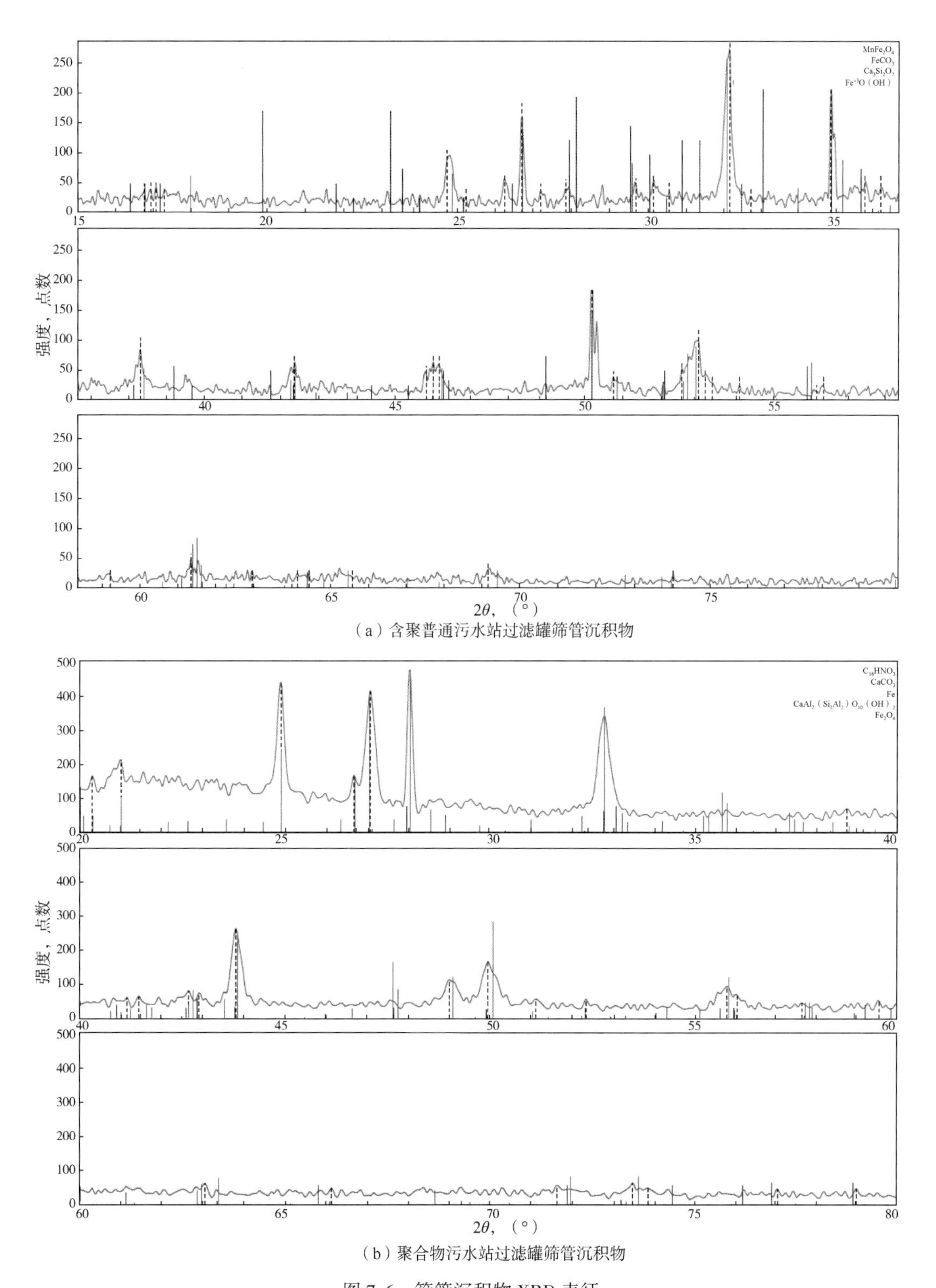


（a）含聚普通污水站过滤罐筛管沉积物

（b）聚合物污水站过滤罐筛管沉积物

图 7.6　筛管沉积物 XRD 表征

表 7.2　含聚普通污水站过滤罐筛管沉积物组成定量分析

| 组　成 | 百分含量,% | |
|---|---|---|
| | 1# | 2# |
| $Fe_2O_3$、FeS | 48.04 | 47.18 |
| $CaCO_3$ | 3.63 | 3.85 |
| $MgCO_3$ | 0.36 | 0.33 |
| 硅铝酸盐(酸不溶物) | 13.52 | 12.53 |
| $Na_2O$、$K_2O$ | 0.41 | 0.12 |
| 水分 | 7.10 | 5.94 |
| 有机物(油、聚丙烯酰胺降解产物、细菌残体) | 26.95 | 30.04 |

表 7.3　聚合物污水站过滤罐筛管沉积物组成定量分析

| 组　成 | 百分含量,% | |
|---|---|---|
| | 1# | 2# |
| $Fe_2O_3$、FeS | 63.46 | 70.56 |
| $CaCO_3$ | 5.18 | 4.84 |
| $MgCO_3$ | 0.60 | — |
| 硅铝酸盐(酸不溶物) | 9.02 | 12.03 |
| $Na_2O$、$K_2O$ | 1.55 | 0.78 |
| 水分 | 4.70 | 3.61 |
| 有机物(油、聚丙烯酰胺降解产物、细菌残体) | 15.50 | 8.19 |

## 7.2　筛管沉积物形成机理及影响因素

明确过滤罐筛管堵塞、憋压的成因、影响因素及规律，对于聚合物驱采出污水处理过程中防控措施的选择及应用时机设计具有重要意义。这里，首先建立室内动态挂片沉积实验装置，如图 7.7 所示，利用含聚驱污水的滤前水开展室内动态挂片沉积实验，并设计 4 种类型挂片：碳钢；不锈钢($1Cr_{18}Ni_9Ti$)；碳钢、不锈钢直接组合；碳钢、不锈钢绝缘组合。

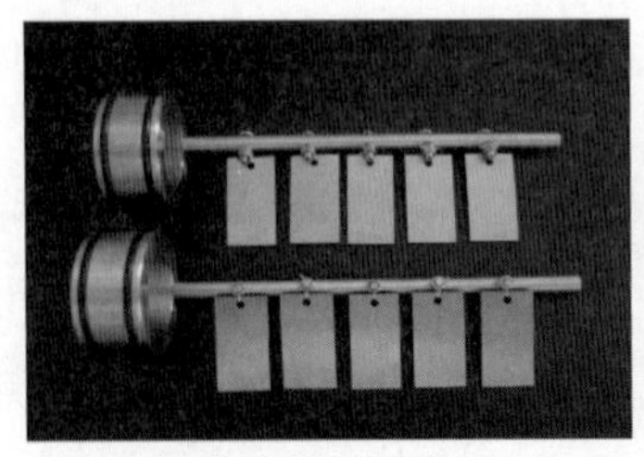
(a) 管流实验挂片器

(b) 安装筛管材质挂片的管道

(c) 管流实验模拟装置

图 7.7　室内动态挂片沉积实验装置

在模拟实验过程中，将聚合物驱采出污水(含聚浓度296.5mg/L，含油量124.0mg/L，含悬浮物量52.3mg/L，矿化度4842.0mg/L，硫酸盐还原菌(SRB)数量11000个/mL，本节后面实验也为此性质聚合物驱采出污水)加入采出原水储罐，并利用其自带加热保温系统将污水加热至实验温度；开启温控浴槽，使其达到模拟环境温度；开启注入泵，调整转速，将聚合物驱采出污水泵入模拟环道，接触、水浸挂片器；运行预定时间后，取出多级挂片，通过挂片上的沉积物总量确定沉积速率，通过实验前、后挂片的质量变化，以失重法确定腐蚀速率。

沉积速率按式(7.3)处理：

$$V=\frac{3650\times(m_2-m_1)}{ST\rho} \tag{7.3}$$

式中：$V$为沉积速率，mm/a；$m_1$为实验前挂片质量，g；$m_2$为实验后挂片质量，g；$S$为挂片的表面积，$cm^2$，挂片尺寸：50.0cm×25.0cm×2.0mm；$T$为实验周期，d；$\rho$为沉积物的平均密度，$g/cm^3$。

腐蚀速率按式(7.4)处理：

$$r_{corr}=\frac{8.76\times10^4\times(m-m_t)}{ST\rho_s} \tag{7.4}$$

式中：$r_{corr}$为腐蚀速率，mm/a；$m$为实验前的挂片质量，g；$m_t$为去除沉积物后的挂片质量，g；$S$为挂片的总面积，$cm^2$；$\rho_s$为挂片材料的密度，$g/cm^3$；$T$为实验时间，h。

如图7.8所示，可以看出，腐蚀产物是沉积的主体，相同时间内，占到沉积总量(总厚度)的一半以上，对照材质来看，不锈钢材质不存在腐蚀(“点蚀”除外)，但有沉积发生，碳钢材质是腐蚀的主要源头，平均沉积速率和平均腐蚀速率分别为0.114mm/a和0.089mm/a，碳钢—不锈钢绝缘组合的腐蚀、沉积速率最小，分别为0.086mm/a和0.058mm/a，而二者直接组合的腐蚀、沉积剧烈，特别是腐蚀速率最大，达到了0.112mm/a。分析认为，这主要是由于发生了如图7.9所描述的电偶腐蚀：电极电位较正的“不锈钢管”和电极电位较负的“碳钢管”偶接，“碳钢管”电位低、呈阳极，不断地失去电子，“不锈钢管”电位高、呈阴极，得到来自“碳钢管”的电子，产生由“不锈钢管”流向“碳钢管”电偶电流，而水中的溶解氧从“不锈钢管”得到电子，被还原为$OH^-$，然后与碳钢产生的阳离子($Fe^{2+}$)结合，从而使“碳钢管”溶解速度增加、腐蚀加剧，产生大量腐蚀污垢。

结合图7.10所示对普通筛管内衬、接头与筛丝的材质分析可知，室内沉积实验中的碳钢-不锈钢直接组合挂片正相似于普通筛管内衬、接头与筛丝的联接模式，表明了这类聚合物驱采出污水过滤罐筛管在实际运行中将形成电偶腐蚀，增加碳钢内衬管的溶解速度，诱导腐蚀的加剧。

同样，定性表征和定量分析反映出挂片沉积物以腐蚀污垢和颗粒污垢为主，前者主要是红棕色粉末状的$Fe_2O_3$铁锈，后者则是悬浮于聚合物驱采出污水中的固体微粒、有机质及其他胶体颗粒(如FeS)的积聚，同时，即便动态挂片实验在多因素综合影响、固-液界面黏附作用程度及运行周期等方面均与实际筛管运行存有必然的差别，但其沉积物也有微

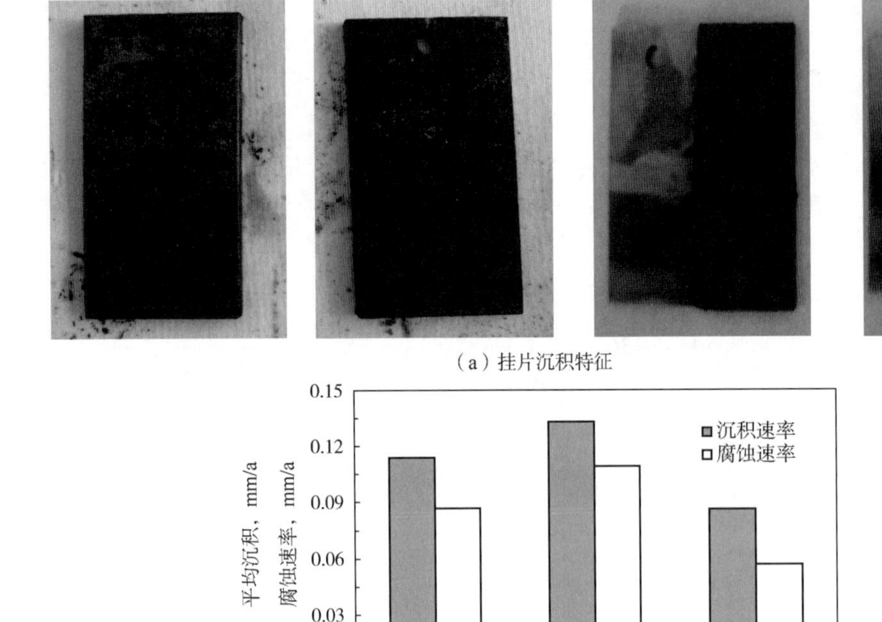

（a）挂片沉积特征

（b）沉积、腐蚀速率

图 7.8　聚合物驱采出污水在不同类型挂片上的沉积、腐蚀实验结果

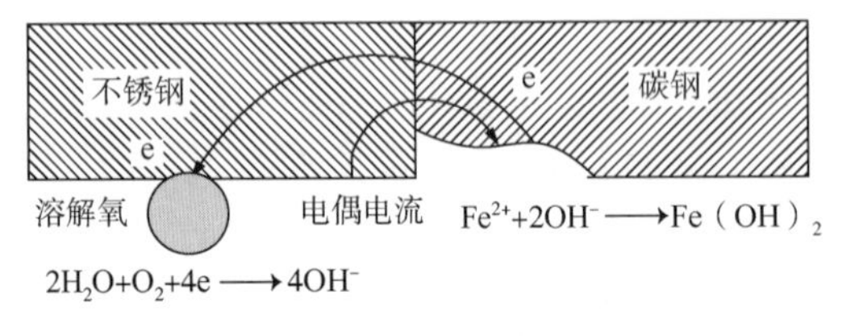

图 7.9　电偶腐蚀机理图

量的碳酸盐垢和硅酸盐垢沉积，与实际筛管沉积物的组成特性具有一致性。

基于结垢沉积与腐蚀并存的特点，从筛管内衬壁的沉积和内衬材质的腐蚀两方面入手研究筛管沉积形成的影响及规律。

## 7.2.1　温度对筛管沉积物形成的影响

温度主要影响水垢的溶解度，采出污水中的碳酸盐、硫酸盐等随着温度的升高，其溶解度下降，属于反常溶解度，这些难溶盐类析出形成水垢而沉积。特别地，随着温度的升高会使 $Ca(HCO_3)_2$分解为难溶的 $CaCO_3$沉淀，$Ca(HCO_3)_2 \longrightarrow CaCO_3\downarrow + CO_2\uparrow + H_2O$，该反应为吸热反应，温度升高，平衡向右移动，有利于 $CaCO_3$的析出[65]。为此，通过实验研究了温度对聚合物驱采出污水体系中成垢离子含量变化的影响及对应挂片沉积结垢量情

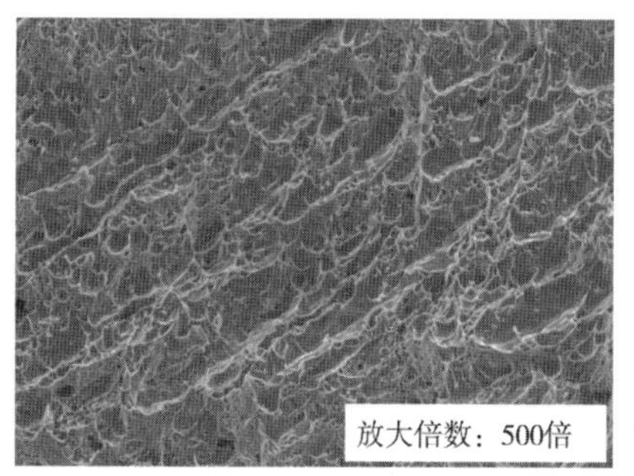


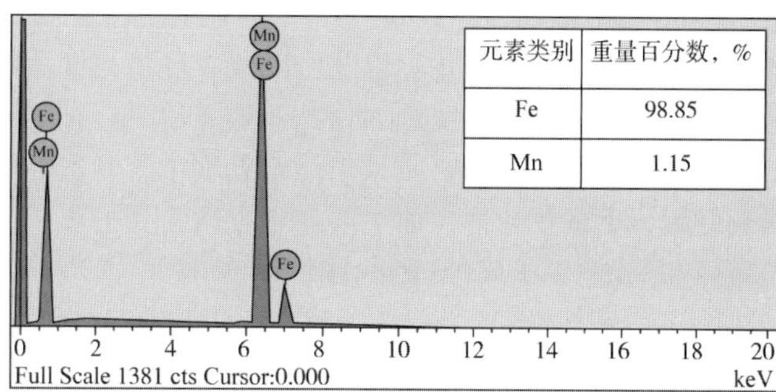


（a）内衬/接头

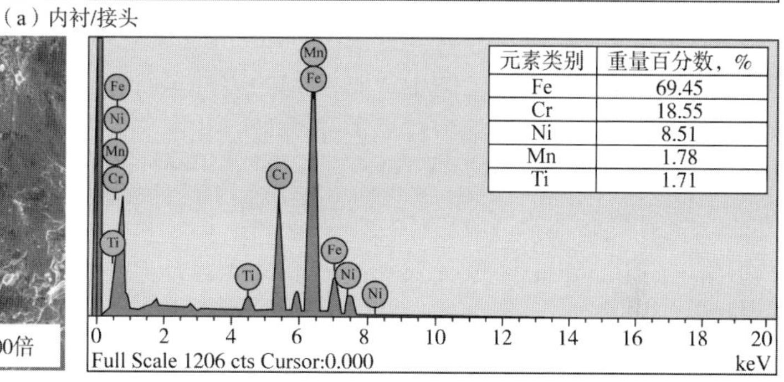


（b）筛丝

图 7.10　普通筛管内衬、接头与筛丝的材质分析

况，结果如图 7.11 所示。

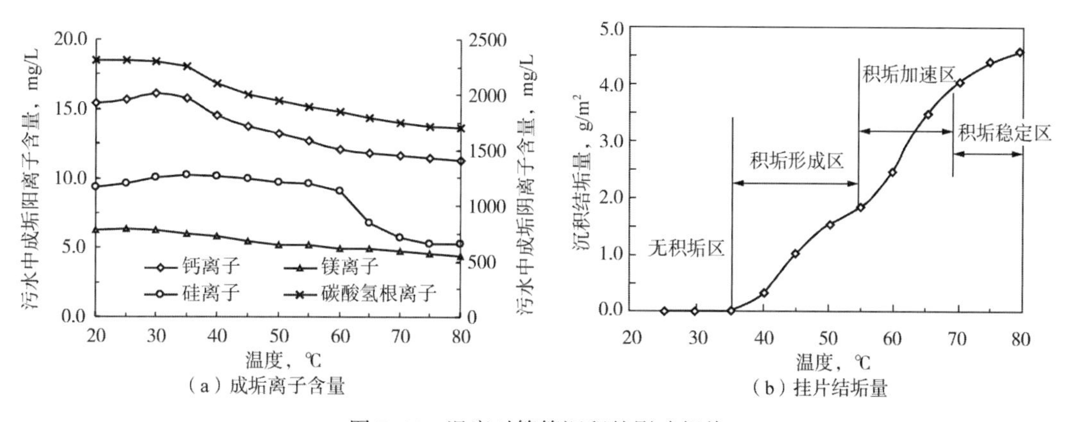


（a）成垢离子含量　　　（b）挂片结垢量

图 7.11　温度对筛管沉积的影响规律

可以看出，对于成垢阳离子：钙离子、镁离子含量随着温度的升高而不断降低，但降幅较缓，可溶性硅的含量在 65~75℃的温度区间里下降最为明显，说明硅酸分子之间在此温度范围内最易发生聚合而形成硅质垢；对于成垢阴离子：碳酸氢根离子浓度同样随着温度的升高而减小，这些变化均表明，温度越高，结垢量越大，沉积速度越快。然而，聚合物驱采出污水在地面处理系统中的温度处于 30~40℃的范围，正好处于积垢形成的温度区间，虽然温度升高，成垢量会增加，但此温度范围并不会显著影响到污水中成垢离子浓度的变化。当然，温度也会影响到细菌的繁殖速度和钢铁电化学反应的速率，聚合物驱采出

污水体系中细菌(SRB、TGB、IB)的最佳适宜温度为20~40℃左右，随着沉降、过滤处理环节污水介质温度的变化，以及密闭隔氧环境，细菌的繁殖率也会上升，对筛管的腐蚀也就随之变强，从而导致腐蚀垢($FeS$、$Fe_2O_3$)的生成速率增大。

因此，认为在聚合物驱采出污水处理中，其实际能具有的水温变化条件对筛管沉积的影响并无显著的规律性，而主要在于水质自身的离子结合、结晶、堆积成垢，以及利于细菌繁殖和促进"垢下腐蚀"的间接作用。

### 7.2.2 压力对筛管沉积物形成的影响

对于压力的影响主要是考虑$CO_2$分压的因素，碳酸盐垢($CaCO_3$)结垢有气体参加反应，压力降低，成垢反应向生成难溶物的方向进行，可以促进结垢、析出。为此，通过实验研究了压力对污水体系中成垢离子含量变化的影响及对应挂片沉积结垢量情况，结果如图7.12所示。可以看出，在0.1~0.5MPa的实验模拟压力范围内，压力对污水系统沉积结垢的影响并不显著，但总体还是表现出压力降低，结垢有一定程度的上升趋势，挂片沉积结垢量由0.5MPa时的0.7885g/m$^2$增大到常压0.1MPa时的1.0021g/m$^2$，增幅约20%。

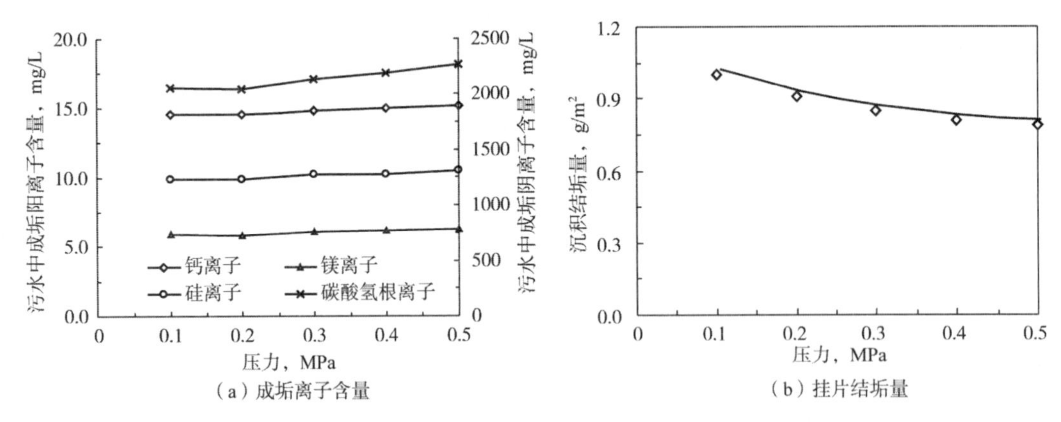

(a) 成垢离子含量　　(b) 挂片结垢量

图7.12　压力对筛管沉积的影响规律

### 7.2.3 流速对筛管沉积物形成的影响

聚合物驱采出污水在模拟滤速0~50m/h下的挂片沉积实验结果如图7.13所示，结果表明，流速(滤速)对沉积规律的影响并不显著，特别是在污水过滤罐6~10m/h的实际过滤、反冲洗速度范围内，沉积速率的最大变化幅度仅在10%左右。

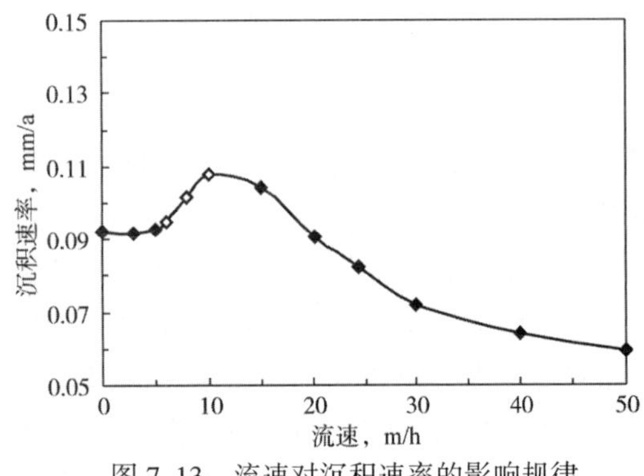

图7.13　流速对沉积速率的影响规律

分析认为，在低流速(滤速)范围内，流速(滤速)增加，溶液中离子间相互碰撞增多，相应地，结垢诱导期也就缩短了。同时，滤速(流速)的提升使得雷诺数($Re$)升高，增强了成垢表面附近的对流传质，进而提高了养分的传递速率，微生物繁殖加快，促进垢的生长。但在流速(滤速)较高时，流速(滤速)的进一步提升使得壁面剪切力增大，污垢热阻变小，剥蚀率也就随之增大，从而抑制垢的生成，所以说与腐蚀过程相比，流速(滤速)对沉积的影响主要在于对结垢过程(垢的沉积和剥蚀作用)的影响。

### 7.2.4 含聚合物浓度对筛管沉积物形成的影响

依次采样调配含聚浓度分别为 0mg/L(0.9mPa·s)、30mg/L(0.9mPa·s)、80mg/L(1.0mPa·s)、130mg/L(1.1mPa·s)、180mg/L(1.2mPa·s)、230mg/L(1.3mPa·s)、280mg/L(1.4mPa·s)、350mg/L(1.6mPa·s)、420mg/L(1.9mPa·s)、500mg/L(2.3mPa·s)、600mg/L(3.7mPa·s)、700mg/L(4.9mPa·s)和 800mg/L(6.0mPa·s)的 13 种聚合物驱采出污水体系，在温度 35℃、流速 8m/h、压力 0.20MPa 的条件下开展动态挂片(碳钢)沉积实验，研究含聚浓度对沉积规律的影响，结果如图 7.14 所示。

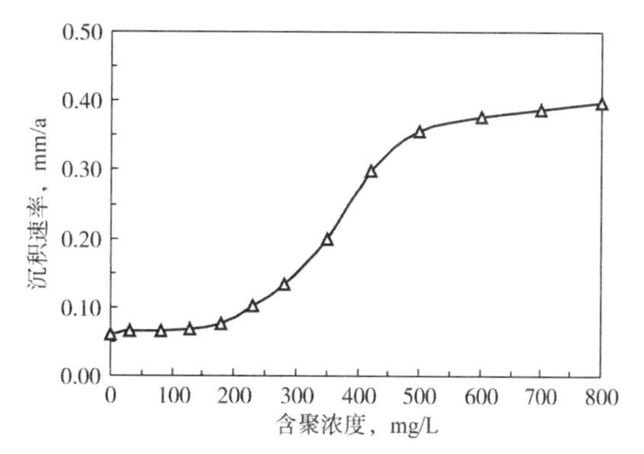


图 7.14 含聚浓度对沉积速率的影响规律

可以看出，在低含聚浓度区(<500mg/L)，污水中的含聚浓度增大，沉积速率变大，这主要在于采出水中低相对分子质量的聚合物将形成的无机盐垢及其他各种悬浮粒子截留、包裹，降低流动性，在粗糙界面更易于促进结晶核心的形成、增长和共沉积，但含聚浓度继续增大时，沉积速率则趋于稳定。分析原因认为，一方面，聚丙烯酰胺含有多个配位键，上升到一定浓度后，对溶液中成垢离子——钙离子等的螯合增溶作用凸显，抑制了垢的形成速度，同时大量的聚丙烯酰胺会吸附在晶核、晶粒上，这种覆盖作用抑制垢类的结晶、沉淀过程；另一方面，含聚增黏性的进一步增加使得碳酸钙等过饱和溶液的黏度上升，造成离子迁移的速度变慢，而离子的迁移聚集才能使得晶核生成和晶粒长大，另外，污水体系这种黏性的进一步增大同样会使硅垢等颗粒污垢聚集沉降的概率减小。

与此同时，应用动电位扫描极化曲线测试技术研究了水质含聚浓度对筛管材质腐蚀的影响，A3 钢在不同含聚浓度污水中的阴极、阳极极化曲线如图 7.15 所示，结果反映出，含聚浓度对“腐蚀”的贡献作用要明显小于对“沉积”的贡献作用，且对“腐蚀”的作用在于反向抑制，能在一定程度上减轻腐蚀，不过并不与含聚浓度呈单调函数关系。极化曲线形状和阴阳极塔菲尔斜率差别不大，腐蚀均表现为活性溶解。有的聚合物驱采出污水自腐蚀电位负移，塔菲尔斜率增大，腐蚀倾向增加；有的则自腐蚀电位数值反而更正，塔菲尔斜率减小，水中降解聚合物会在材质表面产生一定量的吸附，总体表现出聚合物对污水所引起腐蚀有一定的缓蚀作用。

总之，含聚使水质体系的黏度增大，便更易于对各种悬浮粒子截留、包裹，进而促进结晶核心的形成、增长和共沉积，含聚浓度持续上升后，对沉积的贡献主要来自材质表面的“局部腐蚀产物”和“垢下腐蚀产物”。

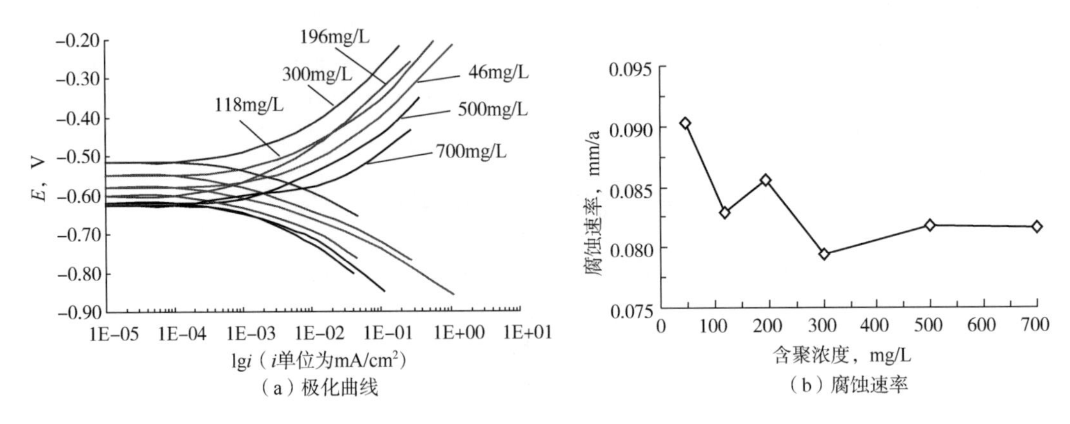

（a）极化曲线　（b）腐蚀速率

图 7.15　水质含聚浓度对腐蚀电化学性质（A3 钢）的影响

### 7.2.5　细菌对筛管沉积物形成的影响

对同一聚合物驱采出污水水质，通过物理紫外杀菌改变 SRB 含量，依次得到 SRB 数量为 >11000 个/mL（原水）、6000 个/mL、2500 个/mL、700 个/mL 和 <25 个/mL 的污水，在相同条件下开展动态挂片（碳钢）沉积实验，研究细菌对沉积规律的影响，结果如图 7.16 所示，可以看出，SRB 数量增多，平均沉积速率呈增大趋势，分析认为这主要在于 SRB 起到了阴极去极化作用，加速了碳钢材质腐蚀沉积过程的发生，同时 SRB 会借助表面已形成沉积物的掩护，不断在垢下腐蚀管壁的基体，增加沉积物量。

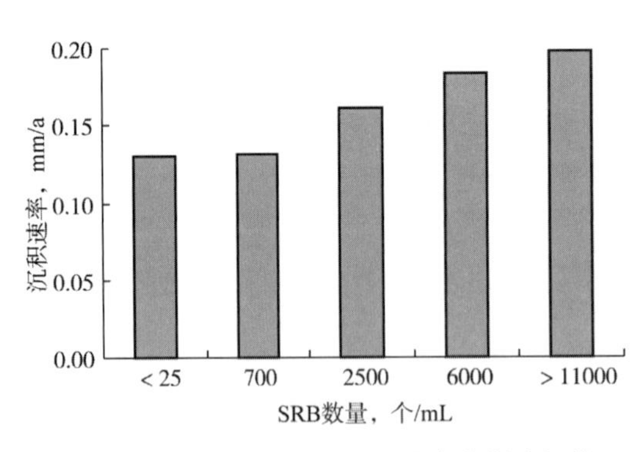

图 7.16　SRB 数量对沉积速率的影响规律

综上，聚合物驱采出污水过滤罐筛管的沉积是一种复杂的协同作用机理和过程，既有筛管结构联接模式诱导的电偶腐蚀、内衬材质在运行工况下的局部腐蚀，又有运行工况改变带来的结垢沉积，尤其是含聚使水质体系黏度增大促进的晶粒增长及共沉积行为。

## 7.3　筛管沉积物形成的控制措施及其应用

鉴于过滤罐筛管沉积物的形成是水质、环境等共同作用的结果，其控制可从前期预防和后期清除两方面入手。

### 7.3.1　预防技术

（1）设计应用大口径筛管。

将筛管直径由 80mm 增大为 114mm，按预测实际筛管 1.877mm/a 的沉积速率，直径为 114mm 的筛管，有效流通孔径达到 40mm 时，需要的时间为 13.5 年，使用寿命比直径为 80mm 的筛管延长了 5.5 年。同时，在进行反冲洗流程时，大口径筛管便于水体的流通，使反冲洗压力低。即使筛管内供水流通的孔径随着沉积结垢而逐渐变小，但是由于反冲洗基础压力低，其变化幅度也会降低，从而避免反冲洗过程中出现“憋压”现象。

（2）更换筛管内衬材质。

结合图 7.17 对不同材质综合性能的比较，考虑更换筛管内衬材质预防沉积物的形成。

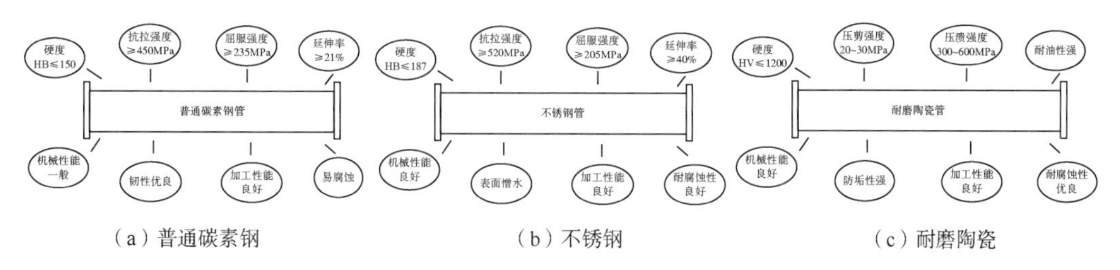


（a）普通碳素钢　（b）不锈钢　（c）耐磨陶瓷

图 7.17　不同材质综合性能比较

① 筛管整体采用不锈钢材质。

筛管材质采用“304 不锈钢”铸造，筛管长度根据过滤罐实际需求确定，如图 7.18 所示，设计筛管内衬圆管内径为 65mm，圆管外径为 75mm；筛管的中部外径为 89mm，两个末端外径为 105mm，比中部外径大，以便与外部筛网联接(焊接)。圆管的其中一端为“死堵”，另一端采用法兰或焊接与其他部件接触。在其管壁的圆周上，等间距分布 8 排穿孔，孔径为 10mm；每一排穿孔沿轴向等间距分布，间距为 15mm，以满足污水在筛管内外之间的流动。内衬圆管外包一层“304 不锈钢”筛网；筛网和圆管之间的缝隙为 5mm；筛网的钢丝之间的间距(丝缝)为 0.5mm；钢丝宽度为 1.5mm。筛网和内衬圆管两端突起部分之间采用焊接联接，可采用氩弧焊，由于氩气是惰性气体，能最大程度地保住焊接熔池不进空气，从而形成高质量焊缝。又由于筛管的所有结构均采用“304 不锈钢”同一种材质，因此，可有效防止自身及电偶腐蚀的发生，增加筛管寿命。

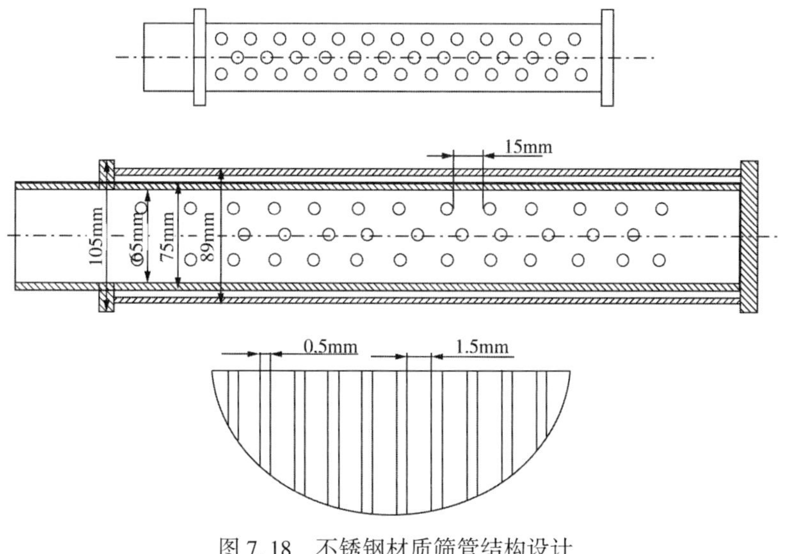


图 7.18　不锈钢材质筛管结构设计

② 采用耐磨陶瓷管内衬、不锈钢筛网。

设计筛管采用离心浇铸复合陶瓷管，陶瓷管长度根据过滤罐实际需求确定，如图7.19所示，陶瓷管道内衬内径为79mm，内衬外径为95mm；筛管中部外径为109mm，管道的两个末端外径为115mm，比中部外径大，以便与外部筛网联接(焊接)。陶瓷管道的其中一端为“死堵”，另一端采用法兰或焊接与其他部件联接。在其管壁的圆周上，等间距分布8排穿孔，孔径为10mm；每一排穿孔沿轴向等间距分布，间距为15mm，以满足污水在筛管内外之间的流动。复合陶瓷管外包一层筛网，筛网的材质与陶瓷管的不锈钢层相同，可采用304不锈钢；筛网和陶瓷管之间的缝隙为5mm；筛网的钢丝之间的间距(丝缝)为0.5mm；钢丝宽度为1.5mm。筛网和陶瓷管两端突起部分之间采用氩弧焊焊接。

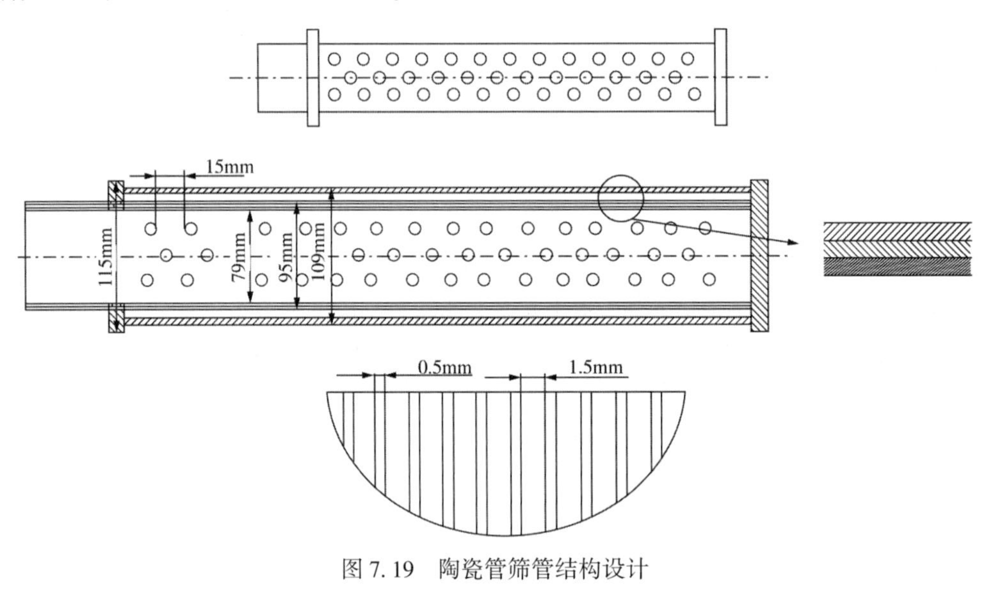


图7.19　陶瓷管筛管结构设计

因此，通过选择筛管材质、结构改进控制筛管沉积物的形成，建议：增大筛管的口径、以不锈钢或耐磨陶瓷替换筛管内衬普通碳钢材质，或省去内衬管而直接利用筛丝进行过滤工艺的布水和集水。

(3) 筛管涂层。

表7.4对不同涂层涂料的性价比及适用性进行了对比，分析可知，氟碳涂料虽然性能优越，但喷涂各环节的可操作性差，价格又高，不管是单独使用还是作为面料，在过滤罐集水筛管内涂层并不适用；环氧煤沥青涂料价格较低，有相关应用实例，可以考虑采取3遍及以上的加强型作为过滤罐筛管内涂层；富锌底料发挥阴极保护、中间层阻止底料侵蚀、面料加固防腐的方案从技术上讲也可考虑作为过滤罐筛管内涂层的选择。

综合分析，针对通过涂层控制筛管沉积物的形成，建议：对内衬碳钢管表面进行环氧煤沥青涂层，结合涂层方案应用案例和聚合物驱采出污水水质特性预测使用寿命在5年以上。

表 7.4 不同涂层涂料的性价比及适用性对比

| 涂料类别 | | 价格，元/kg | 使用量，kg/m² | 参考使用寿命，年 | 对过滤罐集水筛管的适用性 |
|---|---|---|---|---|---|
| 聚氨酯涂料(丙烯酸聚氨绝缘酯) | | 37.5 | 0.20 | 3~5 | 能有效亲水、防腐；对过滤罐集水筛管内涂层适用；须辅以底漆、中间漆来保证涂层效果、延长使用寿命 |
| 鳞片树脂涂料 | 玻璃鳞片 | 26.0 | 0.25 | 3~5 | 防腐、防侵蚀性能较为优越；对过滤罐集水筛管内涂层比较适用 |
| | 云母鳞片 | 23.0 | 0.25 | 3~5 | 具有一定的防腐、防渗透性；对过滤罐集水筛管内涂层比较适用 |
| 环氧树脂涂料 | | 32.5 | 0.20 | 2~5 | 能亲水、防腐；对过滤罐集水筛管内涂层适用；须辅以底漆、中间漆来保证涂层效果、延长使用寿命 |
| 环氧云铁中间层涂料 | | 21.5 | 0.30 | 2~5 | 能耐盐、耐腐蚀；对过滤罐集水筛管内涂层适用；常与环氧富锌底料、丙烯酸聚氨酯面料配套作为中间层 |
| 环氧煤沥青涂料 | | 15.0 | 0.20 | 5~6 | 较低的水气渗透性，耐水性优越；对过滤罐集水筛管内涂层适用；可以通过涂多层改加强型 |
| 富锌涂料 | 环氧 | 33.5 | 0.20 | — | Zn 作为牺牲极，能起到阴极保护作用；适用于作为过滤罐集水筛管内涂层的底漆 |
| | 溶剂型无机 | 36.5 | 0.25 | — | |
| | 水性无机 | 36.5 | 0.20 | — | |
| 氟涂料 | PTFE | 1800（含喷涂费） | 0.20 | >5 | 能高效亲水、防腐；可操作性不强；对过滤罐集水筛管内涂层不太适用；并且还须辅以底漆、中间漆来进一步保证涂层效果、延长使用寿命 |
| | PVDF | 3600（含喷涂费） | 0.20 | >5 | |

### 7.3.2 清除技术

酸洗、碱洗是有效清除和冲刷沉积物中泥沙、酸溶物、碱溶物的技术，通过分散、剥离、溶解、钝化、冲洗、携带、排液，实现对过滤罐筛管中沉积物形成后的清除。

(1) 洗液体系组成。

① 酸液选择。

鉴于不同类别污水过滤罐筛管沉积物的组成均是以碳酸盐、铁化合物、硅酸盐为代表的含油混合体，同时考虑强酸体系(如氢氟酸)对配套设备会带来严重的腐蚀。清除液的酸体系选择盐酸，设计实验浓度为 5%、8%、10%、12%和 15%。

② 碱液选择。

可以采取先碱洗分散除油，后酸洗除垢的方式进行沉积物的清除，但两步清洗，一方面将会增加矿场作业的工期，生产操作性不强，另一方面又无形中增加了二次腐蚀、结垢的概率。因此，对于碱液的选择，除在钝化工序中使用少量氢氧化钠外，在措施优选实验中则以在酸体系中复配高效表面活性剂(LAS)进行替代，这样既能保证酸洗过程的正常进行，也可达到分散、去除沉积层中有机油质成分的目的。实验设计表面活性剂浓度为0.02%、0.03%和0.05%。

③ 缓蚀剂选择。

清洗液中添加缓蚀剂，阻止酸液体系进一步溶蚀筛管及工艺管线、设备。实验设计缓蚀剂(水溶性环烷酸咪唑啉)的浓度为0.03%、0.05%和0.08%。

④ 钝化剂选择。

经化学清洗，特别是在酸洗之后的金属表面化学性质活泼，很容易返锈，因此需要进行钝化处理[66]。把金属由活泼状态转变成钝性状态的过程叫钝化，铁发生钝化的原因是在表面形成一层不溶性氧化物的膜，这层膜的生成使铁失去电子溶解的阳极反应受阻，而使腐蚀速度大为降低。通常在化学清洗之后用碱性亚硝酸钠或磷酸三钠对金属进行钝化处理。优选实验选择3%的$Na_3PO_4$溶液作为钝化剂主要组成，对沉积物附着的金属表面进行钝化处理，同时掺入0.5%的氢氧化钠碱液，起到对多余酸环境的中和作用。

(2) 沉积物清除实验及清洗液体系优化。

实验在不同类别污水过滤罐的筛管切割样品上开展，以式(7.5)表示不同清洗方案下的沉积物清除率：

$$\eta=(M_1-M_2)/(M_1-m)\times100\% \tag{7.5}$$

式中：$\eta$为沉积物清除率；$M_1$为沉积筛管样品切割段的质量，g；$M_2$为清洗、排液恒重后沉积筛管样品切割段的质量，g；$m$为等规格筛管裸管切割段的质量，g。

表7.5为过滤罐切割筛管的清洗实验结果，可以看出，对于含聚普通污水处理站过滤罐筛管沉积物，利用“8%盐酸+0.02%表面活性剂+0.05%缓蚀剂+3%/0.5%钝化剂”的酸液体系，在较短的时间内即能达到75%以上的清除率，相当于在该措施后，同期筛管沉积物将减少70%以上，对于聚合物驱污水处理站过滤罐筛管沉积物，利用“10%盐酸+0.03%表面活性剂+0.05%缓蚀剂+3%/0.5%钝化剂”的酸液体系，能达到约65%的清除率，相当于在该措施后，同期筛管沉积物将减少45%以上。

**表7.5 过滤罐切割筛管清洗实验结果**

| 筛管类别 | 清洗液体系 | 沉积物清除率,% | 作用时间，h |
|---|---|---|---|
| 含聚普通污水处理站过滤罐筛管 | 5%+0.02%+0.03%+3%/0.5% | 62.6 | 2 |
| | 8%+0.02%+0.05%+3%/0.5% | 75.9 | 2 |
| | 8%+0.03%+0.05%+3%/0.5% | 77.3 | 2 |
| | 10%+0.03%+0.05%+3%/0.5% | 81.6 | 2 |
| | 12%+0.03%+0.08%+3%/0.5% | 84.2 | 2 |
| | 15%+0.03%+0.08%+3%/0.5% | 85.7 | 2 |

续表

| 筛管类别 | 清洗液体系 | 沉积物清除率,% | 作用时间，h |
|---|---|---|---|
| 聚合物驱污水处理站过滤罐筛管 | 5%+0.03%+0.03%+3%/0.5% | 43.8 | 3 |
| | 8%+0.03%+0.05%+3%/0.5% | 52.5 | 3 |
| | 10%+0.03%+0.05%+3%/0.5% | 63.7 | 3 |
| | 10%+0.05%+0.05%+3%/0.5% | 65.4 | 3 |
| | 12%+0.03%+0.08%+3%/0.5% | 67.3 | 3 |
| | 15%+0.03%+0.08%+3%/0.5% | 71.2 | 3 |

注：清洗液体系为盐酸+表面活性剂+缓蚀剂+钝化剂。

### 7.3.3 控制措施应用效果

以不锈钢代替普通碳钢的筛管材质和结构改进技术在萨北油田 2 座石英砂过滤罐上进行了现场改造应用，跟踪了措施前、后过滤工艺各节点污水水质及措施前、后过滤及反冲洗运行参数的变化，跟踪情况反映出与措施前相比，措施后反冲洗效果明显提高，过滤出水水质明显改善，含油、悬浮物含量均不同程度降低且在同期内比较稳定，外输水水质也有所好转，含油检测的“痕迹”结果频次增多，筛管沉积物控制技术应用效果良好。表 7.6、表 7.7 和图 7.20 是其中 1 座过滤罐的运行数据及对比，可以看出，在应用筛管材质、结构改进技术后，同期内(10min)的反冲洗排量由措施前的 $50m^3$ 增大到 $100\sim110m^3$ ($300m^3/h\rightarrow600m^3/h$)，增加 2 倍以上，反映出过流面积大、反冲洗水量多、反冲洗强度高，反冲洗效果更能得到保证，过滤段出水的含油、悬浮物含量平均分别降低 21.71%和 26.58%。

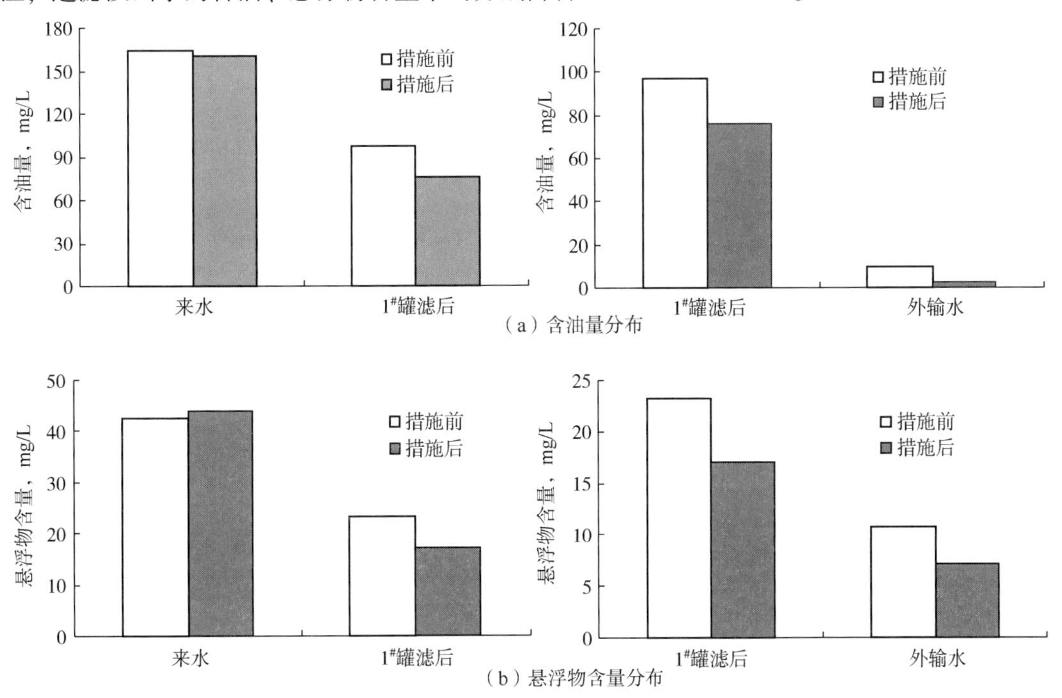


图 7.20 措施前、后过滤处理聚合物驱采出污水水质对比

**表 7.6 措施前、后过滤及反冲洗运行参数**

| 过滤 | | | | 反冲洗 | |
|---|---|---|---|---|---|
| 措施前 | | 措施后 | | 措施前 | 措施后 |
| 1#过滤罐进口平均压力 MPa | 1#过滤罐出口平均压力 MPa | 1#过滤罐进口平均压力 MPa | 1#过滤罐出口平均压力 MPa | 水洗平均压力，MPa→反冲洗水量(10min)，$m^3$ | 水洗平均压力，MPa→反冲洗水量，$m^3$ |
| 0.07 | 0.04 | 0.06~0.07 | 0.04 | 0.26→50 (反冲洗泵排量 300$m^3$/h) | 0.26→100~110 (反冲洗泵排量≥600$m^3$/h) |

**表 7.7 措施前、后污水水质情况**

| 跟踪类别 | 跟踪批次 | 来水 | | 1#罐滤后 | | 外输水 | |
|---|---|---|---|---|---|---|---|
| | | 含油量，mg/L | 悬浮物，mg/L | 含油量，mg/L | 悬浮物，mg/L | 含油量，mg/L | 悬浮物，mg/L |
| 措施前 | 1 | 147.6 | 41.72 | 78.6 | 23.61 | 14.3 | 14.55 |
| | 2 | 159.8 | 37.59 | 81.5 | 24.07 | 12.7 | 13.72 |
| | 3 | 153.4 | 43.18 | 67.2 | 19.35 | 痕迹 | 13.90 |
| | 4 | 181.3 | 45.03 | 109.6 | 24.12 | 9.1 | 17.51 |
| | 5 | 176.2 | 40.72 | 120.7 | 27.28 | 痕迹 | 9.28 |
| | 6 | 164.5 | 39.65 | 93.8 | 30.46 | 8.6 | 4.69 |
| | 7 | 160.3 | 44.28 | 112.3 | 32.33 | 7.5 | 10.37 |
| | 8 | 156.8 | 46.13 | 87.4 | 17.61 | 10.4 | 18.26 |
| | 9 | 170.1 | 40.70 | 96.7 | 21.45 | 痕迹 | 5.15 |
| | 10 | 174.6 | 47.31 | 131.4 | 18.52 | 8.3 | 9.62 |
| | 11 | 162.9 | 41.54 | 90.2 | 16.37 | 11.4 | 11.83 |
| | 平均 | 164.3 | 42.53 | 97.2 | 23.20 | 9.85 | 10.73 |
| 措施后 | 1 | 160.3 | 46.21 | 70.8 | 17.61 | 5.7 | 6.51 |
| | 2 | 152.4 | 40.74 | 73.5 | 18.42 | 6.2 | 5.33 |
| | 3 | 157.1 | 45.32 | 67.4 | 17.53 | 4.6 | 7.30 |
| | 4 | 162.8 | 42.10 | 75.6 | 19.40 | 痕迹 | 9.15 |
| | 5 | 149.0 | 39.54 | 72.8 | 17.65 | 痕迹 | 8.20 |
| | 6 | 162.2 | 37.80 | 77.4 | 18.14 | 痕迹 | 4.54 |
| | 7 | 157.8 | 43.66 | 83.1 | 20.71 | 痕迹 | 5.25 |
| | 8 | 163.0 | 47.24 | 80.7 | 20.03 | 6.7 | 8.93 |
| | 9 | 159.4 | 45.33 | 85.2 | 19.53 | 痕迹 | 4.04 |
| | 10 | 155.3 | 46.08 | 76.9 | 16.44 | 4.1 | 7.53 |
| | 11 | 171.7 | 45.62 | 70.4 | 11.13 | 痕迹 | 8.41 |
| | 12 | 164.3 | 44.59 | 73.5 | 12.83 | 痕迹 | 6.37 |
| | 13 | 159.5 | 43.71 | 77.6 | 13.29 | 7.2 | 10.34 |
| | 14 | 156.1 | 48.15 | 80.3 | 15.72 | 痕迹 | 8.05 |
| | 平均 | 160.1 | 43.90 | 76.1 | 17.03 | 2.5 | 7.14 |

## 7.4 本章小结

（1）聚合物驱采出污水过滤罐筛管中结垢与腐蚀相伴而生，以腐蚀垢占据主导的沉积附着物直接导致反冲洗憋压，滤后水质波动、不达标，乃至过滤罐损坏，其外观性状总体呈红褐色、质地坚硬，与筛管壁以片状或粉末状高强度聚集、黏结，组成主要有硫化亚铁、三氧化二铁、碳酸钙及硅铝酸盐，属于以腐蚀产物为主(50%以上)的含油混合垢，平均沉积附着速率在1.5mm/a以上。

（2）聚合物驱采出污水过滤罐筛管的沉积是一种复杂的协同作用机理和过程，受筛管结构特征、过滤水质特性及过滤运行工况参数的共同影响，其沉积机理在于表面成垢、垢下腐蚀、腐蚀产物为沉积提供晶核，以及污水黏性所协助悬浮粒子产生聚集、长大、运移与高强度黏结作用的共沉积。

（3）从筛管的材质、结构改进、筛管内衬的物理涂层出发可以有效预防过滤罐筛管发生沉积、堵塞，基于分散、剥离、溶解、钝化、冲洗、携带、排液机理的酸洗工艺可有效清除过滤罐筛管中已形成的沉积物，可使同期聚合物驱采出污水过滤罐筛管沉积物减少45%以上。

（4）以不锈钢代替碳钢的筛管材质和结构改进技术进行了现场应用，跟踪应用效果表明，与措施前相比，过滤段出水的含油、悬浮物含量平均分别降低21.71%和26.58%，反冲洗同期排量增加2倍以上，此控制措施的过滤罐造价增幅约5%。

# 参 考 文 献


[1] 刘扬．油气集输[M]. 北京：石油工业出版社，2015：202-265.

[2] 刘德绪．油田污水处理工程[M]. 北京：石油工业出版社，2001：35-105.

[3] 宋波．胜利油田采出污水配套处理技术应用研究[D]. 青岛：中国石油大学(华东)，2014.

[4] 张逢玉．低压反冲洗过滤器研制及在油田污水处理中的应用研究[D]. 哈尔滨：哈尔滨工业大学，2007.

[5] 赵雷．陶瓷颗粒滤料过滤油田污水技术研究[D]. 青岛：中国石油大学，2008.

[6] Ayers R C，Parker M. Produced Water Waste Management [M]. Canadian Calgary AB，Association of Petroleum Producers，2001，3-25.

[7] Lee K，Neff J. Produced water：Environmental Risks and Advances in Mitigation Technologies [M]. Springer，New York，2011，4-25.

[8] 罗彩龙，朱琴．国内油田含油污水处理现状与展望[J]. 石油和化工设备，2010，11(5)：55-57.

[9] Deng S，Bai R，Chen J. P，et al. Produced water from polymer flooding process in crude oil extraction：characterization and treatment by a novel crossflow oil-water separator [J]. Separation & Purification Technology，2002，29(3)：207-216.

[10] Ahmadun Fakhru'l-Razi，Pendashteh A.，Abdullah L. C.，et al. Review of technologies for oil and gas produced water treatment [J]. Journal of Hazardous Materials，2009，170(2)：530-551.

[11] Zhou F S，Dang Y S，Lu F J. Inorganic polymeric flocculant FMA for purifying oilfield produced water：preparation and uses [J]. Oilfield Chemistry，2000，17(3)：256-259.

[12] Doyle D H，Brown A. B. Produced water treatment and hydrocarbon removal with organoclay [C]. SPE 63100，Presented at the 2000 SPE Technical Conference and Exhibition. Dallas，Texas，USA，Oct. 1-4.

[13] Knudsen B L，Hjelsvold M.，Frost T. K.，et al. Meeting the zero discharge challenge for produced water [J]. Society of Petroleum Engineers，2004，7(56)：29-37.

[14] 梁金国，刘德绪，刘安源，等．含油污水滤床过滤性能试验研究[J]. 石油大学学报(自然科学版)，2005，23(3)：78-81.

[15] 徐超．油田含油污水陶瓷膜处理技术研究[D]. 青岛：中国石油大学，2010.

[16] 乔玉芬．含油污水处理及注水系统综合治理建议[J]. 石油规划设计，1998，20(2)5-8.

[17] Lefebvre O，Moletta R. Treatment of organic pollution in industrial saline wastewater：A literature review [J]. Water Research，2006，40(20)：3671-3682.

[18] Renou S，Givaudan J. G.，Poulain S.，et al. Landfill leachate treatment：Review and opportunity [J]. Hazardous Materials，2008，150(3)：468-493.

[19] Mejri H. Solution for heavy metals decontamination in produced water [J]. Case Study in Southern Tunisia，2002，58(33)：4254-4259.

[20] 陈忠喜，舒志明．大庆油田采出水处理工艺及技术 [J]. 工业用水与废水，2014，45(1)：36-39.

[21] Freire D D C，Cammarota M. C.，Sant'Anna G. L. Biological treatment of oil field wastewater in a sequencing batch reactor[J]. Environmental Technology，2001，22(10)：1125-1135.

[22] 王学佳，皮文清，李昂．微生物处理油田采出水技术应用[J]. 中国给水排水，2015，31(2)：66-69.

[23] 陆耀军．油水重力分离过程中的液滴动力学分析[J]. 油气田地面工程，1998，4：1-5.

[24] 陆耀军，薛敦松．油水重力分离数学模型[J]. 石油学报(石油加工)，1999，3：36-42.

[25] 邓志安，袁敏，徐建宁．重力式油气水分离场中液滴沉降速度模型分析[J]. 石油学报，1999，1：

90-95.
[26] 王国栋，何利民，吕宇玲，等．重力式油水分离器的分离特性研究[J]．石油学报，2006，6：112-115.
[27] 孙治谦，王振波，吴存仙，等．油水重力分离过程油滴浮升规律的实验研究[J]．过程工程学报，2009，1：23-27.
[28] 吕宇玲，何利民，王国栋，等．含不同构件的重力式分离器内流场数值模拟[J]．石油机械，2008，36(2)：12-16.
[29] Wilkinson D，Waldie B，Mohamad Nor M I，et al. Baffle plate configurations to enhance separation in horizontal primary separators [J]. Chemical Engineering Journal，2000，77：221-226.
[30] 蔡飞超，马涛，滕照峰．油水重力分离特性的数值研究[J]．石油矿场机械，2009，02：24-27.
[31] 杨显志．重力式油水分离器内部流场仿真及实验研究[J]．科学技术与工程，2010，33：8230-8232.
[32] 侯先瑞．重力式油水分离器性能的数值模拟[D]．大连：大连海事大学，2011.
[33] 江朝阳．重力式油水分离器内部构件工作特性的数值模拟分析[D]．天津：天津大学，2013.
[34] 孙九州．基于 Fluent 的板塔重力分离器的结构优化[D]．大庆：东北石油大学，2014.
[35] Mahdi Shahrokhi，Fatemeh Rostami. The effect of number of baffles on the improvement efficiency of primary sedimentation tanks [J]. Applied Mathematical Modelling，2012，36(8)：3725-3735.
[36] Patricia RodrÍGuez LÓPez，et al. Flow models for rectangular sedimentation tanks [J]. Chemical Engineering and Processing，2008，47(9-10)：1705-1716.
[37] AthanasiaM. Goula，Margaritis Kostoglou，et al. A CFD Methodology for the Design of Sedimentation Tanks in Potable Water Treatment Case Study：The Influence of a Feed Flow Control Baffle [J]. Chemical Engineering Journal，2008，140(1-3)：110-121.
[38] 吕寻贞．含油污水过滤处理技术研究[D]．成都：西南石油学院，2005.
[39] Evers R H Mixed-media filtration of oily waste waters [J]. Journal of Petroleum Technology，1975，27(2)：157-163.
[40] Ebrahimi M，Kovacs Z，Schneider M，et al. Multistage filtration process for efficient treatment of oil-field produced water using ceramic membranes [J]. Desalination and Water Treatment，2012，42(1-3)：17-23.
[41] 王秀军，翟磊，靖波，等．改性核桃壳滤料对油田含油污水的过滤效果[J]．化工环保，2016，36(6)：592-597.
[42] 王国生．超高速过滤的新型滤料——合成纤维球滤料[J]．国外环境科学技术，1983(2)：1-2.
[43] Cui J，Zhang X，Liu H，et al. Preparation and application of zeolite/ceramic microfiltration membranes for treatment of oil contaminated water [J]. Journal of Membrane Science. 2008，325(1)：420-426.
[44] 李方文，吴建锋，徐晓虹，等．陶瓷滤料对油田采出水精细过滤的影响研究[J]．工业水处理，2008(4)：29-32.
[45] Delin S U，Jianlong W，Kaiwen L，et al. Kinetic performance of oil-field produced water treatment by biological aerated filter [J]. Chinese Journal of Chemical Engineering，2007，15(4)：591-594.
[46] 李艳艳．纤维过滤材料结构参数优化数值模拟[D]．上海：东华大学，2011.
[47] 刘婷，魏兵．两不同级别过滤器组合对颗粒过滤性能模拟[J]．电力科学与工程，2015，31(03)：23-28.
[48] 田园，管学军，胡安鑫，等．固定均质滤料床直接过滤过程数值模拟[J]．广州化工，2009，37(04)：43-45.
[49] 谭旭．过滤分离器流场的 CFD 数字模拟及应用[D]．北京：北京化工大学，2011.

[50] 李杰训．聚合物驱油地面工程技术[M]．北京：石油工业出版社，2010：151-182.

[51] 韩占忠．FLUENT 流体工程仿真计算实例与应用[M]．北京：北京理工大学出版社，2004：33-86.

[52] 王福军．计算流体动力学分析 CFD 软件原理与应用[M]．北京：清华大学出版社，2004：5-12.

[53] 张晶．基于 CFD 的三相分离装置工作性能仿真与参数分析[D]．长沙：中南大学，2014.

[54] 魏海鹏，符松．不同多相流模型在航行体出水流场数值模拟中的应用[J]．振动与冲击，2015，34(4)：48-52.

[55] 马贵阳，王岳，张育才，等．RNG $k-\varepsilon$ 模型在内燃机缸内湍流数值模拟中的应用[J]．石油化工高等学校学报，2002，15(1)：55-59.

[56] 陆伟刚，王东伟，徐磊，等．湍流模型在肘形进水流道三维流场数值模拟中的适用性研究[J]．水电能源科学，2018，36(9)：110-113.

[57] Iwasaki T. Some notes on sand filtration [J]. American Water Works Association, 1937, 29(10): 1591-1602.

[58] Cho S H, Colin F, Sardin M, et al. Settling velocity model of activated sludge [J]. Water Research, 1993, 27(7): 1237-1242.

[59] Rowe, P P. An Equation for Unsaturated Flow Based upon The Darcy Equation And An Analogy of The Poiseuille Equation [M]. Richland Washington: U. S. Atomic Energy Commission. 1960.

[60] 任伯帜，黄念东，许仕荣，等. 均质滤料床直接过滤的数学模型及应用[J]．给水排水，2000，26(9)：28-31.

[61] 董文楚．微灌用砂过滤器的过滤与反冲洗[J]．中国农村水利水电，1996，25(12)：15-19.

[62] 王洪涛，周抚生，宫辉力．数值模拟在评价含油污水对地下水污染中的应用[J]．北京大学学报(自然科学版)，2000，16(6)：865-872.

[63] 中国石油天然气集团公司．油田采出水处理设计规范(GB 50428—2015)[S]．北京：中国计划出版社，2015.

[64] 程杰成，王庆国，王俊，等．强碱三元复合驱钙、硅垢沉积模型及结垢预测[J]．石油学报，2016，37(5)：653-659.

[65] 袁野．油田采出水离子对 $CaCO_3$ 微晶成垢行为的影响[D]．北京：中国石油大学(北京)，2018.

[66] 程炳坤，王琦，曹达华．不锈钢材料的钝化技术及其研究进展[J]．材料保护，2019，52(9)：171-175.